彩图1 闽西南黑兔

彩图2 福建黄兔

彩图3 九嶷山兔

彩图4 万载兔

彩图5 太行山兔

彩图6 豫丰黄兔

彩图7 A系塞北兔

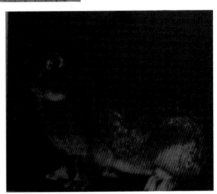

彩图8 B系塞北兔

彩图9 C系塞北兔

彩图10 日本大耳白兔

彩图11 新西兰白兔

彩图12 加利福尼亚兔

彩图13 青紫蓝兔

彩图14 德国花巨兔

彩图15 弗朗德兔

彩图16 齐卡兔（G）

彩图17 齐卡兔（N）

彩图18 齐卡兔（Z）

彩图19　美系獭兔

彩图20　德系獭兔

彩图21　法系獭兔

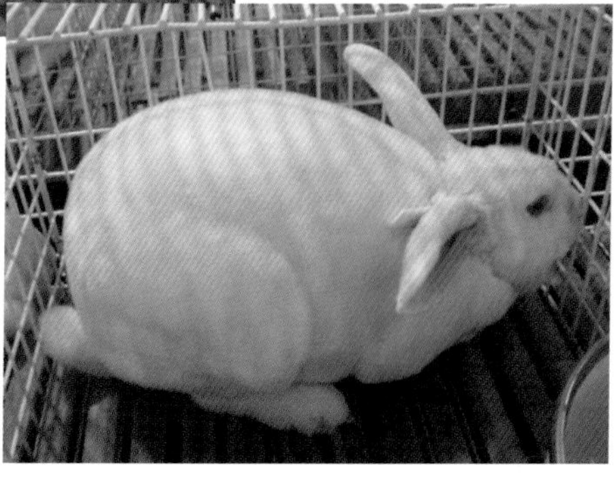

彩图22　A系菲克配套系獭兔

彩图23 B系菲克配套系獭兔

彩图24 C系菲克配套系獭兔

彩图25 D系菲克配套系獭兔

彩图26 耳标

彩图27 称重

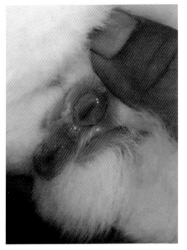

彩图28 休情期

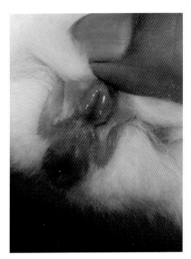

彩图29 发情初期

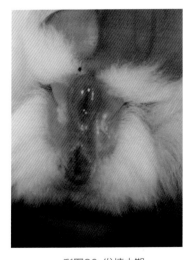

彩图30 发情中期

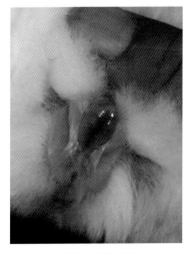

彩图31 发情后期

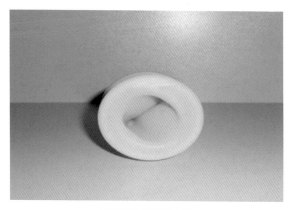

彩图32 采精器内胎

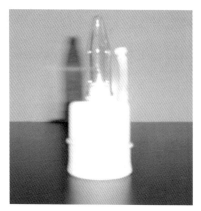

彩图33 采精器杯具

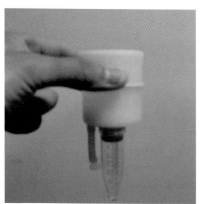

彩图34 安装待用的采精器

彩图35 集精杯

彩图36 加热器

彩图37 兔用输精器械

彩图38 输精器输精插入角度

彩图39 精液保温

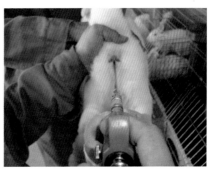

彩图40 输精器输精插入部位

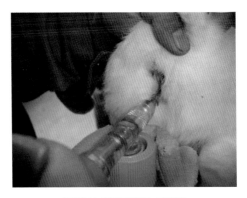

彩图41 输精器插入后输精

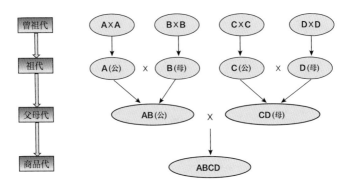

彩图42 菲克四系配套繁育体系

彩图43 青年兔、成年兔捕捉方法

彩图44 幼兔捕捉方法

彩图45 仔兔捕捉方法

彩图46 公兔生殖器

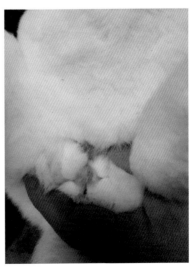

彩图47 母兔生殖器

彩图48 单层笼养生长育肥兔

彩图49 三层笼养生长育肥兔

彩图50 双层笼养种兔

彩图51 塑料大棚双层笼养种兔

彩图52 舍内单层笼养种兔

彩图53 三层重叠式室外树下笼养肉兔

彩图54 三层重叠式室外笼养肉兔

彩图55 肉兔野外草地放养

彩图56 肉兔庭院放养

彩图57 肉兔栅栏饲养

彩图58 肉兔洞养

彩图59 兔舍周围搭葡萄架

彩图60 兔舍周围植树

彩图61 摸胎技术

彩图62 鑫泰农牧科技开发公司的兔场

彩图63 兔场净道

彩图64 室外兔笼结构

彩图65 室内单列式兔舍

彩图66 室内双列式兔舍

彩图67 四列单层式兔舍

彩图68　六列单层式兔舍

彩图69　八列单层式兔舍

彩图70　双列笼舍一体结构

彩图71 双列兔笼塑料大棚兔舍

彩图72 单列兔笼塑料大棚兔舍

彩图73 兔笼（笼门、笼壁、笼底板和承粪板）

彩图74 塑料笼底板

彩图75 竹笼底板

彩图76 水泥预制件兔笼内部

彩图77 水泥预制件兔笼外观

彩图78 砖与水泥预制件混砌兔笼

彩图79 砖砌兔笼

彩图80 竹木制兔笼

彩图81 4×6笼位商品兔育肥笼（带草架）

彩图82 3×3笼位母兔笼

彩图83 全塑型兔笼

室外

室内

彩图84 平列式兔笼

彩图85 重叠式兔笼

彩图86 阶梯式兔笼

彩图87 活动式兔笼

彩图88 装好兔只的运输笼

彩图89 钢筋运输兔笼

彩图90 塑钢运输兔笼

彩图91 小型运输兔笼

彩图92 产仔箱外观

彩图93 产仔箱内部

彩图94 木制产仔箱内部

彩图95 木制产仔箱外观

彩图96 金属食槽

彩图97 安装在兔笼上的食槽

彩图98 安装在笼内的食槽

彩图99 双笼合用草架

彩图100 塑料草架

彩图101 木制草架

彩图102 金属草架

彩图103 使用中的草架

彩图104 装置在兔笼的自动饮水器

彩图105 常见自动饮水器形状

彩图106 各类乳头式饮水器

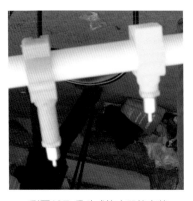

彩图107 乳头式饮水器的安装

彩图108 饮水和喂料瓷盆

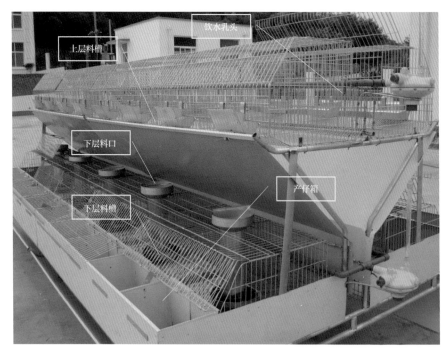

彩图109 各种附件在兔笼的挂配

彩图110 料槽和饮水碗的配置

彩图111 肌内注射

彩图112 皮下注射

彩图113 驱虫药丙硫苯咪唑片

彩图114 驱螨虫药伊力佳

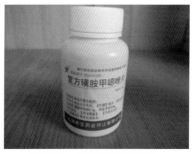

彩图115 复方磺胺甲恶唑片

彩图116 盐酸吗啉胍（病毒灵）

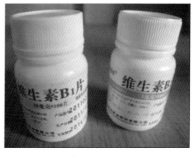

彩图117 维生素B₁和维生素B₂

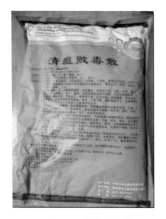

彩图118 清瘟败毒散

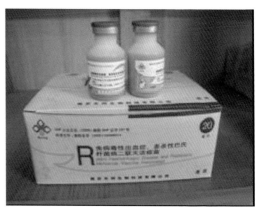

彩图119 兔病毒性出血症-多杀性巴氏杆菌病二联苗

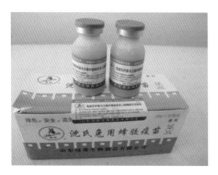

彩图120 波氏杆菌-大肠杆菌病二联苗

彩图121 肉兔产气荚膜梭菌病（A）灭活疫苗

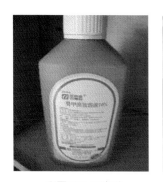

彩图122 百毒杀

彩图123 碘消净

彩图124 金碘

彩图125 狂杀

彩图126 百毒威

彩图127 新华威复合粉

彩图128 甲醛溶液

彩图129 健康兔毛色洁净光亮

彩图130 病兔被毛污浊不洁

彩图131 眼结膜有多量脓性分泌物

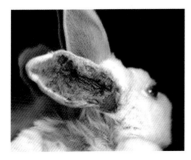

彩图132 耳廓内面有大量的黄色痂皮

彩图133 鼻孔周围不洁

彩图134 肛门周围被粪尿污染

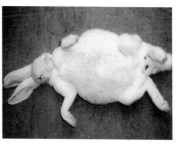

彩图135 肚胀如鼓

彩图136 兔粪球大小不均

彩图137 鼻孔有明显出血

彩图138 肺有明显出血点

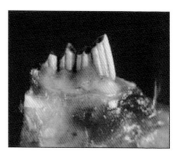

彩图139 齿龈黏膜脓疱破溃

彩图140 流涎浸湿口腔周围被毛

彩图141 鼻炎型巴氏杆菌病

彩图142 中耳炎型巴氏杆菌病

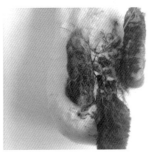

彩图143 病兔后躯被稀粪污染

彩图144 像一大堆稀牛粪

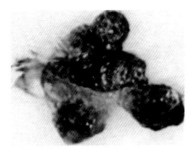

彩图145 粪球外附着透明黏液

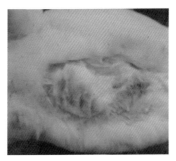

彩图146 乳头周围发生肿块

彩图147 仔兔肛门周围被毛被黄尿污染

彩图148 鼻孔周围鼻液污染

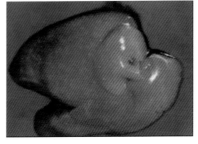

彩图149 肝表面有灰黄色坏死灶

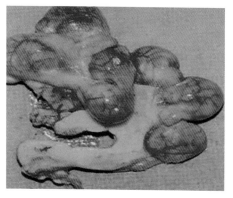

彩图150 子宫壁增厚，子宫腔有脓性渗出物

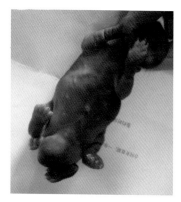

彩图151 母兔流产的胎儿皮肤充血出血

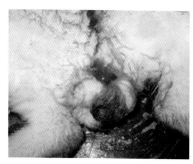

彩图152 病初拉黄白色胶冻样粪便

彩图153 病兔肚胀

彩图154 病兔被毛粗乱，衰弱而死亡

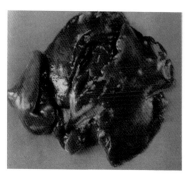

彩图155 肝表面有许多淡黄色结节

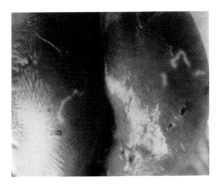

彩图156 肝表面有许多弯曲的淡黄色条纹

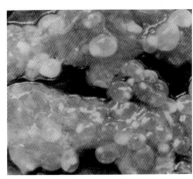

彩图157 大网膜寄生似葡萄串状豆状囊尾蚴

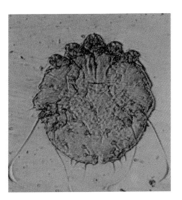

彩图158 兔疥螨

彩图159 患兔头部及四脚感染疥螨

彩图160 患兔躯体感染疥螨

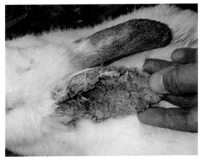

彩图161 耳郭内面感染痒螨

彩图162 食欲废绝趴伏于地

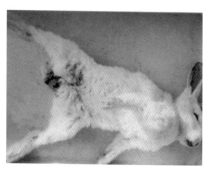

彩图163 病兔消瘦、被毛干燥、腹泻

彩图164 鼻孔周围被浆液性分泌物污染

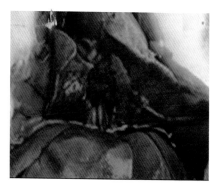

彩图165 肺实质有出血性变化

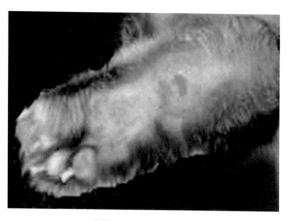

彩图166 后脚溃烂结痂

肉兔快速育肥实用技术

王建平　刘宁　编著

化学工业出版社

·北京·

本书系统介绍了当前国内外肉兔快速育肥的实用新技术、新成果和新理念。内容包括肉兔快速育肥的模式和发展趋势、适宜肉兔快速育肥的品种分类及其特点、肉兔的生物学习性及其在快速育肥中的利用、肉兔快速育肥的饲料加工调制和添加剂利用、营养需要与日粮配合、饲养管理、肉兔快速育肥场建设及设备、经营管理以及疫病防控，重点介绍了肉兔快速育肥中的育肥方式、饲料加工及相关技术。本书是肉兔养殖场和畜牧业生产管理人员的学习用书，也是大中专院校畜牧和兽医专业师生重点参考用书。

图书在版编目（CIP）数据

肉兔快速育肥实用技术/王建平，刘宁编著 . —北京：化学工业出版社，2017.10
ISBN 978-7-122-30538-1

Ⅰ.①肉…　Ⅱ.①王…②刘…　Ⅲ.①肉用兔-快速肥育　Ⅳ.①S829.16

中国版本图书馆 CIP 数据核字（2017）第 211775 号

责任编辑：漆艳萍　　　　　　　　　　装帧设计：韩　飞
责任校对：王　静

出版发行：化学工业出版社（北京市东城区青年湖南街 13 号　邮政编码 100011）
印　　装：三河市延风印装有限公司
850mm×1168mm　1/32　印张 10　彩插 16　字数 280 千字
2017 年 11 月北京第 1 版第 1 次印刷

购书咨询：010-64518888（传真：010-64519686）　　售后服务：010-64518899
网　　址：http://www.cip.com.cn
凡购买本书，如有缺损质量问题，本社销售中心负责调换。

定　　价：39.80 元　　　　　　　　　　　　版权所有　违者必究

前　言

　　兔肉具有"高蛋白质、高磷脂、高烟酸"和"低脂肪、低胆固醇、低热量"的特点。高蛋白质、低脂肪、低胆固醇，非常适合中老年人、动脉粥样硬化及高血压患者食用；磷脂在人体内可形成乙酰胆碱，有助于记忆和信息传递，能够促进智力发育，非常适合儿童食用；烟酸可使人体皮肤细腻白嫩，高烟酸非常适合爱美人士食用。兔肉被欧洲和日本等发达地区和国家誉为"保健肉""益智肉""美容肉"。兔肉是一种非常适合现代消费观念的肉类，被《中国营养改善行动计划》列为倡导发展的肉类。随着人们认识水平的提高和经济收入的增加，兔肉消费会迅猛增加，这将促进肉兔生产快速发展。同时，我国目前实施的粮改饲项目、生态农业项目、美丽乡村建设项目都将支持肉兔生产，一些有志之士和投资人都开始关注或参与到肉兔生产中来。如何实现我国肉兔快速健康发展，如何使自己在激烈市场竞争中立于不败之地？必须不断学习，不断创新，提高科学生产水平。

　　为此，我们根据多年的教学、科研和生产实践经验，参考相关文献编著了本书，系统介绍肉兔快速育肥的模式和发展趋势、适宜肉兔快速育肥的品种及其特点、肉兔的生物学习性及其在快速育肥中的利用、肉兔快速育肥的饲料加工调制和添加剂利用、营养需要与日粮配合、饲养管理、肉兔快速育肥场建设及设备、经营管理及疫病防控方面的新技术。在编写过程，薛帮群和张飞可提供了部分资料，在此深表感谢！

　　由于我们知识和水平所限，书中难免有不当和疏漏之处，敬请读者批评指正。

编著者

2017 年 1 月

目 录

· CONTENTS ·

第一章　适宜快速育肥的肉兔品种

第二章　肉兔生物学特性及其在快速育肥中的利用

第四章　肉兔快速育肥饲料加工调制技术

第五章　肉兔快速育肥饲料添加剂利用技术

第六章　育肥肉兔营养需要与饲料配制技术

第八章　肉兔快速育肥场建设

参考文献

第一章

适宜快速育肥的肉兔品种

第一节　我国的肉兔品种

一、闽西南黑兔

1. 产区分布及自然生态条件

闽西南黑兔原名福建黑兔，在闽西地区俗称上杭乌兔，在闽南地区习惯称德化黑兔，属小型以肉用为主的皮肉兼用地方兔种。闽西南黑兔中心产区位于福建省闽西龙岩市和闽南泉州市的山区地带，主要分布在龙岩市的上杭、长汀、武平等区县，闽南的德化县，闽西南的漳平、新罗、永春、安溪等县；相邻的三明、大田等市亦有零星分布。

闽西南黑兔主产区地处武夷山脉南麓和博平岭山脉之间及戴云山山区。境内多丘陵山地，大致为"八山一水一分田"。群山绵延，丘陵起伏，闽江水系、晋江水系、汀江水系贯穿其中，河流交错。属亚热带季风气候，冬无严寒，夏无酷暑，气候温和，雨量充沛，年日照长，农作物一年三熟，主要有水稻、烟叶、大豆、甘薯、花生、蔬菜及毛竹等。

2. 品种来源

闽西南山区优良的生态条件，为这个品种的形成和养殖提供了环境基础。由于产区长期交通不便，农村经济相对落后，在当地社会、经济条件下逐渐形成体形小、生长缓慢、耐粗放饲养而具有一定营养保健功效的闽西南黑兔品种。主产区客家人历来有食兔的习惯，并对乌兔情有独钟，多食用满月仔兔、青年幼兔，成年兔炖酒食用，乌兔炖黄酒是当地解决孕妇缺奶的传统方法，成为"客家第一汤"。2002年龙岩市通贤兔业发展有限公司投资建立通贤乌兔保种场，2007年德化县建立国宝黑毛福建兔保种繁育场，使得闽西南黑兔得到保存、提纯复壮和推广利用。2010年8月农业部组织国家畜禽遗传资源委员会的有关专家，深入福建省上杭和德化县的黑兔养殖企业、专业户和农户，进行福建土著黑兔资源的考察、调查、测定、查阅历史资料及各种记载资料等，定名为闽西南黑兔。2010年11月通过国家畜禽遗传资源委员会鉴定，农业部第1493号公告，闽西南黑兔列入国家级畜禽遗传资源目录。

3. 品种特征

闽西南黑兔外貌特征为体躯较小，头部清秀，两耳短而直立，耳长一般不超过11厘米，眼大、圆睁有神，眼结膜为暗蓝色（彩图1）。公、母兔颌下肉髯不明显，背腰平直，腹部紧凑，臀部欠丰满，四肢健壮有力，乳头4～5对。绝大多数闽西南黑兔全身披深黑色粗短毛，乌黑发亮，紧贴体躯，脚底毛呈灰白色，少数个体在鼻端或额部有点状或条状白毛。闽西南黑兔白色的皮肤上带有不规则的黑色斑块。闽西南黑兔体重2.2～3.0千克，体长36～45厘米，胸围26.9～28.9厘米，耳长9.4～11.3厘米。成年兔体重和体尺因饲养条件不同存在一定差异，德化黑兔较大。

4. 生产性能

闽西南黑兔属早熟小型品种，一般4周龄断奶体重公兔(379.5±103.7)克、母兔（373.1±116.2)克，13周龄体重公兔(1212.9±156.3)克、母兔(1205.4±161.7)克，断奶至13周龄平均日增重13.2克。闽西南黑兔90～120日龄屠宰，宰前活重1400～1600克，全净膛屠宰率43%～48%，半净膛屠宰率47%～53%。肉质细腻，呈粉白色，有光泽，无膻味，肉质鲜美。鲜肉含水率75.4%、粗蛋白质21.7%、粗脂肪0.9%、17种氨基酸总量20.07%，其中谷氨酸含量占氨基酸总量的16.04%。鲜肉含磷脂0.14%、胆固醇0.138毫克/克、锌9.6毫克/千克、赖氨酸1.72%、维生素500微克/克。闽西南黑兔3月龄开始有性行为，通常3.5～4.5月龄达性成熟，公兔5.5～6.0月龄、母兔5.0～

5.5 月龄适配。母兔妊娠期 29~31 天，经产母兔年产 5~6 胎，窝产仔 6 只左右，4 周龄仔兔成活率可达 90%。

二、福建黄兔

1. 产区分布及自然生态条件

福建黄兔原产于福建省福州地区沿海的连江、福清、长乐、罗源及山区的闽清、闽侯等地。随着肉兔生产的发展和黄兔销售市场的变化，福建省大部分县、市均有饲养福建黄兔，尤其在龙岩市的连城、漳平等地分布较多。福建黄兔中心产区地处亚热带海洋性气候区，全年冬季短、夏季长，温暖湿润，年气温为 16~22℃，最热月气温为 24~29℃，最冷月气温为 6~10℃，无霜期达 326 天，年降水量 900~2100 毫米，植被四季常青。耕作制度为一年一作，农作物主要有水稻、小麦、大豆、马铃薯和花生等，丰富的农作物副产品及饲草资源成为福建黄兔廉价的饲料，促进了当地黄兔的生产。

2. 品种来源

在福建沿海一带多背山面海，内陆地形复杂，形成相对独立的自然环境，为福建黄兔的形成提供了良好的生态条件。当地群众历来有在农忙劳动繁重时节或体弱需要补养时宰食黄兔，食肉滋补身体的习惯，因而饲养黄兔成为当地农户的家庭副业。福建黄兔经过长期自繁自养和选择，促进了这个品种的形成。20 世纪 80 年代前，福建黄兔以农户自繁自养为主，1985 年作为福建省优良地方品种被编入《福建省家畜禽品种志图谱》。20 世纪 80 年代后期，一些外来肉兔品种对体形较小、生长速度慢的福建黄兔进行过度杂交改良，后来经过当地科研部门努力，2002 年福建黄兔被列入《福建省家畜禽品种资源及保护规划》。目前，福建黄兔在福建省大致可分为纯种群和改良群两种类型，纯种群基本保持了福建黄兔体形外貌和生产性能，改良群的生长速度和成年体重比原种黄兔提高约 30%。

3. 品种特征

福建黄兔全身披米黄色粗毛，紧贴体躯，具有光泽，腹部有少量白色毛，从胸下部向腹部呈带状延伸，体壮活泼，发育均匀（彩图 2）。成年兔下颌至腹部、胯部呈白色带状延伸，头大小适中，呈三角形，公兔略显粗大，母兔比较清秀。两耳直立、厚、短，耳端钝圆、呈 V 形，耳毛较少、短、浅。眼大，虹膜呈棕褐色。头部、颈部和腰部结合良好，胸部宽深，背腰平直，后躯较丰满，腹部紧凑、有弹性。四肢强健，后足粗长。公兔平均体重 2.8 千克，体长 45 厘米，胸围 31 厘米；母兔体重和体长略高于公兔，胸围与公兔相近。耳长 10～12 厘米、耳宽 6.1～6.6 厘米。

4. 生产性能

福建黄兔 30 日龄体重 0.5 千克，60 日龄体重 1 千克，90 日龄体重 1.5～2.0 千克，6 月龄体重达成年体重。福建黄兔 3 月龄公兔全净膛重 700～1000 克，半净膛重 750～1100 克，全净膛屠宰率 49.27%。30～90 日龄料重比为 2.77～3.15。肉质营养丰富，鲜肉含干物质 25.6%、粗蛋白质 22.74%、粗脂肪 1.76%、粗灰分 1.1%，pH 值 6.55。

福建黄兔体重达 1.5～1.7 千克时即有性行为，105～120 日龄、体重 2 千克即可初配，最迟 150 日龄左右初配，妊娠期 30 天。从第 2 胎以上统计，窝产仔 6～9 只，窝产活仔 6～8 只。初生窝重 320.74 克左右。一年四季均可繁殖配种，但夏季配种受孕率明显下降。母兔一般年产 5～6 胎，年产活仔 33～37 只，年育成断奶仔兔 28～32 只。公、母兔使用年限一般均为 2 年。

三、九嶷山兔

1. 产区分布及自然生态条件

九嶷山兔原产于宁远县九嶷山，并因此而得名，国家畜禽遗传资源委员会办公室认定九嶷山兔为国家"遗传资源"。过去主要分布于宁远县境内及周边的蓝山、嘉禾、新田、双牌、道县、江华一带。现在禾亭镇、仁和镇、九嶷山瑶族乡、鲤溪镇、太平镇、中和镇等比较偏远，交通不便，经济、文化比较落后的深丘高山地区也有九嶷山兔饲养。

宁远县地处湖南南部南岭中段萌渚岭北端的九嶷山区地带，境内四面环山，中部为丘岗平地，形成周高中低、南北狭长的舟形山间盆地，其地势起伏大，地貌类型复杂多样，山冈丘平一应俱全。这个地区属中亚热带气候向南亚热带过渡气候，兼有大陆和海洋气候特征。年平均气温18.4℃，最热月平均气温26.5℃，最冷月平均气温5.4℃。年降水量1400～1500毫米，4～6月为雨季，平均相对湿度79%，夏季多偏南风，其他季节多偏北风，很少见雪，素有"湘南天然温室"之称。农作物以水稻为主，其他是甘薯、玉米、花生、高粱、小麦、蔬菜、瓜类等，天然草资源丰富。

2. 品种来源

九嶷山兔属地方品种，因产于九嶷山而得名。长期以来，宁远县农村特别是九嶷山山区农民素有养兔习惯。据1942年的《民国县志》记载："兔有褐、白、黑诸色及黑白相间者"。《宁远县畜牧水产志》记载："宁远有养兔习惯，明清县均有记载"。宁远人民自古就有食用兔肉的习惯，所谓"飞禽莫如鸪，走兽莫如兔"。养兔历来就是宁远农民的经济来源之一，民间流传"家养三只兔，不愁油盐醋；家养十只兔，不愁衣和裤"。至于宁远养兔究竟始于何时，尚无资料考证。2010年5月，国家畜禽遗传资源委员会专家组一行对九嶷山兔进行了抽样测定，认为符合《畜禽新品种配套系审定和畜禽遗传资源鉴定办法》关于兔遗传资源条件。

3. 品种特征

九嶷山兔被毛以纯白、纯灰居多，白兔约占存栏总数的73%，灰（麻）兔约占25%，还有零星的黑兔、黄兔、花兔个体。体躯较小，结构紧凑。头形清秀，呈纺锤形。眼中等大，白兔眼球为红色，灰兔和其他毛色兔的眼球为黑色（彩图3）。两耳直立，厚薄长短适中。背腰平直，肌肉较丰满，腹部紧凑而有弹性。乳头4～5对，以4对居多。臀部较窄，肌肉欠发达。四肢端正，足底毛较丰。

4. 生产性能

九嶷山兔性成熟早，在良好的饲养管理条件下，3～3.5月龄达到性成熟；在传统粗放的饲养管理条件下，3.5～4月龄达到性成熟。一般母兔满21周龄、体重达2.2千克以上，公兔22周龄、体重达2.3千克以上可以配种繁殖。母兔妊娠期一般30天，年产

7.0～7.2 胎。九嶷山兔窝产仔（7.7±1.6）只，窝产活仔（7.70±1.6）只，初生窝重（373.45±16.2）克，初生个体重 48.50 克，21日龄窝重（2037.1±211.3）克，28 日龄断奶窝重（3261.6±413.7)克、断奶个体重 437.81 克、断奶成活率为 96.7％。

四、万载兔

1. 产区分布及自然生态条件

万载兔分布于赣西边陲、锦江上游的万载县。东连上高，北靠铜鼓、宜丰，南邻宜春、新余，西接湖南浏阳，属于亚热带气候，湿润、雨量充沛、阳光充足、无霜期长。年平均气温 17.4℃，年平均湿度 82％，年降水量 1600～1800 毫米，年平均日照 1693 小时，无霜期 257 天。全县以丘陵为主，农作物以水稻为主，还有大豆、花生、百合、芝麻、甘薯等，森林覆盖率 63.1％。

2. 品种来源

万载兔的饲养历史很长，据清代同治《万载县志》记载"兔人家间畜之"，表明农村已饲养有家兔。1957 年国家有关部门曾定点万载县为医学实验兔生产基地。万载肉兔的选育多在民间进行，农民注意选择繁殖能力强、生长快的后代留种。

3. 品种特征

万载兔分为两种，一种称为火兔，又称为月兔，体形偏小，毛色以黑色为主（彩图 4）；另一种称为木兔，又名四季兔，体形较大，以麻色为主。兔毛粗而短，着生紧密，少数还有灰色、白色。万载肉兔头清秀，大小适中。耳小而竖立，眼小，眼球蓝色（白毛兔为红色）。背腰平直，肌肉丰满。前后躯紧凑而且发达，腹部紧凑而有弹性。前肢短，后肢长。成年公兔体长 40.76 厘米，胸围 25.84 厘米，体重 2.15 千克。母兔体长 39.48 厘米，胸围25.04 厘米，体重 2.05 千克。

4. 生产性能

万载兔性成熟期 3～7 月龄，适配年龄一般初配年龄为 4.5～5.5 月龄。母兔有乳头 4 对，少数为 5 对，每月可发情 2 次，发情持续期 3 天。妊娠期 30～31 天，哺乳期 40～45 天，断奶后 10～

15 天再次配种，每年可繁殖 5～6 胎，平均窝产仔 8 只，断奶成活率 89.7%。成年兔屠宰率公兔 44.67%、母兔 43.69%。胴体重公兔全净膛重 953.03 克，半净膛重 1043.25 克；母兔全净膛重 883.58 克，半净膛重 959.23 克。

五、太行山兔

1. 产区分布及自然生态条件

太行山兔，也称为虎皮黄兔。原产地以井陉县为主的北边地区，包括鹿泉县和平山县。具有明显的地方品种特色，容易饲养，20 世纪 80～90 年代饲养量很大。特别是河北农业大学等单位对这个地方品种进行较系统选育之后，这种兔在生产性能和外貌特征的一致性上有了较大幅度的提高。由于新闻媒体的作用，引起社会的关注，全国 20 多个省份相继引种。井陉县地处太行山东麓东段中山区，河北省西陲，全县地势由西南向东北倾斜，沟谷纵横，坡度陡峭。属暖温带半湿润大陆季风气候，降水主要呈现年际和季节降水量变化。井陉县的地带性植被为次生落叶阔叶林，主要树种有杨、槐、柳、桑、椿、柿、核桃和人造松林等。主要作物有小麦、玉米、豆类、甘薯、高粱和谷子等。典型的山区气候多样性和饲草饲料的多样性，为太行山兔的培育和养殖创造了有利条件。

2. 品种来源

太行山兔从 1979～1986 年由河北农业大学、河北省粮油食品进出口公司、石家庄地区粮油食品进出口公司，以及井陉县和平山县的科委、外贸局和畜牧局共同合作，对虎皮黄兔进行选育。经过 3 年多的工作，于 1985 年 2 月通过河北省科委组织的技术鉴定。外经贸部于 1987 年 1 月对项目进行了鉴定验收。鉴定委员会建议将虎皮黄兔更名为"太行山兔"。

3. 品种特征

太行山兔分标准型和中型两种。标准型全身被毛栗黄色，单根毛纤维根部为白色，中部黄色，尖部为红棕色，眼球棕褐色，眼圈白色，腹毛白色；头清秀，耳较短厚直立，体形紧凑，背腰宽平，四肢健壮，体质结实（彩图 5）。成年体重公兔平均 3.87 千克，母兔平均 3.54 千克。中型全身毛色深黄色，在黄色毛的基础上，背部、后躯、两耳上缘、鼻端及尾背部毛尖为黑色。这种黑色毛梢，在 4 月龄前不明显，随年龄增长而加深。后躯两侧和后背稍带黑毛尖，头粗壮，脑门宽圆，耳长直立，背腰宽长，后躯发达。成年体重公兔平均 4.31 千克，母兔平均 4.37 千克。

4. 生产性能

太行山兔 30 天断乳体重，标准型（545.6±48）克，中型（641.18±52）克；90 日龄体重，标准型（2042±157）克，中型（2204.4±189）克。日增重 26～27 克，料重比 3.45∶1。90 日龄全净膛屠宰率 48.5%。太行山兔性成熟期一般 4 月龄左右，初配月龄一般 5～5.5 月龄，妊娠期 30.5 天。初生窝重 460～500 克，30 天断奶窝重 4.6～4.8 千克，窝产仔 8 只左右，最高的达到 16 只。年产仔一般 6～7 胎，仔兔成活率 95% 左右。

六、豫丰黄兔

1. 产区分布及自然生态条件

豫丰黄兔主要分布于河南省濮阳市清丰县及周边地区。清丰县位于冀、鲁、豫三省交界处，东与山东省莘县毗连，南与濮阳市区接壤，西与安阳市内黄县为邻，北与南乐县相连，西北隔卫河与河北省魏县相望。清丰县属温带大陆性季风气候，四季分明，光照充足，气候温和，雨量适中，无霜期长，季风气候显著，春季气温回暖早；夏热降水集中，雨热同季，时空降水分布不均，晚秋多阴雨；冬季寒冷干燥，光照充足。年平均气温 13.4℃，最热年平均气温与最冷年平均气温相差 2.2℃。7 月最热，平均为 27℃；1 月为 -2.1℃，农作物种植以小麦、玉米为主，有大量农作物秸秆。

2. 品种来源

豫丰黄兔属于中型兔品种，1986 年清丰县就开始实施国家级"七五"星火计划项目《肉兔繁育及综合开发技术研究》，开始了豫丰黄兔的选育，经过省、市、县三级科技人员攻关，利用经济杂交的方法，以虎皮黄兔为母本，比利时兔为父本进行杂交后横交固定，经过 3～4 年 4～5 个世代的严格选种选配，使豫丰黄兔的遗传基因趋于稳定，于 1992 年 11 月通过濮阳市科技委员会初审。1994 年 12 月 8 日被河南省科技委员会认定为中型皮肉兼用型新品种。近年来，由于引入快大型肉兔的冲击，豫丰黄兔已濒临灭绝，2016 年河南科技大学专家与河南养兔协会的企业家正在合作进行保种工作。

3. 品种特征

豫丰黄兔全身被毛为黄色，腹部为白色，毛短而光亮，头小而清秀，呈椭圆形，耳大直立，眼大有神，颈肩结合良好，背线平直，背腰长，后躯丰满，四肢强壮有力（彩图 6）。成年母兔颈下有肉髯，成年兔体重 4～6 千克，平均体长 54.73 厘米，胸围 38.83 厘米，头长 11.9 厘米，耳长 15.53 厘米。

4. 生产性能

豫丰黄兔性成熟较早，3 月龄左右即达性成熟，5.5～6 月龄初配，每胎产仔 8 只以上，母兔乳头数 8～9 个，母性好，泌乳量 1400 克左右，初生窝重 400 克左右，2.5 月龄体重可达 2 千克以上。商品兔半净膛屠宰率 54.94%，全净膛屠宰率 51.20%。

七、塞北兔

1. 产区分布及自然生态条件

塞北兔主要分布在河北、河南、山西、海南、陕西、广西、新疆、内蒙古等地。塞北兔被毛颜色分为刺鼠毛型的黄褐色、白化型的纯白色和少量的黄色。产区地域广阔，生态环境多样，气候变化大。

2. 品种来源

塞北兔是利用引入我国的黄褐色法系公羊兔和黄褐色弗郎德巨兔作亲本杂交培育而成。1978～1980 年采用法系公羊兔、弗郎德巨兔两品种二元轮回杂交的方式繁育了三个世代，留种比例由 40% 逐步降到 10%，基础母兔群发展到 2304 只，组成选育基础群。1981～1985 年从第二代开始，在杂合群内进行 6 个世代的选择性自群繁育的基础上，建立育种核心群。在此阶段，根据杂合兔群的表型特征、体格指数及主要经济性状，按照育种方案及育种目标，通过系谱选择、仔兔选择、幼兔选择、青年兔选择和成年兔选择五个环节进行严格的选优汰劣，使群体的优良性状逐步趋于一致和稳定，选择阶段的留种率为10%。1986～1988年重点开展品系选育，以进一步巩固与加强优良性状基因的纯合。

3. 品种特征

塞北兔分三个毛色品系：A系被毛黄褐色，尾巴边缘枪毛，上部为黑色，尾巴腹面、四肢内侧和腹部的毛为浅白色（彩图7）；B系纯白色（彩图8）；C系草黄色（彩图9）。塞北兔被毛浓密，毛纤维稍长；头中等大小；眼眶突出，眼大而微向内凹陷；下颌宽大，嘴方，鼻梁有一黑线；耳宽大，一耳直立，一耳下垂；颈部粗短，颈下有肉髯；肩宽广，胸宽深，背平直，后躯宽，肌肉丰满，四肢健壮。头部中等匀称。眼眶突出，眼大微向内陷，眼周围环毛为浅黑色。下颌骨宽大，嘴方正。

4. 生产性能

塞北兔体形大，生长速度快。仔兔初生重60～70克，1月龄断奶重可达650～1000克，90日龄体重2.1千克，育肥期料肉比为3.29∶1。成年兔体重5.0～6.5千克，高者可达7.5～8.0千克。耐粗饲，抗病力强，繁殖力较高，年产仔4～6胎，胎均产仔7～8只，断奶成活率平均81%。

八、康大肉兔配套系

1. 产区分布及自然生态条件

康大肉兔配套系，学名分别为康大1号肉兔配套系、康大2号肉兔配套系、康大3号肉兔配套系。在康大肉兔配套系的培育过程中，采用了边选育边推广的措施，2008～2011年期间，培育单位累计直接推广种兔数量47500只，繁育后代数量200万只。主产区山东省胶南市为海洋性季风气候，气温较低，年降水量适中，夏季凉爽而潮湿，冬季寒冷湿润，四季分明。

2. 品种来源

康大1号配套系是培育品种，由青岛康大兔业发展有限公司和山东农业大学培育的康大肉兔Ⅰ系、Ⅱ系和Ⅵ系三个专门化品系构成。父代为Ⅵ系，母代为Ⅰ系×Ⅱ系。

康大 2 号配套系由康大肉兔Ⅰ系、Ⅱ系和Ⅶ系三个专门化品系构成。父代为Ⅶ系，母代为Ⅰ系×Ⅱ系。

康大 3 号配套系由康大肉兔Ⅰ系、Ⅱ系、Ⅴ系和Ⅵ系四个专门化品系构成。父代为Ⅴ系×Ⅵ系，母代为Ⅰ系×Ⅱ系。

康大肉兔Ⅰ系以法国伊普吕肉兔 GD14 和 PS19 作为主要育种材料，经合成杂交和定向选育而来。

康大肉兔Ⅱ系以法国伊普吕肉兔 GD24 和 PS19 作为主要育种材料，经合成杂交和定向选育而来。

康大肉兔Ⅴ系以法国伊普吕肉兔 GD54、GD64 和 PS59 作为主要育种材，经多代合成杂交和定向选育而来。

康大肉兔Ⅵ系以泰山肉兔为主要育种材料，连续多世代定向选育而来。

康大肉兔Ⅶ系以香槟兔作为主要育种材料，经多代定向选育而来。

3. 品种特征

康大肉兔Ⅰ系：被毛纯白色，眼球粉红色，耳中等大，直立，头型清秀，体质结实，结构匀称。四肢健壮，背腰长，中后躯发育良好；有效头头 4～5 对，母性好，性情温顺。

康大肉兔Ⅱ系：被毛末端毛色黑，即两耳、鼻黑色或灰色，尾端和四肢末端浅灰色，其余部位纯白色；眼球粉红色，耳中等大，直立，头形清秀，体质结实，四肢健壮，脚毛丰厚。体躯结构匀称，前中后躯发育良好；有效乳头 4～5 对。性情温顺，母性好，泌乳力强。

康大肉兔Ⅴ系：纯白色，眼球粉红色，耳大宽厚直立，耳长(13.50±0.66)厘米，耳宽 (7.80±0.56)厘米，头大额宽；四肢粗壮，脚毛丰厚，体质结实，胸宽深，背腰平直，腿臀肌肉发达，体形呈典型的肉用体形，有效乳头 4 对。

康大肉兔Ⅵ系：被毛纯白色，眼球粉红色，耳宽大，直立或略微前倾，头大额宽。四肢粗壮，脚毛丰厚，体质结实，胸宽深，被腰平直，腿臀肌肉发达，体形呈典型的肉用体形。有效乳头 4 对，性成熟 20～22 周龄，26～28 周龄配种繁殖。

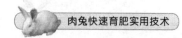

康大肉兔Ⅶ系：被毛黑色，部分深灰色或棕色，被毛较短，为（2.32±0.35）厘米；眼球黑色，耳中等大，直立，头形圆大；四肢粗壮，体质结实，胸宽深，被腰平直，腿臀肌肉发达，体形呈典型的肉用体形；有效乳头 4 对，性成熟 20～22 周龄，26～28 周龄配种繁殖。

4. 生产性能

康大 1 号配套系体躯被毛白色或末端灰色，体质结实，四肢健壮，结构匀称，全身肌肉丰满，中后躯发育良好。10 周龄出栏体重 2.4 千克，料重比低于 3：1，12 周龄出栏体重 2.9 千克，料重比（3.2～3.4）：1，屠宰率 53％～55％。

康大 2 号配套系毛色为黑色，部分深灰色或棕色，被毛较短；眼球黑色，耳中等大，头形圆大；四肢粗壮，体质结实，胸宽深，被腰平直，腿臀肌肉发达，体形呈典型的肉用体形。10 周龄出栏体重 2.3～2.5 千克，料重比（2.8～3.1）：1。12 周龄出栏体重 2.8～3.0 千克，料重比（3.2～3.4）：1，屠宰率 53％～55％。

康大 3 号配套系被毛白色，末端黑色；体质结实，四肢强壮，结构匀称，全身肌肉丰满，中后躯发育良好。10 周龄出栏体重 2.4～2.6 千克，料重比 3.0：1。12 周龄出栏体重 2.9～3.1 千克，料重比（3.2～3.4）：1，屠宰率 53％～55％。

第二节 从国外引入的肉兔品种

一、日本大耳白兔

1. 产区分布

日本大耳白兔原产于日本，我国于 1982 年引入，主要分布于辽宁、山东、山西、四川、吉林、浙江及江苏等地，现全国各地均有饲养。

2. 品种来源

日本大耳白兔亦称大耳兔、日本白兔，是以日本兔和中国白兔杂交选育而成的皮肉兼用型品种。

3. 品种特征

日本大耳白兔被毛纯白紧密，眼睛红色，以耳大著称，耳根及耳尖部较细，形似柳叶，母兔颌下有肉髯，颈部粗壮，体形较大，体质结实（彩图10）。但因这个品种在日本分布地区不同而存在很大差异，现已统一规定以皮毛纯白、8月龄体重约4.8千克、毛长约25毫米、耳长180毫米左右、耳壳直立者，称作标准的大耳白兔。本品种由于具有耳长大、白色皮肤和血管清晰的特点，是较为理想的实验用家兔品种。

4. 生产性能

日本大耳白兔可分为三个类型：大型兔体重5～6千克，中型兔体重3～4千克，小型兔体重2.0～2.5千克。我国饲养较多的为中型兔，仔兔初生重50～60克，3月龄体重2.2～2.5千克。年产5～7胎，每胎产仔8～10只，最高达17只，母性好，泌乳量大。屠宰率为44%～47%。兔皮张幅大，板质良好，是优良的皮肉兼用兔。这个品种适应性较强，耐寒耐粗饲。我国引入后，纯繁作试验兔用，也有用于杂交生产商品肉兔，效果较好，但需给予较好的饲养管理条件，否则效果不佳。

二、新西兰白兔

1. 产区分布

新西兰白兔20世纪30年代在美洲大陆繁衍，40年代扩散到欧洲，50年代大量引入亚洲，后来扩展到世界各主要肉兔生产国家和地区，我国在20世纪70年代以后大量引进，现已遍及全国。

2. 品种来源

新西兰白兔于20世纪20年代初在美国育成，20年代中期获美国家兔育种协会承认。它是由弗朗德兔、美国白兔和安哥拉兔几个品种杂交育成的。

3. 品种特征

新西兰白兔体质健壮，躯体紧凑，胸宽而深，肌肉发达，背宽臀圆，腰肋部丰满，嘴巴圆突，头粗重，有"小牛"之美称（彩图11）。耳小直立，耳上短毛丰富，耳血管不清晰。母兔颌下有一匝肉髻。眼睛红色。全身纯白，被毛浓密，毛长 3.0～3.5 厘米。爪的被毛尤为浓密，在网板上活动不易损伤四肢，有利于工业化饲养。

4. 生产性能

新西兰白兔最显著的特点是早期生长发育快，40 日龄断奶重 1.0～1.2 千克，8 周龄体重可达 2 千克，90 日龄可达 2.5 千克以上。成年母兔体重 4.0～5.0 千克，成年公兔为 4.0～4.5 千克。屠宰率为 50%～55%，产肉性能好，肉质细嫩。繁殖力强，性成熟期为 5 月龄，适配年龄母兔为 5～6 月龄、公兔 6.5 月龄，妊娠期 30 天。初生重平均为 65 克，21 日龄平均体重 280 克，35 日龄断奶平均体重 650 克，年产 5～6 胎，利用年限 2～2.5 年。

三、加利福尼亚兔

1. 产区分布

加利福尼亚兔原产于美国加利福尼亚州，是一个专门化的中型肉兔品种。1984～1985 年间成都市大邑县从美国引入 2000 只种兔作种内纯繁使用。1987 年 4 月，新沂县从美国引进这个品种优良种兔 45 只纯繁。2007 年青岛康大兔业有限公司又从美国引进 119 只种兔。加利福尼亚兔引入我国后，经过几十年的繁育推广，全国各地均有饲养。

2. 品种来源

加利福尼亚兔是用喜马拉雅兔和青紫蓝兔杂交，产生具有青紫蓝兔毛色杂种一代公兔，再与新西兰母兔交配，对其后代经过长期自繁选育而培育出的肉兔品种。品种育成后迅速扩散到欧美各国，20 世纪 60 年代逐步成为英国、法国、美国、比利时等一些兔业发达国家的当家品种之一。

3. 品种特征

加利福尼亚兔体躯被毛白色，耳、鼻端、四肢下部和尾部为黑褐色，俗称"八点黑"。眼睛红色，颈粗短，耳小直立，体形中等，前躯及后躯发育良好，肌肉丰满。绒毛丰厚，皮肤紧凑，秀丽美观。"八点黑"是这个品种的典型特征（彩图 12），其颜色出生后为白色，1月龄色浅，3月龄特征明显，老龄兔逐渐变淡；冬季色深，夏季色浅，春秋换毛季节出现沙环或沙斑；营养良好色深，营养不良色浅；室内饲养色深，长期室外饲养，日光经常照射变浅；在寒冷的北部地区色深，在气温较高的南部省市变浅；有些个体色深，有的个体则浅，而且均可遗传给后代。

4. 生产性能

加利福尼亚成年母兔体长为（45±1.4)厘米，胸围（35±1.1)厘米，成年公兔体长为（45±1.2)厘米，胸围（35±0.8)厘米。仔兔初生重（51.5±5.7)克；断奶重（707.6±75.9)克；3月龄体重母兔（2318±151.4)克、公兔（2401±158.8)克，6月龄体重母兔（3615±136.8)克、公兔（3605±209.6)克，12月龄体重母兔（4357±318.2)克、公兔（4047±252.1)克。84日龄母兔半净膛重为（1373±70.7)克、全净膛重为（1140±69.8)克；84日龄公兔半净膛重为（1345±92.5)克、全净膛重为（1109±94.2)克。84日龄平均屠宰率母兔49.9％、公兔50.0%。性成熟期为5月龄，适配年龄为5～6月龄，妊娠期30天。初生重平均为53克，窝产仔7～9只。

四、青紫蓝兔

1. 产区分布

青紫蓝兔原产于法国，在世界上分布很广。引入我国后各地均有饲养，尤以在北京、山东等地饲养较多。在山东潍坊、临沂等地区，以饲养标准型、美国型的杂交后代为主。

2. 品种来源

青紫蓝兔是一个优良的皮肉兼用品种，是法国育种家用蓝色贝韦伦兔，嘎伦兔和喜马拉雅兔杂交育成的，因毛色和青紫蓝兽相似而得名。它有三个不同的类型：标准型、美国型和巨型，都是灰蓝色。青紫蓝兔培育过程复杂，首先育成的是标准型（小型），1919年由英国引进后进一步选育成中型（美国型），巨型青紫蓝兔是用弗朗德巨兔与标准型青紫蓝兔杂交选育而成，是偏巨型的肉用品种。

3. 品种特征

青紫蓝兔被毛蓝灰色，每根毛纤维自基部向上分为5段，即深灰色—乳白色—珠灰色—雪白色—黑色，在微风吹动下，其被毛呈现漩涡，轮转遍体。耳尖及尾面黑色，眼圈、尾底及腹部白色，腹毛基部淡灰色。由于其毛色特殊，酷似南美洲产的毛丝鼠，故据此读音得名为青紫蓝兔（彩图13）。青紫蓝兔外貌匀称，头适中，颜面较长，嘴钝圆，耳中等、直立而稍向两侧倾斜，眼圆大，呈茶褐色或蓝色，体质健壮，四肢粗大。标准型青紫蓝兔体形较小，结构紧凑，耳短竖立，面圆，成年母兔重2.7～3.6千克，公兔重2.5～3.4千克。美国型青紫蓝兔体长，腰臀丰满，成年母兔重4.5～5.4千克，公兔重4.1～5千克。巨型青紫蓝兔体大，肌肉丰满，耳较长，有的一耳竖立，一耳垂下，均有肉髯，成年母兔重5.9～7.3千克，公兔重5.4～6.8千克。

4. 生产性能

我国饲养的青紫蓝兔多以标准型与美国型的杂交后代为主。初生重53克左右，断奶重760克，3月龄体重2.0～2.5千克，6.5月龄4.0～4.5千克。3月龄屠宰率50%左右，半净膛重1.2千克，全净膛重1千克。性成熟期为4月龄，适配年龄为5～6月龄，妊娠期30天。初生重平均为40克，窝产仔7～9只。

五、德国花巨兔

1. 产区分布

德国花巨兔，又称熊猫兔、花斑兔、花巨兔。我国于1976年引入饲养，主要分布于辽宁、吉林、黑龙江、四川、山东和江苏等地。

2. 品种来源

花巨兔是韦郎德斯巨兔和另外一个白色或花白色的兔子品种杂交育成，原产于德国。引入美国后，又培育出与原花巨兔有明显区别的黑色和蓝色两种。引入我国的主要是黑色花巨兔。

3. 品种特征

德国花巨兔被毛以白色为基本色，嘴的四周、鼻端、眼圈和两耳为黑色，从颈部沿脊椎至尾部有一条边缘不整齐的黑色背线，体躯左右两侧有对称的不规则黑色毛斑（彩图 14）。体格健壮高大，体躯长而宽深，呈弓形，骨骼粗重，腹部离地较高，行动敏捷，成年公兔体重 5.2 千克、成年母兔体重 5.7 千克，成年体长和胸围公兔分别为 55.2 厘米和 33.6 厘米、母兔分别为 57.8 厘米和 34.3 厘米。

4. 生产性能

德国花巨兔初生重 73 克，30 天断奶重 850 克。3 月龄公兔体重 2.6 千克、母兔体重 2.7 千克，6 月龄公兔体重 3.9 千克、母兔体重 4.1 千克。30 日龄断奶育肥到 70 日龄，公、母兔平均日增重为 37.5 克，料肉比 3.2∶1，胴体重 1.3 千克，屠宰率 52.3%；30 日龄断奶育肥到 90 日龄，公、母兔平均日增重为 30.3 克，料肉比 3.55∶1。性成熟期公兔 4.5 月龄、母兔 3.9 月龄，适配年龄 6.0～6.5 月龄，妊娠期 30 天。初生重平均 70 克，窝产仔 7～9 只，30 日龄断奶重 850 克。

六、弗朗德兔

1. 产区分布

弗朗德兔是目前在我国分布最广的品种之一，绝大多数省份均有饲养，河北、山东、江苏、河南、安徽、山西以及东北三省等较多。20 世纪 80 年代初期到后期，这个品种存养量约占河北省肉兔总量的 30%，达到 1000 万只以上。由于前些年肉兔出口受阻，外贸体制改革，很多外贸冷冻加工厂停业，极大地影响了肉兔的养殖，使弗朗德兔的饲养量大幅度下降。同时，也由于獭兔养殖业的兴起，对肉兔的养殖造成较大的冲击。这个品种目前仍然为河北省广大农村家庭兔场的当家品种之一。

2. 品种来源

弗朗德兔起源于比利时北部弗朗德一带，是最早、最著名、体形最大的肉用型品种。但培育历史不详。我国 20 世纪 60 年代由原外贸部土畜产进出口公司从欧洲引进。以黄褐色为主体，颜色深浅不一。当时误称为比利时兔，至今我国很多人仍然以比利时兔称呼这种兔。

3.品种特征

弗朗德兔体形大，结构匀称，骨骼粗重，背部宽平。头较粗重，公兔明显，双耳长大，耳郭较厚，有的个体有肉髯，母兔较明显。四肢粗壮有力，后躯较发达。被毛光亮，以黄褐色为主，但毛色深浅有较大差异，主要受到黑色被毛纤维所占比例的影响（彩图15）。浅色个体被毛为黄色，深色个体接近黑色。而中间型个体呈现一系列的被毛色度。耳朵后面的脊背被毛颜色特殊，形成一个深褐色的三角区域。这个品种偶有白色个体出现，红眼球，为白化基因纯合类型。除了白色个体以外，其他毛色的个体被毛纤维为复合型，即一根毛纤维颜色不一致，可分为两段、三段和四段不等。以黄褐色为例，两段毛纤维毛根为灰白色，尖部为黑色，黑色约占2/5；三段毛纤维，毛根为灰白色，毛尖为黑色，毛尖的下部为褐色；四段毛纤维的毛根为灰白色，往上依次为黑色、褐色和黑色。一般毛根纤维直径小，毛尖直大，容易断裂；毛纤维长度为3.6～5.5厘米，平均4.53厘米。根据毛色分为钢灰色、黑灰色、黑色、蓝色、白色、浅黄色和浅褐色7个品系。美国弗朗德兔多为钢灰色，体形稍小，背扁平，成年母兔体重5.9千克，公兔体重6.4千克。英国弗朗德兔成年母兔体重6.8千克，公兔体重5.9千克。法国弗朗德兔成年母兔体重6.8千克，公兔体重7.7千克。

4.生产性能

弗朗德兔生长速度快，产肉性能好，肉质优良。成年兔体重一般在5千克以上，最大个体可达8千克以上。30日龄平均断乳体重615.5克，90日龄平均体重2435.57克，6月龄平均体重4221.25克，90日龄全净膛屠宰率平均为50.2%。弗朗德兔成熟较晚，毛色的遗传性能不稳定，母兔产仔数差异较大，但泌乳力较强。胎均产活仔7.5只，初生窝重433.57克，出生个体重57.83克，30天胎均断乳仔兔6.76只，断乳成活率平均为90.7%。

七、齐卡配套系

1.品种来源

齐卡配套系是由德国育种专家 Zimlerman 博士和 L. dempsher

教授培育出来的具有世界先进水平的专门化品系，由齐卡巨型白兔（克）、齐卡新西兰白兔（N）和齐卡白兔（Z）三个肉兔专门化品系组成，其配套模式为 G 系公兔与 N 系中产肉性能（日增重）特别优异的母兔杂交产生父母代公兔，Z 系与 N 系中母性较好的母兔杂交产生父母代母兔，父母代公母兔交配生产商品代兔。1986年四川省畜牧科学研究院引进一套原种曾祖代，是我国乃至亚洲引入的第一个肉兔配套系。核心群主要是在四川省畜牧科学研究院种兔场，生产利用主要是在四川省肉兔主产区，如成都市、乐山市、眉山市、自贡市、井研县等，并推广到重庆、新疆、广东、广西、贵州、云南、陕西等地。

2. 品种特征

齐卡巨型白兔（G）为德国巨型兔，属大型品种（彩图 16）。全身被毛浓密，纯白，毛长 3.5 厘米，红眼，两耳长大直立，3 月龄耳长 15 厘米、耳宽 8 厘米，头粗壮，额宽，体躯长大丰满，背腰平直，3 月龄体长 45 厘米。成年兔平均体重 7 千克。产肉性能特别优异。母兔年产 3～4 胎，每窝产仔 6～10 只，年育成仔兔 30～40 只。初生个体重 70～80 克，35 天断奶重 1000 克以上，90 日龄重 2.7～3.4 千克，日增重 35～40 克。这种兔耐粗饲，适应性较好。性成熟较晚，6～7.5 月龄才能配种，夏季不孕期较长。

齐卡大型新西兰白兔（N）为新西兰白兔，属中型品种，分为两种类型，一类是在产肉性能（日增重）方面具有优势，另一类是在繁殖性能及母性方面比较突出。全身被毛洁白，红眼，两耳短（长 12 厘米）而宽厚，直立，头短圆粗壮，体躯丰满，背腰平直，臀圆，呈典型的肉用体形（彩图 17）。3 月龄体长 40 厘米左右，胸围 25 厘米。成年兔平均体重 5 千克。初生个体重 60 克左右，35 天断奶重 700～800 克，90 日龄体重 2.3～2.6 千克，日增重 30 克以上。母兔母性较好，年产胎次 5～6 窝，每窝产仔 7～8 只，最高者达 15 只。产肉性能好，屠宰净肉率 82% 以上，肉骨比 5.6：1。

齐卡白兔（Z）为合成系，由数十个品种组合而成，不含新西兰白兔血缘，属小型品种。全身被毛纯白，红眼，两耳薄、直立，头清秀，体躯紧凑（彩图 18）。成年兔体重 3.5～4.0 千克，90 日龄体重 2.1～2.4 千克，日增重 26 克以上。其最大特点为繁殖性能好，年产胎次多，每窝产仔 7～10 只，母兔年育成仔兔 50～60 只，幼兔成活率高。适应性好，耐粗饲，抗病力强。

3. 生产性能

齐卡三系配套生产的商品兔，全身被毛纯白，90 日龄育肥重平均 2.53 千克，最高的达 3.4 千克，28～84 日龄饲料报酬为 3：1，日增重 32 克以上，净肉率 81%。

八、艾哥配套系

1. 品种来源

艾哥配套系是由法国艾哥（ELCO）公司培育的白色肉兔配套系，这个配套系具有较高的产肉性能和繁殖性能以及较强的适应性。这个配套系由 4 个品系组成，即 GP111 系、GP121 系、GP172 系和 GP122 系。其配套杂交模式为 GP111 系公兔与 GP121 系母兔杂交生产父母代公兔 P231，GP172 系公兔与 GP122 系母兔杂交生产父母代母兔 P292，父母代公、母兔交配得到商品代兔 PF320。

2. 品种特征

GP111 系兔：毛色为白化型或有色。性成熟期 26～28 周龄，成年兔体重 5.8 千克以上。70 日龄体重 2.5～2.7 千克，28～70 日龄饲料报酬 2.8：1。

GP121 系兔：毛色为白化型或有色。性成熟期平均 121 天，成年兔体重 5.0 千克以上。70 日龄体重 2.5～2.7 千克，28～30 日龄饲料报酬 3.0：1，每只母兔年可生产断奶仔兔 50 只。

GP172 系兔：毛色为白化型。性成熟期 22～24 周龄，成年兔体重 3.8～4.2 千克。公兔性情活泼，性欲旺盛，配种能力强。

GP122 系兔：性成熟期平均 113 天，成年兔体重 4.2～4.4 千克。母兔的繁殖能力强，每年可生产成活仔兔 80～90 只。

3. 生产性能

父母代公兔 P231 毛色为白色或有色，性成熟期 26～28 周龄，成年体重 5.5 千克以上，20～28 日龄日增重 42 克，饲料报酬 2.8：1。

父母代母兔 P292 毛色白化型，性成熟期平均 117 天，成年体重 4.0～4.2 千克，窝产活仔 9.3～9.5 只，28 天断乳成活仔兔 8.8～9.0 只，出栏时窝成活 8.3～8.5 只，年可繁殖商品代仔兔 90～100 只。

商品代兔 PF320 到 70 日龄时体重 2.4～2.5 千克，饲料报酬 (2.8～2.9)：1。

九、伊拉配套系

1. 品种来源

伊拉肉兔配套系是法国欧洲兔业公司用 9 个原始品种经不同杂交组合和选育试验，于 20 世纪 70 年代末选育而成。山东省安丘市绿洲兔业有限公司于 1996 年从法国首次将伊拉肉兔配套系引入我国。这个配套系由 A 品系、B 品系、C 品系和 D 品系组成。这个配套系具有遗传性能稳定、生长发育快、饲料转化率高、抗病力强、产仔率高、出肉率高及肉质鲜嫩等特点。其配套模式为 A 品系公兔与 B 品系母兔杂交产生父母代公兔，C 品系公兔与 D 品系母兔杂交产生父母代母兔，父母代公、母兔杂交产生商品代兔。在配套生产中，杂交优势明显。

2. 品种特征

A 品系具有白色被毛，耳、鼻、四肢下端和尾部为黑色。成年公兔平均体重为 5.0 千克，成年母兔 4.7 千克。日增重 50 克，母兔平均窝产仔 8.35 只，配种受胎率为 76%，断奶成活率为 39.7%，饲料报酬为 3.0：1。

B 品系具有白色被毛，耳、鼻、四肢下端和尾部为黑色。成年公兔平均体重为 4.9 千克，成年母兔 4.3 千克。日增重 50 克，母兔平均窝产仔 9.05 只，配种受胎率为 80%，断奶成活率为 89.04%，饲料报酬为 2.8：1。

C 品系全身被毛为白色。成年公兔平均体重为 4.5 千克，成年母兔平均体重为 4.3 千克。母兔平均窝产仔 8.99 只，配种受胎率为 87%，断奶成活率 88.07%。

D 品系全身被毛为白色。成年公兔平均体重为 4.6 千克，成年母兔平均体重 4.5 千克。母兔平均窝产仔 9.33 只，配种受胎率为

81%，断奶成活率为91.92%。

3. 生产性能

商品代兔具有白色被毛，耳、鼻、四肢下端和尾部呈浅黑色。28 天断奶重 680 克，70 日龄体重达 2.52 千克，日增重 43 克，饲料报酬为（2.7～2.9）：1。

十、伊普吕配套系

伊普吕（Hyplus）肉兔配套系由法国克里莫股份有限公司经过 20 多年的精心培育而成。伊普吕配套系是多品系杂交配套模式，共有 8 个专门化品系。我国山东省菏泽市颐中集团科技养殖基地于 1998 年 9 月从法国克里莫股份有限公司引进 4 个系的祖代兔 2000 只，分别作为父系的巨型系、标准系和黑眼睛系以及作为母系的标准系。据菏泽市牡丹区科协提供的资料，这种兔在法国良好的饲养条件下，平均年产仔 8.7 胎，每胎平均产仔 9.2 只，成活率 95%，11 周龄体重 3.0～3.1 千克，屠宰率 57.5%～60%。经过几年饲养观察，在 3 个父系中，以巨型系表现最好，与母系配套，在一般农户饲养，年可繁殖 8 胎，每胎平均产仔 8.7 只，商品兔 11 周龄体重可达 2.75 千克。黑眼睛系表现最差，生长发育速度慢，抗病力也较差。

2005 年 11 月山东青岛康大集团公司从法国克里莫公司引进祖代 1100 只，其中 4 个祖代父本和一个祖代母本。4 个祖代父本分别为 PS39、PS59、PS79、PS119，一个祖代母本为 PS19。其主要组合有标准白、巨型白、标准黑眼和巨型黑眼四个商品类型。

标准白由 PS19 母本与 PS39 父本杂交而成。母本白色略带黑色耳边，性成熟期 17 周龄，每胎产活仔 9.8～10.5 只，70 日龄体重 2.25～2.35 千克；父本白色略带黑色耳边，性成熟期 20 周龄，每胎产活仔 7.6～7.8 只，70 日龄体重 2.7～2.8 千克，屠宰率 58%～59%；商品代白色略带黑色耳边，70 日龄体重 2.45～2.50 千克，70 日龄屠宰率 57%～58%。

巨型白由 PS19 母本和 PS59 父本杂交而成。父本白色，性成熟期 22 周龄，每胎产活仔 8～8.2 只，77 日龄体重 3～3.1 千克，屠宰率 59%～60%；商品代白色略带黑色耳边，77 日龄体重

2.8~2.9 千克，77 日龄屠宰率 57%～58%。

标准黑眼由 PS19 母本与 PS79 父本杂交而成。父本灰毛黑眼，性成熟期 20 周龄，每胎产活仔 7～7.5 只，70 日龄体重 2.45～2.55 千克，70 日龄屠宰率 57.5%～58.5%。

巨型黑眼由 PS19 母本与 PS119 父本杂交而成。父本麻色黑眼，性成熟期 22 周龄，每胎产仔 8～8.2 只，77 日龄体重 2.9～3.0 千克，77 日龄屠宰率 59%～60%。

第三节　獭兔品种

一、力克斯兔

1. 美系獭兔

我国从美国多次引进美系獭兔。这种兔头清秀，眼大而圆，耳中等长、直立，颈部稍长，肉髯明显，胸部较窄，腹部发达，背腰略呈弓形，臀部较发达，肌肉丰满。共有 14 种毛色，如白色、黑色、蓝色、咖啡色、加利福尼亚色等，其中以白色为主（彩图 19）。成年兔体重 3.5～4.0 千克，体长 45～50 厘米，胸围 33～35 厘米。繁殖力较强，每胎产仔 6～8 只，初生仔兔重 40～50 克，母性好，泌乳力强，40 日断奶个体重 400～500 克，5～6 月龄个体重可达 2.5 千克。

2. 德系獭兔

1997 年北京万山公司从德国引进德系獭兔。这种兔体形大，头大嘴圆，耳厚而大，被毛丰厚、平整、弹性好（彩图 20）。全身结构匀称，四肢粗壮有力。成年兔体重 4.5 千克左右。成年公兔体长 47.3 厘米，母兔 48 厘米；成年公兔胸围 31.1 厘米，母兔 30.93 厘米。每胎平均产仔 6.8 只，初生个体重 54.7 克，平均妊娠期为 32 天。早期生长速度较快，6 月龄平均体重可达 4.1 千克。但这种兔繁殖力比美系獭兔略低。

3. 法系獭兔

1998 年山东省荣成玉兔牧业公司从法国引进法系獭兔。这种兔体形较大，头圆颈粗，嘴呈钝形，肉髯不明显，耳短而厚，呈

"V"字形上举，眉须弯曲，被毛浓密，平整度好，粗毛率低，毛纤维长 1.55～1.90 厘米。毛色以白色、黑色和蓝色为主（彩图 21）。体尺较长，胸宽深，背宽平，四肢粗壮。成年兔体重 4.5千克。年产 4～6 窝，每胎平均产仔 7.16 只，初生个体重约 52 克。生长发育快，32 日龄断奶体重 640 克，3 月龄体重 2.3 千克，6 月龄体重 3.65 千克。这种兔皮毛质量较好，但对饲料营养要求高，不适宜粗放饲养管理。

二、菲克配套系

1. 产区分布

菲克配套系是洛阳鑫泰农牧科技开发有限公司在河南科技大学教授指导下正在选育的一个品种，本品种目前主要饲养于鑫泰农牧科技开发有限公司及其带动的农户，分布地区主要是河南省洛阳市的嵩县、汝阳和伊川县等地。产地位于暖温带向北亚热带过渡地带，属大陆性季风气候，年日照时数 2194～2493 小时，日照率56%，无霜期 184～224 天，年降水量 550～600 毫米。区内除黄河干流外，还有洛河、伊河、北汝河等，分属于黄河、淮河和长江三大水系。根据洛阳市草场资源调查，全市天然草场面积达 6.808 万公顷，占总土地面积的 44.78%，其中可利用草场面积 5.63 万公顷，占草场面积的 69.9%。附带利用草场面积 2.09 万公顷，占总土地面积的 13.77%。此外，全市还有田边、路边、渠边、库边、村边、河边、塘边、坟边、林边的"十边"草地 0.57 万公顷。历史上，洛阳就有养兔习惯，特别是近些年在河南科技大学动物科技学院专家的指导下，养兔在洛阳市有较大的存量。

2. 品种来源

菲克配套系是洛阳鑫泰农牧科技开发有限公司在河南科技大学教授指导下从河南、河北、山东等地收集獭兔资源，经过隔离饲养观察、提纯、优化选择、建系、横交固定、配合力测定而正在培育的獭兔配套系。

3. 品种特征

A 系菲克配套系獭兔全身白色、致密平整，眼球粉红，体形细致紧凑，体躯宽圆（彩图22）。头形中等秀美，成年公兔体重4.5千克，母兔体重4千克。成年公兔体长和胸围分别为45厘米和35厘米，母兔体长和胸围分别为40厘米和33厘米。头胎产仔数5只/窝，二胎产仔数6只/窝，三胎产仔数7只/窝，三胎平均产仔数6只/窝。仔兔3周龄窝重1300克。13周龄公兔体重2.5千克、母兔体重2.5千克，22周龄公兔体重3.5千克、母兔体重3.3体重千克。

B系菲克配套系獭兔全身洁白、致密平整，眼球粉红，体形细致紧凑，体躯宽圆。头形中等秀美（彩图23）。成年公兔体重4千克，母兔3.5千克。成年公兔体长和胸围分别为42厘米和31厘米，母兔体长和胸围分别为38厘米和30厘米。头胎产仔6只/窝，二胎产仔7只/窝，三胎产仔8只/窝，三胎平均产仔7只/窝。仔兔3周龄窝重1400克。13周龄公兔体重2.4千克、母兔体重2.35千克，22周龄公兔体重3.0千克、母兔体重2.9千克。

C系菲克配套系獭兔身躯白毛，嘴尖、耳朵、尾巴、四肢末端黑色或灰色（彩图24），毛形致密平整，眼球粉红，体形细致紧凑，体躯宽圆，头形中等秀美。成年公兔体重4千克，母兔体重3.5千克。成年公兔体长和胸围分别为42厘米和31厘米，母兔体长和胸围分别为38厘米和30厘米。头胎产仔6只/窝，二胎产仔7只/窝，三胎产仔8只/窝，三胎平均产仔7只/窝。仔兔3周龄窝重1400克。13周龄公兔体重2.4千克、母兔体重2.35千克，22周龄公兔体重3.0千克、母兔体重2.9千克。

D系菲克配套系獭兔身躯白毛，嘴尖、耳朵、尾巴、四肢末端黑色或灰色（彩图25），毛形致密平整，眼球粉红，体形细致紧凑，体躯宽圆，头形中等秀美。成年公兔体重3.5千克，母兔3千克。成年公兔体长和胸围分别为39厘米和30厘米，母兔体长和胸围分别为36厘米和29厘米。头胎产仔7只/窝，二胎产仔8只/窝，三胎产仔9只/窝，三胎平均产仔数8只/窝。仔兔3周龄窝重1500克。13周龄公兔体重1.85千克、母兔体重1.80千克，22周龄公兔体重2.5千克、母兔体重2.6千克。

第二章

肉兔生物学特性及其在快速育肥中的利用

第一节 肉兔生活习性及其在快速育肥中的利用

一、夜行性

夜行性是指家兔昼伏夜行的习性,这种习性是在野生时期形成的。家兔是由野生穴兔驯化而来的。穴兔是食草性小型动物,个体小、没有御敌能力,野生时常常成为其他食肉动物的食物。在自然环境下敌害很多,为了隐藏自身和有利繁殖后代,有打洞穴的本能和习惯,白天躲在洞中,夜间出来活动和采食。夜行性的形成也是一种物竞天择的结果。家兔虽经长期驯养,但还固有其先祖的习性,白天饱食后安静匍匐于笼中,闭目,夜间则十分活泼,举动轻捷,采食频繁,采食量约为全天日粮的75%。家兔夜间产仔的比例也远远高于白天,选择有利于生存繁衍的时间分娩。

根据家兔这一习性,肉兔快速育肥过程中应该注意合理安排作息时间,把饲喂时间安排在家兔食欲旺盛的早晨和晚上。中午尽量不喂料,尤其是高温季节的中午。合理分配喂料比例,夜间一定要加足饲料,满足其夜间采食的需求。白天尽量减少饲养人员在兔舍的活动,尤其是动作较大、产生声音明显的活动。创造条件,保证家兔的休息和睡眠,种兔繁殖季节要安排好夜晚值班。否则,如果饲养员在白天家兔休息的时间,不停地在兔舍内活动,包括喂料、上水、打扫卫生、检查兔群、注射免疫、放产箱、打耳号、断奶等,就会干扰其正常的生活习性,打破其固有的生活规律,影响其生长发育和生产性能。

二、嗜眠性

　　嗜眠性是指家兔在某种条件下，很容易进入睡眠状态，此期间痛觉减低或消失。若使其仰卧，全身肌肉松弛，顺毛抚摸其胸腹部并按摩太阳穴，可使家兔进入睡眠状态。在此状态下，除听觉外，其他刺激不易引起兴奋（如视觉消失，痛觉迟钝或消失）。了解家兔这一习性，对养兔生产具有重要意义，可以进行人工催眠，完成一些饲养管理操作（如刺耳号、去势、投药、注射、创伤处理等），不必使用麻醉剂，免除药物引起的不良反应，既经济又安全。

　　人工催眠的具体方法是将兔腹部朝上、背部向下仰卧保定在"V"形固架上或者其他适当的器具上，然后顺毛方向抚摸其胸、腹部，同时用食指和拇指按摩头部的太阳穴部位，家兔很快就进入完全睡眠状态。家兔进入睡眠状态的标志是眼睛半闭斜视；全身肌肉松弛，头后仰；均匀的深呼吸。此时即可顺利进行短时间的手术等操作，不会出现疼痛引起尖叫等现象。若手术中间家兔苏醒，可按上述方法重复进行催眠，一旦进入睡眠状态，继续进行手术。手术完毕后，将家兔恢复正常站立姿势，家兔即可完全苏醒。

三、穴居性

　　穴居性是指家兔具有打挖洞穴、在洞内产仔生活的本能行为。只要不人为限制，家兔一接触土地，就要挖洞穴居，尤其是妊娠后期的母兔为甚。家兔打洞这一习性在放养情况下，会造成放养场地的破坏。在现代笼养条件下，偶尔跑出笼具的家兔，也有可能寻找适当的地方挖穴打洞，甚至从洞中逃逸。因此，现代兔舍地面应具有防打洞功能。

　　研究发现，地下洞穴具有光线黯淡、温度恒定、环境安静之优点，是任何人工产仔箱都无法相比的。但同时也存在一些缺点，如自然条件下，地下洞穴潮湿、通风不良、管理不便等。利用家兔的这一特点可以开展仿生地下繁育技术研究，采取笼养和地下洞穴相结合。笼内饲养，洞穴产仔、育仔。在洞穴的建造上，重点做好防潮处理和便于管理，可以收到良好效果。

四、啮齿性

家兔的第一对门齿是永久齿，出生时就有，永不脱换，且不断生长。如果处于完全生长状态，上颌门齿每年生长可达10厘米，下颌门齿每年生长12厘米，家兔必须借助采食和啃咬硬物，不断磨损才能保持其上下门齿的正常咬合。这种借助啃咬硬物磨牙的习性，称为啮齿行为，这与鼠类相似。

在肉兔育肥过程中应注意经常给兔提供磨牙的条件。如把配合饲料压制成具有一定硬度的颗粒饲料，或者在兔笼内投放一些树枝等。经常检查兔的第一对门齿是否正常，如发现过长或弯曲，应及时修剪，并查找出原因，采取相应措施。一般门齿不正常有两个方面原因。一是遗传原因，家兔有一种遗传病，叫下颌颌突畸形，是由染色体上的一个隐性基因控制，这种病发病率很低。其症状是颅骨顶端尖锐，角度变小，下颌颌突畸形，下颌向前推移，使第一对门齿不能正常咬合，通常发生在仔兔生后3周龄时。二是饲料原因，如饲料过软，起不到磨牙的作用，使下颌发病机会增多。修建兔笼时，要注意材料的选择，尽量使用家兔不爱啃咬或啃咬不动的材料；兔笼设计上，应尽量做到笼内平整，不留棱角，使兔无法啃咬，以延长兔笼的使用年限。

五、胆小易惊

野生穴兔是一种弱小的食草动物，在食物链中是人类和其他动物捕猎的对象。在弱肉强食的大自然条件下，野生穴兔之所以能够保存下来并驯化成家兔，一方面由于它们具有在短期内繁殖大量后代的能力、打洞穴居的本领和昼伏夜行的习性；另一方面，依靠其发达的听觉器官和迅速逃逸的能力，逃避猛禽和肉食兽的追捕。兔耳长大，听觉灵敏，竖起并能灵活转动以便收集各方的声响，以便逃避敌害。一旦发现异常情况便会精神高度紧张，用后足拍击地面向同伴报警，并迅速躲避。尽管家兔在长期的人工条件下生活，但其胆小怕惊的特性依然保留。在家兔育肥过程，其他动物（如狗、猫、鼠、鸡、鸟等）闯入、陌生人的接近、鞭炮的爆炸声、雨天的雷声、动物的狂叫声、物体的撞击声、人员的喧哗声等，都会使兔群发生惊场，在笼内狂奔乱窜，呼吸急促，心跳加快。惊群后经常发生妊娠母兔流产、早产；分娩期母兔停产、难产、死产；哺乳母兔拒绝哺喂仔兔，泌乳量急剧下降，甚至将仔兔咬死、踏死或吃掉仔兔；幼兔出现消化不良、腹泻、胀肚，并影响生长发育，也容易诱发其他疾病。故有"一次惊场，三天不长"之说。

在家兔育肥生产中，兔场一定要远离噪声源，尤其是公路、铁路、机场、石子厂、打靶场、集市和村庄等容易产生噪声的场所。平时谢绝参观，防止动物闯入。一般情况下，兔场不宜养狗和其他动物。逢年过节不可在兔场附近燃放鞭炮。在日常管理中动作要轻，饲养人员在兔舍内不可大声喧哗，不可匆匆跑动，不可敲击工具，不可粗暴对待家兔。经常保持环境的安静与稳定。饲养管理要定人、定时，严格遵守作息时间。

六、喜清洁爱干燥

家兔喜爱清洁干燥的生活环境。家兔休息时总是善于卧在较为干燥和较高的地方。清洁干燥的环境有利于保持兔体健康。潮湿的环境有利于各种病原微生物及寄生虫滋生繁衍，易使家兔感染疾病，特别是真菌性皮肤病、疥鲜病、脚皮炎、腹泻和幼兔的球虫病，往往给兔场造成重大损失。

根据这一特点，家兔育肥过程中注意兔场建在地势高燥和地下水位较低的地方。在兔舍建筑设计时，要充分考虑地面的蒸发因素，地面和墙体进行防潮处理。粪尿沟要有一定坡度，表面平滑，没有死坑，使尿液顺利流出；及时清理粪尿，降低兔舍湿度。平时保证每天一次清理粪尿，冬季和夏季适当增加清粪次数；禁止饮水系统滴水和人为冲洗粪沟，乱倒污水。目前国产自动饮水系统的滴漏水比较普遍，不解决这一问题难以控制兔舍内高湿度的恶劣环境，应该引起人们的高度重视。

七、群居性差

家兔的群居性较差，一般仔兔和幼兔有较强的群居性。通过群居相互保温，遭遇天敌时相互通报信息和壮胆。伴随着日龄的增长，性成熟期的到来，这种群居会越来越差。尤其是性成熟之后的公兔"敌视"同性现象严重。特别是有过配种经历的种公兔，相互见面，分外眼红，一场恶斗在所难免。而公兔之间的相互咬斗异常激烈，往往咬关键部位，如睾丸、眼睛等。一旦一只公兔"服输"，任其咬斗，战争宣告结束。母兔之间的相互咬斗也偶尔发生，但较公兔轻。家兔群养条件下，有一种"先入为主"现象，将一只兔子放入已经组群的圈舍内，而后加入的兔子往往会遭到其他兔子的攻击，直到形成新的等级序列。此外，"胜者王侯，败者寇，拳头硬的是大哥"规律也存在于群养家兔中，最厉害的个体统制群体，其占有优先位置。

在家兔育肥生产中，仔兔断奶之后，利用其群居性的优点，保证小兔的群居。但必须是同窝小兔同笼饲养，以减少断奶应激，顺利度过断乳危险期。性成熟之后的公兔要单笼饲养，避免公兔与公兔直接相遇，更不允许与有配种经历的种公兔并笼。在笼具紧张的情况下，对于空怀期和妊娠早期的母兔，可以实行小群饲养。出栏时尚未性成熟肉兔的育肥期，商品肉兔可小群育肥，以提高笼具的利用率，降低饲养成本。商品獭兔育肥时间长，断乳之后小群饲养，但在 2.5 月龄以后一定要单笼饲养，否则，严重影响生长发育和皮张质量。

八、感知

家兔对外界的感知特点是嗅觉、味觉和听觉灵敏，视觉相对较差。家兔鼻腔黏膜上分布众多的嗅觉细胞，对于不同的气味反应灵敏，通过嗅觉判断周围环境是否安全。家兔识别性别首先是通过嗅觉判断，而不是通过视觉。采取双重配种时，如果一只母兔与一只公兔交配后立即移到另一只公兔笼中，发生的情况往往不是立即配种，而是公兔扑过去啃咬母兔。这是因为这只母兔带有前一只公兔的气味，使这只公兔误认为公兔闯入了它的领域的缘故；同样，母兔识别是否是自己的仔兔，不是通过眼睛观察，而是通过鼻子闻。因此，人们可以利用这一点，在寄养仔兔时，将不同毛色的品种相互寄养，以防止血统混乱，同时，为了防止被寄养的仔兔被保姆母兔发现，可在仔兔气味上做些工作。兔子采食饲料，第一反应是通过鼻子闻到气味正常后，才开口采食。通常情况下，公兔标记领域使用尿液。

家兔的味觉同样发达。在其舌头表面分布数以千计的味蕾细胞，以辨别饲料或饮水的不同味道。其味蕾细胞分布有区域分工，不同区域感受不同的味道。生产中发现，家兔喜欢采食带有甜味的饲料，以及微酸、微辣、植物苦味的饲料，而不喜欢药物苦味的饲料。当饲料中添加了家兔不喜欢采食的饲料时，需要对饲料的味道进行调节。因此，一些饲料厂为了提高家兔的食欲，同时为了更多地占领市场，往往在商品饲料中添加一定的甜味剂。欧美国家也常常在饲料中添加一定的蜂蜜或糖浆，不仅增加饲料的甜度诱导兔子采食，同时增加饲料的黏合度，使饲料成型，减少粉尘率。

家兔的听觉非常发达。长大直立的双耳恰似声波的收集器，转动灵活，随时转向声音发出的方向，同时，可以判断声音的远近和声波的大小。这是家兔的祖先野外生存的一种结构与机能的适应表现。只有那些对外界不良环境反应敏感的动物，才能及时躲避天敌的突然袭击。尽管现代生产中家兔的生存环境非常"安全"，但其听觉系统仍很发达，给我们平时的饲养管理带来不少的麻烦，略有响动便引起家兔的警觉，甚至出现局部乃至全群的骚动，即我们所说的"惊场"，并由此对生产造成一系列不良影响。其胆小怕惊特点与发达的听觉系统相辅相成。现代育种利用长大的双耳下垂，盖堵耳穴，对声音的敏感度大大降低的特点，培育出垂耳兔。这类兔对外界反应不太敏感，很少由于噪声而发生惊场现象。

第二节 肉兔的食性特点及其在快速育肥中的利用

一、草食性

家兔属于单胃食草动物，以植物性饲料为主，主要采食植物的茎、叶和种子。家兔消化系统的解剖特点决定了家兔的草食性。兔的上唇纵向裂开，门齿裸露，适于采食地面的矮小幼嫩青草，亦便于啃咬树枝、树皮和树叶；兔的门齿有 6 枚，呈凿形咬合，便于切断和磨碎食物；兔臼齿咀嚼面宽，且有横嵴，适于研磨草料；兔的盲肠极为发达，其中含有大量微生物，起着牛羊等反刍动物瘤胃的作用。草等粗饲料不仅仅给家兔提供营养，同时也是家兔日粮结构的最重要组成部分，同时还是维持家兔消化系统功能正常的最重要

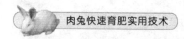

因素。粗饲料的作用是任何其他饲料不可取代的。

家兔的草食性决定了家兔是一种天然的节粮型动物，不与人争粮食，不与猪、鸡争饲料，因此发展养兔业，可减缓人畜争粮矛盾。我们在肉兔育肥生产中首先要解决好日粮中草的问题，包括饲草品种的多样性和比例的合理性。

二、择食性

家兔对饲料的采食是比较挑剔的，喜欢吃植物性饲料而不喜欢吃动物性饲料。考虑营养需要并兼顾适口性，配合饲料中动物性饲料所占的比例不能太大，一般应小于5％，且要搅拌均匀。在饲草中，家兔喜欢吃豆科、十字花科、菊科等多叶性植物，不喜欢吃禾本科、直叶脉的植物，如稻草之类。喜欢吃植株的幼嫩部分。有报道，草地放养家兔的日增重在20克以上，而同类草采割回来饲喂，生长速度则较慢，日增重仅为10克左右。

家兔喜欢吃颗粒饲料，不喜欢吃湿拌粉料。相关试验证明，饲料配方相同的情况下，颗粒饲料的饲喂效果明显好于湿拌粉料。饲喂颗粒饲料，生长速度快，消化道疾病发病率降低，饲料浪费也大大减少。相关研究表明，家兔对颗粒饲料中的干物质、能量、粗蛋白质、粗脂肪的消化率都比粉料高。颗粒饲料加工过程中，由于受到适温、高压的综合作用，使淀粉糊化，蛋白质的三级、四级分子结构断裂，更利于酶的消化和肠胃的吸收，可使肉兔的增长速度提高18％～20％。因此，在生产上提倡应用颗粒饲料。

家兔更喜欢吃带有甜味的饲料，商品饲料中多添加2％～3％的糖蜜或0.02％～0.03％的糖精，以增加家兔的食欲。植物油是一种香味剂，可以吸引兔采食，同时植物油中含有家兔需要的必需脂肪酸，有助于脂溶性维生素的补充与吸收。国外一般在家兔配合饲料中补加2％～5％的玉米油，以改善日粮的适口性，提高家兔的采食量和增重速度。

只要是没有异味和霉变的植物性饲料，家兔基本全部采食。相反，一般的动物性饲料多不采食，或不喜欢采食。比如，当饲料中添加了较多的鱼粉，可能会遭到兔子的拒食。肉兔育肥生产中添加动物性饲料要注意脱腥，控制添加量，确保质量符合要求。

三、食粪性

兔的消化生理为食粪癖所支配,而粪的成分与盲肠内容物相似,因此,兔的这一行为是正常的生理现象。家兔白天排颗粒状的硬粪较多,晚上排团状的软粪较多,通常软粪几乎全部被家兔本身吃掉。所以,在一般的情况下很少发现软粪的存在,只有当家兔生病的情况下才停止食粪,无菌兔和摘除盲肠的家兔没有食粪行为。

家兔的食粪行为是有节奏和规律的,大约在最后一次采食后 4 小时开始食软粪,每日吞食的软粪占总粪量的 50%～80%。家兔吃粪癖始于 3 周龄,6 周龄前吞粪量很少,吃奶仔兔无吞粪现象。软粪的营养物质含量比硬粪高。粗蛋白质含量高出 1 倍,B 族维生素高出 3～6 倍。

家兔食粪性的主要作用:一是可以得到附加的大量微生物,其微生物蛋白质在生物学上是全价的,同时还能获得大量烟酸、维生素 B_{12}、泛酸和核黄素;二是延长了饲料通过消化道的时间,使饲料在消化道充分消化,能提高饲料的消化率;三是食粪有助于营养物质的充分吸收和维持消化道正常微生物区系;四是在饲喂不足的情况下,食粪还可以减少饥饿感。在正常情况下,禁止家兔食粪,其消化器官的容积和重量均减少,营养物质的消化率降低,对物质代谢也会产生不利影响,血液中生理生化指标发生变化,也会导致消化道内微生物区系的变化,使菌群减少,导致家兔的增重减少,使成年家兔消瘦,使妊娠母兔胎儿发育不良等。

在肉兔育肥生产中要做好观察,充分保证家兔食粪行为正常。认识其食粪是一种正常生理现象,观察到家兔食粪无需大惊小怪,担惊受怕,采取不恰当措施影响生产和家兔健康。当家兔处于正常状态食粪时,对颗粒饲料营养物质的消化率为 64.6%,粗蛋白质消化率为 66.7%,粗脂肪为 73.9%,粗纤维为 15%,无氮浸出物为 73.3%,灰分为 57.6%;而禁止家兔食粪时,其营养物质的消化率则为 59.5%,粗蛋白质消化率为 56.2%,粗脂肪为 73%,粗纤维为 6.3%,无氮浸出物为 71.3%,灰分为 51.8%。同时,禁止家兔食粪,其软粪的损失对物质代谢产生不利影响,导致消化道内微生物区系的变化,使菌群减少,使生长家兔的增重减少。

肉兔快速育肥实用技术

第三节　肉兔的繁殖特点及其在快速育肥中的利用

一、双子宫

母兔有两个完全分离的子宫，两个子宫有各自的子宫颈，共同开口于阴道后部，而且无子宫角和子宫体之分。两子宫颈间有间膜隔开，不会发生像其他家畜那样在受精后受精卵由一个子宫角向另一个子宫角移行。在生产上偶有妊娠期复妊的现象发生，即母兔妊娠后，又接受交配再妊娠，前后妊娠的胎儿分别在两侧子宫内着床，胎儿发育正常，分娩时分期产仔。

独立双子宫的意义在于当一侧卵巢、输卵管或子宫出现障碍时，不会影响另一侧的功能，母兔照样繁殖。母兔的双子宫也为我们从事生物试验提供了难得的材料。家兔的卵子是目前已知哺乳动物中最大的卵子，直径达160微米，同时，也是发育最快、卵裂阶段最容易在体外培养的哺乳动物的卵子。家兔的这一特点在肉兔育种与提高繁殖率方面有一定利用。

二、繁殖力高

家兔性成熟早，妊娠期短，窝产仔数多，产后可发情配种，一年四季均可繁殖，是目前家养哺乳动物中繁殖力最高的。以中型肉兔为例，仔兔生后5～6月龄就可配种，妊娠期1个月，1年内可繁殖2代。集约化生产条件下，每只繁殖母兔可年产8窝左右，每窝可成活6～8只，1年内可育成50～60只兔。在肉兔快速育肥生产中，可以利用这一特点，控制种兔饲养量，降低仔兔生产成本。

三、刺激性排卵

哺乳动物的排卵类型有三种。一种是自发排卵，动物卵巢的卵子生长成熟后自行排出，自动形成功能性黄体，马、兔、羊、猪等属于此类；另一种是自发排卵交配后形成功能黄体，动物卵巢的卵子生长成熟后自行排出，但是不形成黄体，只有在发生交配后才形成黄体，老鼠属于这种类型；第三种是刺激性排卵，动物卵巢的卵子生长成熟后不排出，自然也不能形成功能性黄体，而是在与雄性发生交配后，成熟卵子才从卵巢排出，家兔就属此类。

家兔卵巢内发育成熟的卵泡，必须经过交配刺激的诱导之后，才能排出。一般排卵的时间在交配后 10～12 小时，若在发情期内未进行交配，母兔就不排卵，其成熟的卵泡就会老化衰退，经 10～16 天逐渐被吸收。现代家兔集约化生产，采用人工授精技术，母兔的诱导排卵不是使用公兔的爬跨交配刺激，而是注射诱排激素，如注射人绒毛膜促性腺激素（HCG）、促黄体素释放激素 A3（促排卵 3 号）等，效果良好。

四、发情周期不规律

1. 发情周期的不固定性

性成熟之后的母兔，总是处于发情—休情—发情—休情这种周而复始的变化状态。两次发情的间隔时间称作发情周期。关于母兔的发情周期，有不同的认识。有人认为母兔发情不存在周期性，卵巢上经常有数量不等的成熟卵泡，任何时候配种均可受胎，即在无发情表现的情况下，实行强制配种，也可受胎；也有认为母兔发情有周期性，只不过规律性差而已，发情周期为 7～15 天，发情持续期 1～5 天。母兔的发情受到环境的影响较大。比如营养、光照、温度、天气、公兔的气味、公兔的活动、公兔的爬跨、捕捉、按摩、疫苗注射、药物投喂、哺乳、疾病等，都会使母兔的发情期提前或错后。在阳光充足、气候温暖的春季，母兔发情周期很短，持续期较长。相反，在日照时间短、气温低而风雪交加的冬季，母兔长期不发情。长期营养不良的母兔久不发情，而对于体况良好的母兔，发情正常。如果饲料中增加一些维生素 E、胡萝卜、麦芽等营养物质，即可促使其早发情；合理的按摩可使母兔发情，而惊吓、捕捉、疫苗注射等应激因素，会抑制母兔的发情。在肉兔育肥生产中，要注重母兔的营养与管理，用最低的成本生产出最优质的仔兔。

2. 发情的不完全性

肉兔完全发情包括母兔的精神变化，交配欲、卵巢变化，生殖道变化三大生理特征。如果发情过程缺乏某方面的变化称作不完全发情，母兔的发情属于后者。有的母兔虽然外阴黏膜具有典型的发情症状，但没有交配欲，与公兔放在一起时匍匐不动；有的母兔发情时食欲正常；有的发情母兔外阴黏膜不红不肿等。一般而言，不完全发情出现的概率冬季高于春季，营养不佳高于营养良好，老龄和青年高于壮龄，泌乳期高于空怀期，公、母兔分养时高于母兔单养，体形过大高于中等和小型个体。

3. 发情的无季节性

动物的发情有两类，一类是季节性发情，这类动物只在特定的季节自然发情，其他季节不出现自然发情；另一类是无季节性发情，这类动物一年四季均可自然发情。家兔的繁殖没有严格的季节性，只要提供理想的环境，四季均可繁殖，效果没有大的区别。但是，在自然条件下，由于四季的更替、气候的变化、日照时间的变化、温度的高低及其他因素的影响，春季的繁殖力高于其他季节。

4. 产后发情

母兔分娩后即刻发情，远远早于其他家畜。此时配种受胎率很高。母兔产后发情也受到其他一些因素的影响。比如营养状况良好的母兔产后发情的比例高，配种受胎率和产仔数高；而那些营养不良的母兔产后多无明显的发情表现，即便配种，受胎率和产仔数也不高；中型品种母兔产后发情率和配种受胎率均较高，而体形较大的母兔远远较中小体形母兔低。母兔在泌乳期间发情多不明显，即经常出现不完全发情，而且越是在泌乳高峰期，越不容易出现发情。也就是说，泌乳对于卵巢活动具有一定的抑制作用。当仔兔断奶后，这种抑制作用被解除，3天后普遍出现发情。

五、假孕

母兔经诱导刺激排卵后可能并没有受精，但形成的黄体开始分泌黄体酮，刺激生殖系统的其他部分，使乳腺激活，子宫增大，状似妊娠但没有胎儿，此种现象称为假妊娠或假孕。假孕的比率高是家兔生殖生理方面的一个重要特点。假孕的表现与真孕一样，如不接受公兔交配，乳腺有一定程度的发育，子宫肥厚。如果是正常妊娠，妊娠16天后黄体得到胎盘分泌的激素的支持而继续存在下去。

而假孕母体没有胎盘，妊娠16天后黄体退化，于是母兔表现临产行为，衔草、拉毛做巢，甚至乳腺分泌出乳汁。假孕的持续期为16～18天，假孕过后立即配种极易受胎。

假孕给生产造成一定损失，应该尽量避免假孕的发生。控制假孕发生的技术主要是提高公兔精液品质、防止母兔生殖系统炎症、减少母兔混养、避免断奶过晚和管理不善等。生产中常用复配和双重配的方法减少假孕。发现假孕结束，马上配种。

六、胚胎附植前后的损失及控制技术

理论上，如果所排出的卵子全部受精，黄体数量应该等于胚胎数量。如果早期胚胎死亡，则黄体数量大于胚胎数量。家兔胚胎附植前后的损失较高，一般附植前的损失率为11.4%，附植后的损失率为18.3%，胚胎在附植前后的损失率为29.7%。造成胚胎附植前后的损失的因素较多，主要有膘情、营养、环境温度、毒素、子宫内环境、药物和应激等。为减少家兔胚胎附植前后的损失，要注意母兔膘情适中，过肥过瘦都会增加胚胎损失，但以过肥影响最大；妊娠前期的营养水平不能过高，尤其是能量水平过高，会造成胚胎的早期损失；妊娠早期环境温度不能过高，否则会导致胚胎的早期死亡；外界温度为30℃时，受精后6天胚胎的死亡率高达24%～45%；防止饲料和代谢毒素，无论是饲料中的毒素，还是代谢过程中产生的毒素，都将影响胚胎的发育而造成胚胎死亡；减少子宫内环境变化，子宫内环境的任何变化，都将影响胚胎的生存，尤其是酸碱度的变化、炎症等；严格用药，母兔在妊娠早期大量用药或使用的药物有胚胎毒性，会使胚胎发育终止；减少应激，对母兔的任何应激，都可能影响胚胎的发育。

第四节 肉兔的生长发育规律及其在快速育肥中的利用

一、肉兔生长发育的含义

所谓生长发育，在育种学上是指家畜的生命从受精卵开始到衰老死亡为止，一生中在基因型的控制和外界环境的影响下，性状的

全部发展变化过程。生长是家畜从受精卵开始，由于细胞的分裂和细胞体积的增大而造成的体量的增加。对肉兔来讲，其体重的增加和体积的增大就称为生长。而发育是指个体生理功能的逐步实现和完善。从细胞水平上讲，是指肉兔体内细胞经过一系列生物化学变化，形成不同的细胞，产生各种不同的组织器官的过程。生长伴随着物质的量的积累，是一个量变的过程；而发育的物质演化基础是细胞的转变和分化，是一个质变的过程。生长为发育创造了质变的条件，而发育又进一步刺激生长，所以生长和发育是量变和质变的统一过程。

二、肉兔生长发育的表示方法

表示肉兔的生长发育状况，要在特定时期对其体重和局部体尺进行称重、测量和分析，在此基础上进行计算，才可掌握肉兔生长发育的基本情况。目前最常用的是用体重变化规律来表示生长发育规律。体重也是肉兔最重要的经济性状。利用生长规律的目的是提高肉兔生产性能。目前主要的生长规律的表示方法有累积生长、绝对生长、相对生长和生长系数。

1. 累积生长

是肉兔在生后任何时期测得的体重和体尺数值都是它在测定以前生长发育的累积结果，这些测得的数值称为累积生长值。例如，一只肉兔 8 周龄时体长为 31.76 厘米、体重 1.117 千克，这就代表这种肉兔出生后 8 周龄内生长发育的累积结果。

2. 绝对生长

是指肉兔在一定时期中单位时间内的体尺或体重的增长量，它反映肉兔在这个时期内的增长速度。绝对生长一般以 G 来表示，计算公式如下。

$$G = (W_1 - W_0)/(t_1 - t_0)$$

式中，G 为绝对生长，W_1 为某一时期结束时的体尺或体重，W_0 为某一时期开始时的体尺或体重；t_1 为这个时期结束时肉兔的年龄，t_0 为初测时肉兔的年龄。例如，一只肉兔 8 周龄时体长为31.76 厘米、体重 1.117 千克，4 周龄时体长为 20.63 厘米、体重

0.355 千克，这种肉兔 4 周龄到 8 周龄体长和体重的绝对生长分别是 2.8 厘米/周和 0.2 千克/周。

3. 相对生长

是某一段时间内体尺或体重增长量与原有体尺或体重的比值，表示生长强度。相对生长用 R 来表示，计算公式如下。

$$R = (W_1 - W_0)/W_0 \times 100\%$$

式中，W_1 是某一时期结束时的体尺或体重，W_0 是某一时期开始时的体尺或体重。例如，一只肉兔 8 周龄时体长为 31.76 厘米、体重 1.117 千克，4 周龄时体长为 20.63 厘米、体重 0.355 千克，这种肉兔 4 周龄到 8 周龄体长和体重的相对生长分别是 54％和 215％。

4. 生长系数

是某一段时间内结束时体尺或体重增减量与原有体尺或体重的比值。也是表示相对生长的一种方法。生长系数用 C 来表示，计算公式如下。

$$C = W_1/W_0 \times 100\%$$

式中，W_1 是某一时期结束时的体尺或体重，W_0 是某一时期开始时的体尺或体重。例如，一只肉兔 8 周龄时体长为 31.76 厘米、体重 1.117 千克，4 周龄时体长为 20.63 厘米、体重 0.355 千克，这种肉兔 4 周龄到 8 周龄体长和体重的生长系数分别是 154％和 315％。

三、生长发育不平衡

1. 胚胎期生长发育

家兔生长发育在胚胎期就不平衡，以妊娠后期为最快。在妊娠期的前 20 天，胚胎的绝对增长速度很慢，妊娠 16 天时，胎儿仅重 1 克左右，21 天时胎儿的重量仅为初生重的 10.82％，在妊娠期的后 10 天，胎儿生长很快，而且生长速度不受性别影响，但受胎儿数量、母兔营养水平和胎儿在子宫内排列位置的影响。一般胎儿数多，则胎儿体重小；母兔营养水平低时，则胎儿发育慢；近卵巢端的胎儿比远离卵巢的胎儿重。在生产实践中，要特别注意母兔怀孕后期的营养供给，确保母子营养需要，获得较大的仔兔初生重。

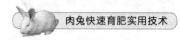

2. 仔兔的生长发育

初生仔兔生长发育速度很快。仔兔出生时全身无毛，两眼紧闭，耳朵闭塞无孔，各系统发育很差，前后肢的趾间相互连接在一起；生后 3 天体表被毛明显可见，4 日龄时前肢的 5 指分开，8 日龄时后肢的 4 趾分开，6～8 日龄时耳朵的基部中央向内凹陷，出现小孔与外界相通，9 日龄时开始在巢内跳蹿，10～12 日龄时开始睁眼，21 日龄左右开始吃饲料，30 日龄时全身被毛基本形成。仔兔出生后体重增长很快，一般品种兔初生时只有 50～60 克，1 周龄时体重增加 1 倍，4 周龄时的体重约为成年兔的 12%，8 周龄时的体重为成年兔的 40%。中型肉用家兔品种，8 周龄时体重可达 2千克左右，即达到屠宰体重。如新西兰白兔初生重为 60 克，3 周龄即达到 450 克，3～8 周龄期间每天增重 30～55 克，不仅早期生长速度快，且耗料量也低。仔兔断奶前的生长速度，除受品种因素的影响外，主要取决于母兔的泌乳力和同窝仔兔的数量。泌乳力越高，同窝仔兔越少，仔兔生长越快。这种规律在仔兔断奶后并不明显，因为断奶后的仔兔在生长方面有补偿作用。断奶前由于母兔泌乳力和同窝仔兔数量造成的体重差异，会在断奶后逐渐消除。在肉兔快速育肥生产中要注意对母兔饲喂一些促进产奶的饲料，才能保证仔兔快速生长。

3. 幼兔的生长发育

断奶后幼兔的生长速度，还取决于饲养管理条件的好坏。断奶后幼兔的日增重有一个高峰期，在幼兔营养条件满足情况下，中型兔的生长高峰期出现在第 8 周龄，大型兔的生长高峰期则出现得稍晚，在第 10 周龄。在 8 周龄至性成熟期间的生长发育期，母兔的生长速度显著地较公兔快。因此，同品种并在相同条件下育成的母兔，总是比公兔的体重大些，虽然其初生重和 8 周龄以前的生长速度并无差异。在肉兔快速育肥生产中要注意当幼兔快速生长结束，就要适时出栏，否则就会降低饲料报酬，增加生产成本。

4. 补偿生长

补偿生长现象是当幼龄家畜营养贫乏，饲喂量不够或饲料质量不好，动物的生长速度变慢或停止。当营养恢复正常时，生长加快，经过一段时间的饲养仍能长到正常体重，这种特性叫"补偿生长"。但在胚胎期和出生后1月龄以内的动物如生长严重受阻，以及长期营养不良时，以后则不能得到完全的补偿，即使在快速生长期（2～3月龄）生长受阻有时也是很难进行补偿生长的。动物在补偿生长期间增重快，饲料转化效率也高，但由于饲养期延长，达到正常体重时总饲料转化率则低于正常生长的动物。在肉兔快速育肥生产中，饲料资源紧缺和质量差的地区可采用先吊架子，再快速育肥的方法组织生产。

5. 生长曲线的应用

生长曲线是把生长现象在图上用曲线表示出来。可分为个体生长曲线和群体生长曲线。一般是在横轴上标出时间，纵轴上标出测定值。群体生长多呈S形曲线，S形曲线也是最普通的生长曲线，曲线可分为两种形态，即促进生长的前期和生长减衰的后期。两种形态的转折点也称为拐点，一般肉兔生长曲线的拐点都在青年期。随着肉兔的种类和生长的时期以及器官的种类的不同，还可以得出另外的各种生长曲线，并能求出适合于这些曲线的方程式。肉兔的生长曲线目前多为指数曲线和S形曲线。在肉兔快速育肥生产中，可根据生长曲线，制定育肥方案、营养供给方案，确定合理出栏和屠宰时间等。图2-1是新西兰兔的生长曲线。由生长曲线可知，新西兰兔生长的拐点在12～14周龄，因此出栏时间应在14周以前。

四、被毛生长脱换

1. 家兔被毛生长规律

被毛是皮肤的附属物。兔毛由毛干、毛根和毛球构成。毛干露在皮肤外面；毛根斜插在真皮的毛囊内；毛球直接位于表皮之下，是兔毛纤维基部的膨大部分，包围着毛乳头，是兔毛纤维的生长点。毛球中细胞的不断增殖造成了兔毛纤维的连续生长。家兔的毛有一定的生长期，当兔毛生长到成熟的末期，因毛囊底部未分化的细胞分生逐渐缓慢，最后停止生长，毛根底部逐渐变细，从下部生长的毛根内鞘也停止分生，遮盖毛乳头顶面的细胞变成角化棒形体，而毛球和毛乳头逐渐分离，毛成为棒形，毛根上升，移到毛囊部而脱下，同时剩下的毛乳头变小，有时收缩而消失。在旧毛脱落

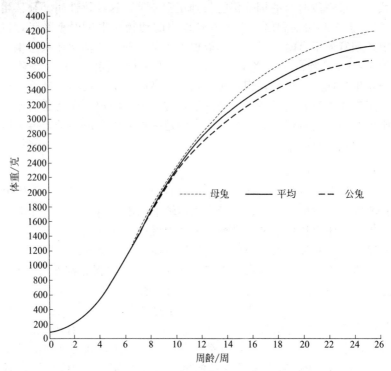

图 2-1　新西兰兔的生长曲线

或脱落之前，上皮组织的细胞开始增生，新毛即在毛囊生长，毛囊下部开始变厚变长，毛乳头变大并进入毛囊底部的上皮细胞内，毛乳头以上的囊腔即充满新生的皮上块质，块质内有一层角质细胞，能看出含有透明蛋白，形如空锥体而口向乳头这层，是新生的内根鞘，此层以内的细胞形成毛的本部。家兔毛的这种生长、老化和脱落，并被新毛替换的过程，叫作换毛。家兔换毛的形式主要有年龄性换毛、季节性换毛、不定期换毛、病理换毛等。

家兔的换毛是复杂的新陈代谢过程。换毛期间，为保证换毛过程的营养需要，家兔需要更丰富的营养物质。家兔换毛期间对外界气温条件变化适应能力差，易患感冒，此时应加强饲养管理，应给以丰富的蛋白质饲料和优质饲草。同时，换毛对家兔繁殖带来不利影响，尤其是秋季换毛期间，兔发情表现不明显，受孕率低；公兔性欲不强，配种能力差。因此，在换毛期间应加强饲养管理，不使换毛期延长，以提高繁殖效率。

2. 年龄性换毛

所谓年龄性换毛，是指幼兔生长到一定时期脱换被毛，而换成新毛的现象。这种随年龄进行换毛，在兔的一生中共有两次。第一次换毛约在生后 30 日龄开始到 100 日龄结束；第二次换毛约在 130 日龄开始至 190 日龄结束。观察皮用兔的年龄性换毛，对于提高育肥效果、确定屠宰日龄和提高兔皮的毛皮质量具有重要意义。在利用快大型品种和优质地方肉兔品种进行快速育肥生产时，育肥阶段正处于第一次年龄性换毛期间，育肥兔容易将脱换的兔毛食入体内，轻者影响营养物质的消化吸收，重者形成肠梗阻。采用獭兔和一些皮肉兼用兔进行育肥生产时，要合理确定出栏时间，在获得较好育肥效果的同时获得良好的皮张，达到综合效益最大化。在良好饲养管理条件下，獭兔第一次换毛可于 3～3.5 月龄时结束，第二次换毛于 4.5～6.5 月龄时完成，在生产中多在第二次换毛后屠宰取皮，特殊需要也有在第一次换毛后取皮的。

3. 季节性换毛

所谓季节性换毛，是指成年兔在春、秋两季的换毛。当幼兔完成两次年龄性换毛之后，即进入成年的行列，以后的换毛就要按季节进行。春季换毛期在 3～4 月，秋季换毛期在 8～9 月。换毛的早晚和换毛持续时间的长短受多种因素影响。如不同地区的气候差异，家兔的年龄、性别和健康状况，以及营养水平等，都会影响家兔的季节性换毛。家兔的季节性换毛早晚受日照长短的影响很大，当春季到来时，日照渐长，天气渐暖，家兔便脱去"冬装"，换上枪毛较多、被毛稀疏、便于散热的"夏装"，完成春季换毛；而秋季日照渐短，天气渐凉，家兔便脱去"夏装"，换上绒毛较多、被毛浓密、有利保温的"冬装"，完成秋季换毛。家兔换毛的顺序，秋季是由颈部的背面先开始，接着是躯干的背面，再延向两侧及臀部，春季换毛情况相似，但颈部毛在夏季继续不断地脱换。

4. 不定期换毛与病理换毛

家兔的不定期换毛是不受季节影响，能全年任何时候都出现的换毛现象，主要因为家兔的被毛有一定生长期。不同家兔兔毛生长期是不同的，标准毛兔的兔毛生长期只有 6 周，6 周后毛纤维就停止生长，并有明显的换毛现象，其中既有年龄性换毛，又有明显的季节性换毛。皮用兔的兔毛生长期为 10～12 周，既有年龄性换毛，又有明显的季节性换毛。老年兔比幼年兔表现较强。病理换毛是兔子患病或较长时间内营养不足或不全，新陈代谢紊乱、皮肤代谢失调时发生全身或局部的脱毛现象。在肉兔快速育肥生产中要认真进行分析，采用有效措施避免影响生产。

五、体温调节

1. 家兔是恒温动物

一般认为家兔正常体温为 38.5～39.5℃，保持体温正常是机体产热和热平衡的表现。以正常体温的代谢率为 100%，在正常体温范围外，每增减 1℃，其代谢率则要增减 10%～20%。在肉兔育肥生产中要注意经常监测家兔体温。

2. 新陈代谢旺盛

一般 2.4 千克的家兔，每千克体重每小时产热量为 11.42 千焦，比马高 4 倍左右，体内产生的这些热量，必须及时排出体外，才能保持体温的恒定。在肉兔育肥生产中，注意环境温湿度，及时调整，加强通风，确保家兔体热散发，稳定体内代谢。

3. 对热的调节功能较差

家兔的体温在不同气温下波动比较大，如气温由 −10℃ 升到 35℃ 时，家兔体温由 37.5℃ 升到 43℃。家兔皮肤虽然能排热，但通过皮肤调节的热量少。试验证明，皮肤吸入氧量只为肺吸入量的 0.2%～1%，排出的碳酸气量只为碳酸气排出总量的 0.35%～1.74%。所以家兔在高温时，一般是通过增加血液循环和呼吸次数来排热。研究证明，当外界气温由 20℃ 升到 35℃ 时，家兔的呼吸次数由每分钟 42 次增加到每分钟 282 次，增加近 7 倍。家兔通过呼吸来散热，主要是通过呼出的水汽来散热。

家兔处于低温时，主要氧化体内营养物质来增温，从而使体温维持正常。虽然家兔体内营养物质能产热增温，但饲料消耗量也相应增加，所以家兔处在适宜温度时，饲养家兔对饲料利用率最经济。

4. 不同年龄的家兔热调节功能不同

一般幼兔能忍受较高的温度，而成年兔则不能忍受高温，据测定，当气温在 25～30℃时，45 日龄的家兔体温为 39.9℃，135～540 日龄的家兔体温为 43.3℃。在肉兔育肥生产中，注意不同生理阶段的兔要有不同的环境条件。

5. 幼兔体温有一个由不恒定到恒定的过程

试验证明，初生仔兔体温不恒定，出生 10 天内，由于仔兔体表无毛，缺乏保温层，体温随气温变化而波动。出生 10 天后的仔兔体温恒定，比猪迟 2 天。根据家兔体温调节特点，设计兔舍，制定措施，做到高温防暑降温，低温时对仔兔进行保温，使家兔在适宜的温度条件下生活，这样才能发挥家兔的生产潜力，快速见效于生产和经营。

6. 家兔的体温稳恒机制及调节

家兔是通过体温调节系统维持其一定的体温。在一定温度范围内，家兔由机体所产生的热量，等于其向外界环境中散发的热量，代谢强度和产热量保持生理最低水平，此时的外界环境温度范围称为等热区或代谢稳定区，等热区环境温度下限称为临界温度，等热区温度上限称为过高温度。家兔的等热区范围为 15～25℃。

家兔的体温调节受气温、年龄、个体等因素影响。家兔的体温调节在一定程度上取决于气候因子，特别是气温、湿度的变化。体温调节为物理调节→化学调节→热平衡破坏→生理障碍。

高温条件下，家兔的脉搏加快，体表血管血液流动量增多，进而呼吸次数增加。以此方法来扩散体内热量，达到体温的恒定。

当外界气温的变化超过兔的物理调节能力时，家兔以增加或减少热的产生来达到热平衡的目的。外界气温下降，家兔体内营养物质的氧化加强，从而提高体内的产热量以达到体温的恒定。

当物理调节和化学调节还不能维持热平衡时，就会引起一系列的生理功能失常，严重威胁家兔的健康和生产力，甚至危及生命。

外界温度在 32℃以上，生长发育和繁殖效果显著下降。如长时间处于 35℃ 或更高的温度条件下，家兔常常发生死亡。相反，在防风、防雨的条件下，家兔能很好地忍受 0℃ 以下的气温，但也会影响繁殖和增加饲料消耗。

第五节　肉兔的行为特点及其在快速育肥中的利用

一、领域行为

领域行为是指动物在一段时间内有选择地占领一定的空间范围，排斥其他同种动物个体的进入，被占领的这一空间称为领域。领域行为又被称作护域行为，是指保卫领域的有关行为。占领一个空间的可以是一个个体，一对配偶，一个"家庭"，或一个动物群体。

一般的动物均或多或少地存在这种现象，尤其是野生肉食性动物，有明显的领域行为。动物在保卫领域时有三道防线，即警告、特定的行为显示、驱赶和反击。警告是靠发出的特种声音向可能入侵者发出信号，这对远距离的潜在入侵者有了提醒后驱赶使用。家兔一般很少发出声音，但见到入侵者之后心跳和呼吸加快，鼻孔发出较短促的气流。特定的行为显示是当侵犯者不顾警告非法到领域边界时，便采取各种特定的行为炫耀来维护自己的领域，即向对方做出各种动作，驱赶实际入侵者。家兔的炫耀行为是强烈的顿足，发出强有力的"啪啪"声。驱赶和反击时，如果入侵者仍然坚持侵犯领域的话，领域主人便采取驱赶和攻击的行为。家兔只有向入侵自己领域的同类（一般为公兔）进行撕咬和挠斗。

领域行为类型大致分为摄食领域、繁殖领域、配偶领域和群体领域。野生穴兔在野外以定居方式生活，其领域范围取决于周围环境中食物的供应状况，利用腺体分泌物或排泄物来标记它们的领域。家养条件下，人们要给家兔提供永久性住处与有保护设施的安静环境。被突然的喧闹声、惊吓以及异味等惊动的第一只兔，会以顿后肢的方式通知伙伴。为使家兔不受惊吓，工作人员在舍内操作时动作要轻，同时切忌聚众围观和防止其他动物进入，给家兔创造一个安静的环境。

当给家兔更换笼具时，它首先以嗅觉不断探测新环境，竭力将新环境中的气味铭记下来。公兔的领域行为比较特殊，如将其放入母兔笼中，它首先四处嗅闻，用嗅觉来标记这一新的环境，经过一番嗅闻后，公兔才开始追逐爬跨母兔，若母兔未情或发情未到旺期，则母兔就会试图赶走这个"入侵者"，交配不易成功。如将发情母兔放入公兔笼中，公兔和母兔都会很快产生性反应，配种容易获得成功。

　　尽管家兔的领域行为远远弱于野生的穴兔，但在生产中还是经常看到的。其领域行为不仅仅发生在兔子之间，有时候对于人也有一定的敌对表现。比如当有人进入笼养家兔的旁边，尤其是公兔的笼子附近时，兔子对于闯入自己身边的陌生人表现出敌对的态度，先用双眼紧紧盯住对方，尔后双脚拍击踏板，以示抗议，随后对准人排尿。其排尿的准确性很强，以前肢为支点，后肢用力，转动后躯，将尿液甩到人的脸上。

二、争斗行为

　　家兔具有同性好斗的特点，与性行为联系时更为突出。两只公兔相遇，都会发生争斗。争斗不仅仅发生在为了争夺配偶的情况下，也发生在不为争夺配偶而相遇的情况。两者首先通过相互嗅闻，辨别对方的"身份"，如果确实为雄性，便发生争斗。如双方力量悬殊，则弱者逃，强者追；如双方力量相当，则争斗异常激烈，往往咬得头破血流，皮开肉绽。争斗时，双方都企图攻击对方的要害部位，如睾丸、阴茎，或者咬对方的头部、大腿、臀部。为了占据有利位置，双方都试图迂回到对方前后躯。经过争斗的试探，弱者往往选择逃逸，或认输，钻到对方的腹下任其处置。决出高低之后，战争平息。两只母兔相遇偶尔也会发生斗殴，但远不如公兔那样激烈。

　　同性（主要指雄性）好斗是动物界的普遍现象。在野生条件下是建立动物优胜序列的手段，也是保护领域的手段。但在家养条件下，这种行为会对动物本身造成伤害，对生产造成影响。因此，应该避免家兔之间的咬斗现象。

三、采食行为

　　家兔具有啮齿行为，常通过啃咬坚硬的物体（如兔笼、产仔箱以及食槽等）磨牙，以保持牙齿的适当长度和形状。喂料前，饲养员走近兔笼时，这种行为表现更为激烈。

家兔食草时，是一根一根从草架内拉出，对饲草进行选择性地采食。首先选择幼嫩多汁的叶片，尔后再吃茎及根部，但吃完草叶所剩下部分连同拖出的草，往往落到承粪板上造成浪费。家兔采食短草时，下颌运动很快，每分钟可达 170～200 次。家兔有扒槽习性，常用前肢将饲料扒出草架或食槽，有的甚至将食槽掀翻。家兔对料型、质地等有明显的选择性，喜欢吃有甜味的饲料和多叶鲜嫩青饲料，喜欢吃颗粒饲料。自由采食情况下，家兔的采食次数夜间多于白天。

四、饮水行为

家兔体内含水约 70%，幼兔还要高些。水对饲料的消化、营养物质的吸收、代谢产物的排泄以及体温的调节过程起很大的作用。家兔是夜行性动物，夜间饮水量约为全天的 60% 以上。家兔通常在采食干饲料后饮水，每日饮水量为干物质消耗量的 2～2.5 倍，青饲料供应充足时，饮水量相对较小。寒冷的冬季饮水量明显减少，而炎热的夏季，饮水量可达采食量的 4～5 倍。如果喂饲干料而不供给充足的饮水，采食量会随之下降，生长发育也受到明显影响。哺乳期的母兔、仔兔和生长兔，供水不足时，明显影响泌乳和生长发育，尤其在环境温度较高的情况下更是如此。

家兔饮水是通过吮吸方式，间断性进行，一日多次。但当口渴严重时，一次的饮水量也很大。因此，乳头式饮水器安装要适当高一些，使之仰头喝水，防止水滴外流；如果使用其他容器具，应该安装得低一些，使其低头喝水，以方便吮吸动作的完成。

通常人们把一些全群性预防性药物（或营养添加剂）投放在饮水中，为了保证兔子在短时间内喝掉应该获得的药物，防止药物长时间在饮水中的分解，应该在饮水之前停水 2 小时（夏季宜短，冬季宜长，其他季节酌情）。

使用自动饮水器有时候会出现水管堵塞现象，偶尔也会忘记补充水源。当兔子得不到饮水之后，往往用力啃咬饮水器乳头。当发现兔子啃咬饮水器时，应该考虑是否饮水系统出现故障。

五、性行为

有配种能力的公兔和母兔相遇，不论母兔是否发情，公兔都有求偶的表现。相遇时，公兔先嗅闻母兔的体侧，再嗅闻母兔的臀部和外阴部，若母兔此时已发情并达旺期，经公兔追逐后略逃数步，即蹲伏让公兔爬跨；若母兔发情不足或未发情，则拒绝公兔爬跨，这时会出现母兔逃跑、公兔紧追或超前拦住母兔、将头伸至母兔腹部并拱母兔的乳房等情况，如母兔蹲伏不动，公兔会很快跑到母兔后面企图爬跨交配，或爬跨母兔头部以刺激母兔。有的母兔未发情，不仅拒绝爬跨，还会与公兔咬斗。

公兔和母兔在求偶过程结束后，即进入交配阶段。交配时，母兔蹲伏，待公兔爬跨时后躯稍抬起，表示迎合；接着公兔以两前肢紧紧扒住母兔腹部，后躯不断移动调整成最佳姿势；公兔阴茎插入并抽动数次，臀部不断抖动，随之猛地向前一挺，接着后肢卷缩，倒向母兔一侧，发出"咕咕"叫声，表示射精结束，并随即爬起离开母兔。

母兔配合不好或阴毛过长，会影响公兔的爬跨和抽动，这时公兔会跳下并再度爬跨和抽动，如反复多次仍交配不上，公兔将会再次搓弄母兔，拱母兔的乳房甚至推动母兔，接着再爬跨，直至达成交配。交配结束，公兔在离开母兔之前用头拱一下母兔；交配顺利，公兔再三顿足，与母兔并排站立或蹲坐在一旁，舔身上或四肢毛，对母兔不再理睬。交配结束后的母兔同样有舔毛行为。

公兔的性恢复能力很强，第一次交配结束之后，再次交配仅仅需要几分钟到十几分钟。这种性功能恢复能力是家养哺乳动物中唯一的。在放养条件下，性欲旺盛的公兔一天可以交配 5～10 次甚至更多，但连续几天便体力不支而衰竭。在笼养条件下，公兔一天的交配次数一般控制在 2 次以内。

母兔在发情旺盛期表现极大的交配欲望。将其放入公兔笼中而公兔没有反应或反应不强烈，会导致母兔出现"反客为主"的"急躁"情绪，反过来爬跨公兔，并做出高频率的交配动作，以刺激公兔。

六、妊娠分娩行为

母兔妊娠以后，性情温顺，行动稳重，食欲增加，采食以后即伏卧休息，腹部日渐膨大。临产母兔食欲下降，但仍愿采食青绿饲料，同时出现啃咬笼壁和拱食槽现象。移入产房或产仔箱后，母兔表现更为兴奋，将草拱来拱去，四肢作打洞姿势，在产前2～3天开始衔草做窝，并将胸部毛拉下铺在窝内。这种行为持续到临产，大量拉毛出现在产前3～5小时。拉毛或衔草时，常常抬头环顾四周，遇有响声即竖耳静听，确认无事后再继续营巢。母兔产前尤其需要安静的环境。

母兔拉毛是一种正常的生理现象。其拉毛诱发的是体内促乳素的释放和乳腺的分泌。当乳腺细胞有较多的乳汁分泌，使乳房胀满时，母兔有"痛痒"之感。因此，用嘴去拉乳房周围的被毛。其拉毛与否和拉毛多少是判断母兔乳腺分泌是否的标志，也是以后产奶量高低的判断依据之一。母兔拉毛的生理意义在于：刺激乳腺分泌和催产素的释放；暴露乳头便于仔兔捕捉乳头吮乳；拉下的被毛是仔兔御寒的最佳"毛被"，对于不具体温调节功能的仔兔早期存活具有重大意义。因此，当有些母兔在产前没有拉毛时，可以在产后进行人工辅助拉毛。

母兔在妊娠期间外阴会出现短暂的红肿现象，有的母兔也会接受交配，这是体内雌激素分泌的缘故。但多数母兔拒绝交配，并发出低沉的"咕咕"呻吟声，以示拒绝或哀求。如果强行交配，易发生早期流产现象，应引起重视。母兔在妊娠期间，由于激素的大量释放而出现短暂的异常现象，如狂躁不安、采食不定、扒食，甚至掀翻饲槽，这属于一种"妊娠反应"。

一般来说，此现象时间不长便消失，也不会引起大的不良后果。母兔在临产时，母兔静卧在窝的一侧，前肢撑起，后肢分开，弯腰弓背，不时回头观望，同时不断舔舐外阴，努责引起尾根抽动，这是即将产仔的征兆。当尾根抽动和舔外阴频率加快时，很快就产出第一只仔兔，这时母兔将仔兔连同胎衣拉到胸前，咬破胎衣，咬断脐带，并将胎衣胎盘吃掉，舔去仔兔身上的黏液，再舔外阴。后来产出的仔兔则重复上述动作。如果产仔间隔短，母兔来不及舔净每个仔兔，待全部产完后再舔。产仔间隔长的，除有充分时间舔净已出生的仔兔外，还可将外阴周围及大腿的血污舔净，有时还吃掉带血的毛。

母兔产仔时，往往第一个出生的仔兔需要的时间最长，尤其是胎儿数量较少的时候，第一个胎儿可达半小时之久。一旦第一个胎儿产出，此后产仔便非常顺利，一般间隔为 40～60 秒，短的十几秒，长的可达 1～3 分钟。整个分娩持续时间为十几分钟到半小时，个别的可超过半小时，甚至更长。

当母兔在分娩期间受到强烈应激，会导致分娩的暂停现象。而这种暂停时间长短不一，有的 1～2 小时，有的可达半天到一天。因此，母兔分娩时要保持环境安静，防止母兔受到干扰。

母兔分娩一般都很顺利，不需要人的助产，它本身就是一名最好的助产师。其分娩期间头伸向后躯，配合子宫肌肉的收缩，嘴对准阴门按压和啃舔，帮助胎儿顺利产出。有时发现仔兔头部有暗红色瘀血现象，这是母兔自己助产所致，一般没有大碍。

仔兔出生后即寻找乳头吮乳，母兔则边产仔边哺乳，有的仔兔在母兔产仔结束时已经吃饱。12 日龄以内的仔兔除了吃奶就是睡觉。这个阶段母兔哺乳行为是主动的，哺乳时跳入窝内并将仔兔拱醒，仔兔醒来即寻找乳头，仔兔吸吮时多呈仰卧姿势，亦有侧卧或伏卧的。母兔弓腰收腹，四肢微曲，调整腹部高度，以方便仔兔吃奶。仔兔吸吮时除发出"喷喷"响声外，后肢还不停移动以寻找适当的支点便于吸吮。仔兔吃奶并不像仔猪那样有固定的奶头，而是一个奶头吸几口再换一个。吸吮时总是将奶头衔得很紧。哺乳结束时，有的仔兔因未吃饱而被母兔带到窝外（即吊乳现象），如若发现不及时常被冻死，产生吊乳的主要原因是母兔奶不足和母兔受到惊吓。4 日龄以内的仔兔吃饱时，皮肤红润，腹部绷紧，隔着肚皮可见乳汁充盈，这说明母乳充足。

在自然状态下，母兔产仔后的哺乳次数一般每天 1 次，多在黎明前后。一些泌乳量高的母兔每天哺乳 2 次，早、晚各 1 次，相隔 12 小时左右。仔兔开眼之后，由于仔兔可以看到母兔，因此，母兔的喂奶多为被动，被仔兔"逼迫"喂奶，其喂奶次数明显增多，一般 3～4 次，有的喂奶次数更多，直至断奶。

第三章

快速育肥肉兔的繁育技术

第一节　肉兔生产性能测定技术

生产性能测定是育种中最基本的工作，现代家兔育种要求首先严格规范地实施生产性能测定，获得各种性能记录资料并进行科学的统计处理和育种分析，然后进一步采取相应的育种措施。系统准确的性能测定是科学选种的前提，也是种群评价和经营管理的依据。畜牧业发达国家均非常重视建立畜禽生产性能测定体系并制度化。

一、肉兔个体标识技术

准确快速地识别家兔个体是组织性能测定和种群管理的基础工作，识别家兔个体最简单有效的方法是对家兔进行编号，并在家兔身上做永久性或暂时性标记。一个统一规范的标志系统不仅可用于种群管理、品种登记等育种管理工作，也可用于免疫识别、生产管理、生产过程和产品的可跟踪（追溯）管理系统。

1. 个体编号

（1）个体编号的原则。每一个号码对应一个个体，保证这个号码在所适用的范围内没有重号。为了管理方便，每一个号码都应有明确的含义，包含有用的信息。尽量做到个体编号简单明了，方便生产管理人员识读、记录和计算机录入识别。

对于一个中等规模兔场内的种群管理，这样的编号系统一般即可满足要求。如果兔群规模较大，可以增加出生序列号的位数；如果需要用编号区分性别，可以公兔用单数序列号，母兔用双数序列号；如果有多个分场，或者用于大范围的品种登记，需另外增加地区编号和场号。

（2）实例解析。例如，某肉兔场的编号系统××××××××，第1位字符代表种群，第2位字符代表这只兔出生年度，第3、第4位字符代表这只兔所在生产批次（周次、月份），第5～7位字符代表这只兔在批次内的出生序列号。按照这一编号系统，可以将2007年第28周出生的第12只新西兰兔编号为N728012。

我们在鑫泰农牧科技有限公司进行獭兔新品种四系配套选育所采用的编号方案是父本—母本—出生年份—出生月份—出生窝数—仔兔序号。这里父本是指父本来源，采用2位制编码，用父本的前两位记录；母本系指母本来源，采用2位制编码，用其母本的前两位记录；出生年份是指这只兔的出生年度，采用2位制编码；出生窝数是指这只仔兔来源于本年度这个家系的第几窝，采用2位制编码；仔兔序号是指这只兔在本窝中的序号，采用2位制编码。如某种兔的号码为A11320160802806，其意思为A系1号公兔—A系13号母兔—2016年度—8月—第28窝仔兔—第6只兔；又如某种兔的号码为A1A320160802806意思为A系1号公兔—A系3号公兔所产母兔—2016年度—8月—第28窝仔兔—第6只兔；再如某种兔的号码为A1B320160802806意思为A系1号公兔—B系3号公兔所产母兔—2016年度—8月—第28窝仔兔—第6只兔。

2. 个体标识的方法

（1）戴耳标。在家兔断奶时用专门的耳标钳将耳标固定在耳朵中部无血管处。常见的有塑料耳标、金属耳标等，编号内容可事先激光印制，或用记号笔书写（彩图26）。

（2）刺墨耳号。用刺标钳在耳朵上打出针孔组合成的耳号，并用墨水混合食醋浸涂针孔形成不褪色的耳号。这种方法可用于耳朵颜色较浅的家兔。

（3）电子标签。由佩戴在家兔身上的电子标记（条形码、芯片、脉冲转发器等）、相应的阅读器和计算机软件系统组成。较早开发的条形码标识系统由条形码标签、光电扫描器和掌上电脑组成，已广泛应用于诸如图书管理、零售业等生产生活中，在家畜管理和性能测定中也开始应用，目前已发展到二维条码，可携带更多的信息。RFID（射频识别）是无线电频率识别的简称，是一种非接触的自动识别技术，一般由安置在目标识别对象上的应答器和阅读器两部分构成，并可通过无线传输系统接入服务器。它通过射频信号自动识别目标对象、获取相关数据，与其他软硬件信息系统协同实现更为高层的目标对象管理。应答器有项圈式、耳牌式、可注射式和药丸式等类型和安装方式，成本也越来越低。目前已有国际标准 ISO11784 和 ISO11785 规定了用射频识别系统对肉兔识别的代码结构和技术准则。可以预计，随着RFID 技术的成熟，射频识别系统将会用作家兔的电子身份证，在测定登记、种兔管理、卫生防疫、产品跟踪和可追溯管理等方面得到广泛应用。

二、生长发育测定技术

1. 体重

所有体重测定均应在早晨饲喂前进行，以避免采食、饮水等因素造成的偏差。自由采食的兔不受这种限制（彩图 27）。单位以克或千克计算。

（1）初生重是指产后 12 小时以内称测的活仔兔的个体重或全窝重量。

（2）断奶重是指断奶当日饲喂前的重量，分断奶窝重和断奶个体重，并需注明断奶日龄，一般 4～6 周龄断奶。

（3）根据情况不同，在生长发育和经济利用的各个阶段分别称重，如 10 周龄重、成年体重等。

2. 体尺

在家兔上常测的体尺如下，单位以厘米计算。

（1）体长是指自然姿势下家兔鼻端至尾根的直线距离。

（2）胸围是指自然姿势下沿家兔肩胛后缘绕胸部一周的长度。

（3）腿臀围是指自然姿势下由家兔左膝关节前缘绕经尾根至右膝关节前缘的长度。

（4）耳长是指耳根到耳尖的距离。

（5）耳宽是指耳朵的最大宽度。

三、繁殖性能测定技术

1. 受胎率

通常指一个发情期配种受胎数占参加配种母兔的百分比。

2. 总产仔数

指母兔胎产仔总数，含死胎，不包括木乃伊。

3. 产活仔数

指产后 12 小时内测初生重时的活仔数。种母兔生产成绩以第一胎外的连续三胎平均数计。

4. 断奶成活率

指断奶仔兔占产活仔数的百分比。

5. 泌乳力

指 21 日龄全窝仔兔的总重量，包括寄养仔兔，用来衡量母兔的哺育性能。

四、育肥性能测定技术

1. 日增重

指统计期内家兔每天的平均增重，一般用克/天表示。肉兔的育肥期日增重通常指 4 周龄或 5 周龄断奶至 10 周龄、13 周龄或 20 周龄出栏期间的平均日增重。

2. 料重比

也称饲料转化率或饲料报酬，是指育肥期内消耗的饲料量与增加的身体重量之比。由于饲料种类和营养水平不一，有时在饲喂配合饲料的基础上另外补充青绿饲料，所以测定时应按标准营养水平饲喂，或者将家兔所摄食的各类饲料按家兔营养标准换算成标准营养水平的饲料再予计算。

3. 屠宰率

为胴体重占屠前空腹活重的百分率。胴体重是指屠宰放血后去除头、脚、皮和内脏的屠体重。全净膛胴体重去除全部内脏，半净腔胴体保留心、肝、肾等器官。

4. 净肉率

胴体去骨后的肉重占屠前空腹体重的比率称为净肉率。胴体去骨后的肉重占胴体重的比率称为胴体产肉率。胴体中肉与骨的比率称为肉骨比。

5. 后腿比

由最后腰椎处切下的后腿臀重量占胴体的比例。

五、信息记录管理技术

1. 记录内容

要求清楚完整，统一规范，包含育种和生产管理所需要的全部信息，而且简明易懂，易于查询分析。完整的性能测定记录应包括下列内容。

（1）个体和种群识别信息。如品种品系、来源去向、场名舍号、群组、兔号，以及相应的管理责任人、记录人等。

（2）系谱测定信息。如个体的父母号、祖父母外祖父母号、曾祖代或更高的祖先名号，个体的出生日期、评定等级、各种重要生产和评定记录，各代祖先的生产成绩和评定记录等。

（3）性能测定和生产记录。主要包括繁殖性能测定、生长发育测定、肉（毛、皮）用性能测定记录和生产记录。

（4）其他信息。包括饲养管理、防疫接种、疾病、转群淘汰、环境改变等，既要包括系统性的可识别的生产管理信息，也要尽量及时记录一些偶发的对个体或种群有特别影响的因素和事件，以便进行准确全面的性能分析和评定。

2. 记录形式

（1）临时性记录和永久性记录。前者是在测定现场对测定结果所做的记录，后者是在前者基础上通过整理形成的，临时性记录需要及时处理转化为永久性记录，以便长期保存和分析利用。

（2）纸张记录和无纸记录系统。前者是传统的将测定结果记录在纸上的手工方式，为了规范操作提高效率，应事先设计印制统一

表3-1 肉兔种公兔生产登记卡

兔号：
舍号：

种公兔生产记录卡

品系	来源	出生日期	毛色特征	种兔等级
父本				
母本				

祖父
祖母
外祖父
外祖母

70日龄体重	70日龄体形评分	70日龄鉴定
90日龄体重	90日龄体形评分	90日龄鉴定
120日龄体重	120日龄体形评分	120日龄鉴定
成年/周岁体重	精液品质1	精液品质2

备注：

配种记录

序号	配种日期	与配母兔	公兔性欲	是否妊娠	备注
1					
2					
3					
4					
5					
6					
7					
8					
9					
10					

序号	配种日期	与配母兔	公兔性欲	是否妊娠	备注
11					
12					
13					
14					
15					
16					
17					
18					
19					
20					

表3-2 肉兔种母兔生产登记卡

种母兔生产登记卡

舍号：　　　　兔号：　　　　品系　　　　来源

序号	配种情况			产仔日期	出生日期		毛色调整	21日龄窝重	哺乳情况			父系	母系	防疫	备注
	配种日期	公兔号	备注		产仔情况		寄养		断奶日期	断奶数	断奶窝重				
					产仔数	活仔数	窝重								
1															
2															
3															
4															
5															
6															
7															
8															
9															
10															
11															
12															
13															
14															
15															
16															

的记录表格；后者是随计算机信息技术发展而出现的新的自动记录方式，通常由计算机、电子标签、阅读器和计算机软件组成，可实现记录的自动化。

3. 种兔卡片

种兔卡片是根据育种和生产需要而设计制作的，将系谱信息、性能测定和生产记录等集成在一起的生产管理卡片，主要用于生产现场的种兔测定、成绩登记、信息查询和技术管理。以肉兔为例，种公、母兔生产登记卡和后备兔生长发育测定与选留汇总表的内容和形式参考表 3-1～表 3-3。我们在鑫泰农牧科技开发有限公司进行的四系配套培育制定的种公兔育种记录卡见表 3-4，种母兔育种记录卡见表 3-5。

表 3-3 肉兔后备兔生长发育测定与选留汇总表

兔号									
父亲									
母亲									
出生日期									
断奶测定	断奶日期								
	断奶体重								
	备注								
70～90 日龄测定	测定日期								
	体重								
	胸围								
	体长								
	体形评分								
	备注								
120～150 日龄测定	测定日期								
	体重								
	生长发育								
	体形评分								
	备注								
去向									

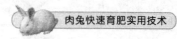

表 3-4 种公兔育种记录卡

种公兔育种记录卡					
耳号		乳头数		照片	
父号		初配年龄			
母号		初配体重			
出生日期		4周龄体重			
毛色		13周龄体重			
毛形			成活率		体重
眼球颜色			鬐甲毛密度	周岁	体长
体形		22周龄	腹侧毛密度		胸围
头形			臀部毛密度		耳长
初生窝重			绒毛长度		耳宽
同胞数			枪毛长度		利用年限
3周龄窝重			枪毛比例		其他

配母兔号	胎次	受胎配种次数	产活仔数	产死仔数	产畸形仔数	初产窝重	3周龄存活数	3周龄窝重	断奶存活数	断奶窝重	留种公兔数	留种母兔数	终生产仔数

表 3-5 种母兔育种记录卡

种母兔育种记录卡						
耳号		母兔乳头数		照片		
父号		初配年龄				
母号		初配体重				
出生日期		周岁	体重			
毛色			体长			
毛形			胸围	二胎	产活仔数	
眼球颜色			耳长		产死仔数	
体形			耳宽		产畸形仔数	
头形		一胎	产活仔数		初产窝重	
初生窝重			产死仔数		3周龄存活数	
同胞数			产畸形仔数		3周龄窝重	
3周龄窝重			初产窝重		断奶存活数	
4周龄体重			3周龄存活数		断奶窝重	
13周龄体重			3周龄窝重	三胎	产活仔数	
22周龄	成活率		断奶存活数		产死仔数	
	鬐甲毛密度		断奶窝重		产畸形仔数	
	腹侧毛密度	留种公兔数			初产窝重	
	臀部毛密度	留种母兔数			3周龄存活数	
	绒毛长度	终生产仔数			3周龄窝重	
	枪毛长度	利用年限			断奶存活数	
	枪毛比例	其他			断奶窝重	

4. 测定信息的管理

现代家兔育种的重要特点和趋势是育种群规模越来越大，测定产生的信息越来越多，需要长期保存育种测定记录。随着生产和技术发展，可能还需要进行跨场、跨区域的品种登记、联合育种和遗传评估，因此测定信息的管理越来越依赖现代信息技术，应用数据库、计算机记录分析软件和计算机网络系统，目前国内外已开始这方面软件的开发应用。在大中型的育种场需要专人负责数据工作，及时完成数据采集、录入、编辑和整理工作，通过报表系统、计算机网络等途径传递到相应的技术、生产和财务管理部门，及时对测定信息进行分析综合，实现科学育种和高效生产管理。

第二节　肉兔选种技术

一、肉兔选种要求

1. 体质外形

整体上看，被选个体应具有这个品种或品系特征，体质结实，健康无病，无严重缺陷，体形大小适中，体躯呈圆柱形或方砖形。局部来看，头要求粗短紧凑，眼大有神，胸宽深，背腰宽广平直，臀部宽广，中躯紧凑，后躯丰满，四肢端正，强壮有力。公兔要求雄性特征明显，性情活泼，睾丸发育良好，大小对称；母兔要求中后躯发育好，性情温顺，无恶习，正常乳头4对以上。凡驼背、凹腰、狭窄、尖臀、八字腿、牛眼者不宜留作种用。

2. 生长育肥

被选个体要求体重、体长、胸围、腿臀围达到或超过本品种标准。良种肉用兔一般要求75天体重达2.5千克，育肥期日增重35克以上，饲料报酬3.5：1之内。现代肉兔种群追求更快的早期增重速度、育肥出栏周期和更高的饲料转化效率，通常以群体平均数加上一定的标准差作为选取标准。

3. 繁殖性能

肉用兔每个基础母兔要求年提供商品兔30只以上，凡在9月至翌年6月连续7次拒配或连续空怀3次者不宜留种；连续4胎产仔数不足20只的母兔也不宜留种；泌乳能力差、断奶窝重小、母性差的应予淘汰。公兔要求配种能力强，精液品质好，受胎率高，性欲旺盛。凡隐睾、单睾、阴茎或包皮糜烂、射精量少、精子活力差的公兔不宜留种。

4. 胴体品质

肉兔良种要求屠宰率高、胴体质量好、肉质好。屠宰率一般要在 50% 以上，胴体净肉率 60% 以上，脂肪率低于 3%，后腿比例约占胴体的 1/3。

二、肉兔选种技术

1. 断奶阶段

生产一般采取 20～42 日龄断奶，育种兔群以 35 日龄断奶居多。主要采取家系与个体合并选择。结合系谱信息在产仔多、断奶个体数多、窝重大的窝中挑选发育良好的公、母兔。要求健壮活泼，断奶体重大；无八字腿等遗传缺陷；毛色、体形符合品系要求。入选的种兔要参加性能测定。

2. 70～90 日龄阶段

主要选择其早期育肥能力，多用选择指数选择，并注意结合体形外貌和同胞成绩。如强调产肉性能的选择指数可由 70 日龄体重、70 日龄腿臀围、35～70 日龄料重比三项或由前两项构成；兼顾繁殖性能的选择指数可由所在家系产仔数、断奶体重、70 日龄体重两者构成。

3. 120～150 日龄阶段

初配前结合品系的选育目标和体尺、体重、体形外貌进行选择，要求符合品系要求，并具有典型的肉用兔体形。公兔雄性特征明显，性欲旺盛，精液品质优良；母兔性情温顺，乳头及外阴发育良好，无恶癖，后躯丰满。

三、选择指数设计

应用选择指数法选种是家兔育种实践中最常用的手段，这一工作首先要根据生产和市场需求的调查分析，结合育种规划研究制订选育目标，根据选育目标要求和群体遗传特点设计制订相应种群的选择指数，通过性能测定获得育种群各项生产性能成绩，代入计算相应的指数值，根据指数高低进行选种。下面以某肉兔专门化品系选种为例，简单分析选择指数的制订和应用方法，供作参考。

1. 性能测定和留种比例

肉兔的性能测定一般可以分为出生、哺乳、断奶、70日龄、90日龄、120日龄、成年共7个阶段，分别实施相应的生产记录、体重与体尺测定和体形评分，获取系统规范的生产性能成绩。

测定指标按照性能测定规程进行，评分指标均采用5分制。所有数据应用于指数计算均采取减去群体均值除以标准差的标准化处理，以消除单位和分布不同带来的偏差。

选择分别在断奶、70日龄、90日龄、120日龄和成年共5个阶段实施，留种数量分别为需要量的400%、200%、150%、120%、100%或略多。肉兔选种性能测定记录和各阶段参考留种强度见表3-6。

表3-6　肉兔选种性能测定记录和各阶段参考留种强度

序号	指标	初生	21日龄	35日龄	70日龄	90日龄	120日龄	150日龄	成年
1	窝总产仔数	✓							
2	窝总产活仔数	✓							
3	窝重	✓	✓	✓					
4	寄养情况	✓							
5	哺乳仔兔数		✓						
6	个体重			✓	✓	✓	✓	✓	
7	断奶仔兔数			✓					
8	编耳号			✓					
9	体形				✓	✓	✓	✓	✓
10	胸围				✓	✓			
11	体长				✓	✓			
12	料重比				✓	✓			
13	性发育评分						✓	✓	
14	精液品质								✓
15	公兔配种记录								✓
16	母兔发情记录								✓
17	母兔产仔记录								✓
18	留种强度	全部	全部	≥400%	≥200%	≥150%	≥120%	≥110%	≥100%

2. 各阶段的选择指数

(1) 断奶时的选择指数。断奶时各兔的选择应主要依据系谱信息、父母的生长繁殖成绩、个体的断奶体重和所在窝的断奶窝重，此处设定父母成绩和子代成绩同等重要，在构建指数时权重各占50%，其中生长指数使用70日龄选择指数，亲代的繁殖和生长性能用综合指数表示。

母兔繁殖指数＝平均窝总产仔数×30%＋泌乳力×15%＋断奶窝重×30%＋分娩频率×25%

分娩频率＝母兔累计分娩胎次/（当前日龄－初配日龄）

公兔繁殖力指数＝所配母兔繁殖指数×60%＋配种受胎率×40%

（采用人工授精时，配种受胎率可以用精液品质评分代替）

考虑到父系和母系在选择方向上的差异，在利用系谱成绩时，母系兔父母的繁殖对生长的重要性为70%：30%，而在父系中则生长育肥性能占70%、繁殖性能占30%。

由于断奶窝重的遗传力高于断奶个体重，所以给予断奶窝重较大的权重为60%，断奶个体重为40%。这样构建的父系和母系肉兔的断奶阶段选择指数为：

母系断奶兔选择指数＝父母平均繁殖力指数×35%＋父母平均生长力指数×35%＋断奶个体重×20%＋断奶窝重×30%

父系断奶兔选择指数＝父母平均繁殖力指数×15%＋父母平均生长力指数×35%＋断奶个体重×20%＋断奶窝重×30%

（2）70～90日龄后备兔选择。70～90日龄是肉兔选择的关键阶段，选择重点在于早期增重能力和饲料转化效率。在实际育种中，由于个体和家系的料重比测定相对繁琐，通常不测定料重比，而是利用与增重能力的遗传相关来间接改进饲料转化效率。在指数构建中给予增重能力70%的权重，另外的30%权重给予体形评分，包括品种特征、肉用型体形、体质健康水平等方面的鉴定，在某些肉皮兼用型品种，还可以将毛皮品质纳入体形评分。

70～90日龄选择指数＝70～90日龄体重×70%＋70～90日龄体形评分×30%

当有个体或家系料重比测定记录时，选择指数稍做改变：

70～90日龄选择指数＝（70～90日龄体重－断奶体重）×40%＋断奶到70～90日龄日龄增重耗料比×30%＋70～90日龄体形评分×30%

当利用家系信息进行合并选择时，可以提高选择的准确性，为了简便起见，我们给定全同胞家系均值的权重为 30％，个体本身成绩的权重为 20％，这样构建的合并选择指数为：

70～90 日龄合并选择指数＝个体本身选择指数×20％＋全同胞家系选择指数×30％

（3）120～150 日后备兔选择。多数品种肉兔在 120～150 日龄发育成熟，因此常在 120～150 日龄阶段进行最后一次后备种兔选择，选中的个体进入繁殖群，这个阶段除了关心肉兔的体重、体形之外，还需要鉴定选择公、母兔外生殖器官的发育以确定它是否有正常的繁殖能力。参考的选择指数为：

120～150 日龄选择指数＝120～150 日龄体重×50％＋120～150 日龄体形评分×30％＋120～150 日龄性发育评分×20％

在 5 分制评分标准下，若 120～150 日龄体形评分小于 2 分，或 120～150 日龄性发育评分小于 2 分的个体，不作种兔使用。

同样，在应用家系信息进行合并选择时，简便的 120～150 日龄合并选择指数为：

120～150 日龄合并选择指数＝本身选择指数×20％＋全同胞选择家系指数×30％

（4）成年兔繁殖阶段的选择指数。多数的育种者往往只是重视后备兔阶段的选择，入选种兔一旦用于繁殖后就不再继续对它进行主动考评和选择。现代育种理念倡导全程选种，随时对种兔群进行动态的考评和优化更新，以实现种群遗传改进和生产效益的最大化。在种兔群生产繁殖的过程中，不断有种兔因衰老、疾病、生产性能差等各种原因需要被迫或主动淘汰出繁殖群，同时需要不断选择培育新的后备种兔来替换，只有主动操作才能使繁殖群保持最佳。此外，对处于繁殖状态的种兔评定有一个另外的优势，那就是它们不仅有了繁殖记录，而且其中的许多种兔已经有了后裔的测定记录，因此可以利用后裔信息进行更准确的遗传评定。所以我们强烈建议在成年兔繁殖阶段定期或不定期地进行动态评定，以实现全程选择和持续的群体优化。现代家兔育种管理软件系统的开发和计算机应用使这项工作日益变得简单易行。对于一般肉兔种群，建议成年兔繁殖阶段的选择指数为：

公兔选择指数＝自身繁殖力指数×50％＋后裔平均 70～90 日龄指数×50％

母兔选择指数＝自身繁殖力指数×70％＋后裔平均 70～90 日龄指数×30％

育种实践中应用选择指数选种技术的核心工作是构建最适合的选择指数，因各场育种目标、种群特点和计算条件等具体情况不同，所适用的选择指数也相应存在差异，对此要结合具体情况做大量的调查分析和育种规划研究，不能简单照搬套用。有条件的育种场可以利用多性状肉兔模型等技术实现更准确全面的遗传评定。

第三节　肉兔选配技术

一、肉兔选配方式与利用

家兔育种和生产的实践证明，后代的优劣不仅取决于交配双方的遗传品质，还取决于双亲基因型间的遗传亲和，也就是说，要获得理想的后代，不仅要选择好种兔，还要选择好种兔间的配对方式。选配就是有目的、有计划地组织公、母兔的交配。选配的目的一是实现公、母兔优势互补，创造性能更好的理想型；二是理想型间近交或同质交配，用来稳定巩固理想型；三是以优劣或优劣互补，进行兔群改良；四是不同种群间杂交，利用杂种优势以提高生产性能。

根据选配的作用对象，可分为种群选配和个体选配。种群选配包括纯种繁育和杂交繁育，这些内容将在后面结合繁育方面叙述。个体选配分表型选配和亲缘选配两类。

二、表型选配技术

表型选配又称品质选配，它是根据交配双方的体形外貌、生产性能等表型品质对比进行的选配方式，它分同型选配和异型选配两种类型。

1. 同型选配

同型选配又称同质选配，是指将性状相同、性能表现一致或育种值相似的优秀公、母兔交配，以期获得与其父母相似的优秀后代。例如，将体形大、产肉量高的公、母兔交配，会使其后代向大体形、高产肉性能的方向发展。

同质选配的好处在于，使公、母兔共有的优良性状稳定地遗传给后代，使所希望的优良性状在后代得到巩固和发展。因而对符合要求希望保持的理想型个体，包括纯种及杂交育种中产生的理想杂种，应主要采取同质选配的方式。

同质选配的效果取决于交配双方的基因型是否同质，对高遗传力性状（如体形外貌、产品品质）较为有效，而对低遗传力性状（如繁殖性能）效果不大。同质选配的结果是使群体趋于一致，变异性减少，有时可出现轻微的体质变弱、生活力下降等现象，必须结合严格选种，淘汰不良个体，以避免产生消极效果。

2. 异型选配

异型选配又称异质选配，是指交配双方表型品质不相似的选配方式，分两种情况：一种是互补型，即将具有不同优异性状的公、母兔配对，以期获得兼备双亲优点的效果；另一种是改良型，即将同一性状而优劣程度不同的公、母兔交配，使后代在此性状上有较大的改进和提高。例如，将生长速度快的公兔与抗病力强的母兔交配以获取生长快、抗病力强的高产后代，称为互补型；用生长速度快的公兔与生长速度一般的母兔交配以获取生长速度较好的后代，称为改良型。

异质选配增大了后代的变异性，丰富了基因组合类型，有利于选种和增强后代的生活力。但应注意，由于基因的连锁及性状间负相关等原因，有时不一定能把双亲的优良性状很好地结合在一起，也有双亲缺点综合在后代中的情况。异质选配时必须坚持严格的选种，并注意分析性状的遗传规律特别是性状间的遗传相关。

应予说明的是，在具体的选配实践中，同型选配和异型选配往往是难以截然分开的，而经常是两者结合使用，如在某些主要性状上是同型选配，而在其他性状上却可能是异型选配。要求交配双方在众多性状上绝对同质或绝对异质是不现实的，也是没有意义的。

三、亲缘选配技术

亲缘选配是根据交配双方亲缘关系的远近而决定的选配方式，

若交配的公、母兔有较近的亲缘关系，它们在共同祖先的总代数小于6，所生子女的近交系数大于0.78%称为近交；反之，交配双方无密切亲缘关系，6代内找不到共同祖先的，称为远交。下面仅介绍近交。

1. 近交的效应

近交的效应包括表型效应和遗传效应。表型效应表现在家兔的质量性状如体形外貌上，能够增加其表型的一致性；表现在数量性状上，主要使生产性能下降，出现近交衰退现象。近交的表型效应是由遗传效应造成的，遗传效应主要是近交使基因纯合的机会增加，这在育种上有很大的用途。

近交衰退现象是指由于近交而使家兔的繁殖力、生活力以及生产性能降低，随着近交程度的加深，几乎所有性状均发生不同程度的衰退。近交后代中不同性状的衰退程度是不同的，低遗传力性状衰退明显，如繁殖力各性状，出现产仔数减少、畸形、弱仔增多和生活力下降等现象；遗传力较高的性状（如体形外貌、胴体品质）则很少发生衰退。另外，不同的近交方式，不同种群、个体间以及不同的环境条件下，近交衰退程度都有差别。

有不少资料表明，并非所有的近交都带来衰退。有研究表明，加利福尼亚兔、新西兰白兔和德国白兔在近交系数0～28%的范围内，死胎率、产仔数、窝重、育成率以及生长发育各性状，均无显著性衰退。另外的试验表明，如果结合严格淘汰，家兔可连续全同胞交配多代达到极高的近交程度而不致明显衰退，说明家兔有良好的近交耐受能力。必须加以说明的是，近交衰退是普遍现象，近交不退是少数的情况，并仅在近交程度较低时才出现，所以我们对近交应持谨慎的态度，在生产中避免近交或允许轻度的近交，在育种中也应有针对性地使用。

2. 近交衰退的预防

（1）搞好选配是预防近交的主要手段。在做好群体血统分析的基础上细致选配，尽量避免高度的近交，对中亲以内的近交要谨慎采用，以避免造成近交累积。群体要保持较宽的血统，尤其在采用人工授精时，不能忽视选配，每代仅采个别兔的精液。

（2）搞好血缘更新。一个群体繁育若干代后，个体间难免有程度不同的亲缘关系，很容易造成近交，此时要及时引入具备原群优点但无亲缘关系的优秀种公兔或精液，以进行血统更新。通常的做法"异地选公、本地选母"、"三年一换种（公）"就是这个道理。

（3）正确运用近交。当必要采用近交时，近交程度、形式和速度都将是微妙的问题，需要适度、灵活、合理运用近交，将近交的作用充分发挥出来而将衰退降到较低程度。

（4）严格淘汰。严格淘汰是运用近交中公认的必须坚决遵循的一条原则。事前要严格选种，仅选用最优秀的公、母兔近交，事后应严格淘汰出现衰退的个体，通过严格淘汰清除群体中近交暴露出的不良基因，才能使近交获得成功。

（5）加强饲养管理。近交后代通常生活力较差，对环境条件比较敏感，良好的饲养管理能够有效地缓解和防止近交衰退的发生，否则会使近交衰退变得更加严重。

3. 近交的育种作用

近交的育种作用归纳起来主要用作固定优良性状、剔除有害基因、保持优异血统和促进兔群同质。近交的基本遗传效应是使基因纯合，因而可以用来固定优良性状。同质选配也有纯化基因和固定优良性状的作用，但其效果不如近交，因为同质选配是以表型相似出发，而难以做到基因型同质，固定起来要困难得多。所以在育种实践中，当需要对出现的优良性状进行固定时，主要采用近交而非同质选配。

大多数有害性状的基因是隐性的，多呈杂合状态而隐蔽不显，一旦纯合便造成生产中的损失，近交使有害基因纯合而暴露出来，可供选种时淘汰。因而近交常作为测交的主要方式，也作为剔除有害基因的主要方法。

任何优异个性，无论它的基因纯合程度多么高，如果不能选配与之具备同样优点的配偶，它的优异血统都可能随着世代的半化作用而逐渐冲淡乃至消失。从育种学的角度来看，采用近交可以大大减少祖先的个数，后代被迫接受少数祖先的优秀基因，从而能有效地继承和发展其优异血统。品系繁育实质上也是采用了这一手段。

近交使基因纯合的同时，使群体基因型分化。如果所有基因均不连锁，那么 n 对基因的杂合体，可以分离出 $2n$ 种纯合基因型，此时结合选择，就可获得优良性状组合在一起的同质兔群。较高遗传纯度的兔群间进行杂交，可以获得杂种优势明显的整齐统一的杂种，便于规模化生产和现代化管理。此外，还可用作实验肉兔，有利于提高实验准确性。

4. 近交的运用

近交通常是作为一种特殊的育种手段来应用的，主要在新品种、品系培育过程中，应用近交来加快理想个体的遗传稳定速度、建立品系、杂交亲本的提纯、不良个体和不良基因的甄别和淘汰等。近交必须目的明确，不可滥用。在生产中要注意避免近交，或仅对十分优秀的个体采取温和的中亲交配。

近交方式很多，效果也各不相同，应根据需要采取灵活的近交方式。如为了使某只优秀公兔的遗传性尽快稳定下来，并在后代中占绝对优势，避免其女儿或孙女与这只公兔连续回交。如果公、母兔都很理想，则可围绕双亲利用其全同胞后代进行近交。总之应围绕中心个体采取适宜的近交方式。

连续的高度近交显然有利于加快基因纯合，但有大幅度衰退的风险，而轻缓的近交收效较小，只有适度才能趋利避害。在育种实践中要具体分析，分别确定。一般的品系繁育可采取轻缓的近交，品系育成后近交系数为 $10\%\sim15\%$ 较宜；针对强的近交系可使育成后平均兔群近交系数达 30% 以上。

四、选配方案的设计技术

1. 制定选配方案的原则

在家兔育种和生产实践中，为便于选配的实施，一般应遵循以下基本原则。

（1）有明确的选配目的。选配是为育种和生产服务的，育种和生产的目标必须首先明确，是不是实现不同优良性状聚合以培育更理想的基因型后代？还是保持原有优良性状并提高后代在主选性状上的遗传纯度？是利用选配进行兔群改良，或者是为了充分利用杂种优势提高生产效果？不同的选配目的决定了不同的选配策略。一切的选种选配工作都围绕育种和生产目的进行，这点应特别明确，并在整个繁育过程中贯彻执行。

（2）充分利用优秀公兔。公兔用量少，对后代的遗传改良作用大，所以应当选择强度大、遗传品质好的公兔。对种公兔必须严格选择，宜精不宜多，其育种值要高于母兔；对优秀公兔要尽量充分利用，规模养兔可采取人工授精的方式以充分利用优秀公兔，遗传品质一般的公兔尽量少用。

（3）慎重使用近交。近交有严格的适用范围，生产育种中制定配种方案时要注意分析公、母兔之间的亲缘关系，以避免近交衰退。即使有必要使用近交也要掌握适度。

（4）相同缺点或相反缺点不选配。应避免在同一个性状上公、母兔存在相同或相反的缺点，否则将使缺点变得顽固，正确的做法是以优改劣，优劣互补。

（5）注意公、母兔之间的亲和力。应尽量选择那些优良性状互补的，或经过验证遗传亲和力好的，所产后代优良的公、母兔进行交配。

（6）注意搞好品质选配。纯繁时优秀公、母兔一般应进行同质选配，以巩固其优良性状，有缺点的个体采取异质选配进行品质改良。杂交生产时应注重交配双方的品质优势互补，以获得良好的杂种优势。

2. 选配方案的制订

（1）选配前的准备工作。准备工作包括明确选配的目标，分析群体的结构、生产水平和遗传水平、需要保持的优点和需要改进提高之处，对兔群进行整体鉴定。

（2）分析交配双方的优缺点。将待配母兔列表，包括兔号、需要保留的优点、需要改进提高的性状、要克服的缺点逐一列出，以便根据这些优缺点选配最适当的公兔。

（3）绘制群体系谱。使整个兔群的亲缘关系一目了然，以便分析个体间的亲缘关系，避免盲目的近交，同时了解整个兔群的遗传结构和各个家系的发展状况。

（4）分析不同品系、个体间的亲和力。根据以往选配结果结合群体系谱，可以分析比较不同品系、家系和个体间的选配效果，优化设计配种方案。

（5）编制配种方案。对核心群的种兔或特点突出的种兔一般进行个体选配，为之选择最适当的配偶；对繁殖群和一般种兔可以实施群体选配，按等级类型选择相应的公兔进行随机交配，既要充分利用优秀种兔，又要合理安排种公兔的配种频率，避免受胎率下降。配种方案一般以表格形式列出，表格内容包括母兔号、品质等级、选配目的、拟配公兔号、品质等级、与母兔亲缘关系、候补公兔号、配种时间、妊娠时间、预产期等。

第四节　肉兔繁殖技术

一、发情鉴定

1. 观察法

观察法是根据母兔的精神状态、行为变化来判断是否发情。如果母兔发情，一般表现为兴奋不安，食欲减退，在笼内跳动不安，有时用下巴摩擦笼具，爬跨同笼的母兔，频频排尿，愿意接受公兔追逐爬跨，有时还有衔草做窝和隔笼观望等现象。当母兔发情时，抚摸母兔时表现温顺，趴贴笼底，展开身子，翘起尾巴。检查外阴部时，母兔后脚颤抖顺从不闹。

2. 外阴检查法

在实际生产中，外阴检查法是最为常用的，也是最准确的发情鉴定方法。将母兔取出，右手抓住母兔的两耳和颈部皮肤，左手托其臀部，使之腹部向上；食指和中指夹住母兔尾根，拇指按压母兔的外阴往外翻，使之外阴黏膜充分暴露，观察其颜色、肿胀程度和湿润情况。我们可根据母兔外阴黏膜的颜色和湿润程度将母兔的发情阶段分为休情期（彩图28）、发情初期（彩图29）、发情中期（彩图30）和发情后期（彩图31）。休情期母兔外阴黏膜苍白、萎缩、干燥，发情初期粉红色、肿胀、湿润，发情中期大红色、极度肿胀和湿润，发情后期呈黑紫色，肿胀逐渐减退，并变得干燥。发情中期，配种受胎率和产仔数都高。故有种说法"粉红早，黑紫迟，大红配种正当时"。在实际生产中，饲养工作人员要细心观察，认真检查。

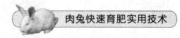

3. 公兔试情法

也可采用公兔试情法进行发情鉴定，将母兔放在公兔笼内，若主动亲近公兔，咬舔公兔，甚至爬跨公兔，则说明母兔已发情。此时将性欲强的公兔放进母兔笼中可立即交配。若是不发情的母兔放入公兔笼内则拒绝交配，跑躲甚至咬公兔，即使公兔爬跨，母兔也不翘尾，用尾巴紧紧压盖外阴，此时人为强拉母兔尾巴时，母兔会挣跑并发出吼叫。

二、自然交配

将母兔轻轻地放入公兔笼内，如母兔不拒配并表示亲近配合，即可顺利进行配种。公兔追逐母兔，母兔举尾迎合，公兔将阴茎插入母兔阴道内，臀部屈弓，随射精动作发出"咕咕"尖叫声，后肢卷缩，滑下倒向一侧，数秒钟后，爬起顿足，表示顺利射精，交配完毕。配完后应立即在母兔臀部轻拍一下，母兔一紧张即可将精液深深吸入，以防精液倒流，促进精卵结合受胎。最后将母兔送回原笼。

三、人工辅助交配

在现代养兔生产中，人们常常采用笼养的方式，在这个前提下，配种一般在人员看守和帮助下完成。与自然交配相比，这种方法能有计划地选种选配，避免近亲繁殖；能合理安排公兔的配种次数，延长公兔使用年限；能防止疾病传播，提高其健康水平。

辅助交配又称强制配种法，实行强制交配是因为有的母兔在配种时拒绝交配，必须在人工辅助下强制进行。强制交配方式用绳助法，一手抓住母兔耳部固定，并通过尾绳吊起母兔尾巴，露出母兔外阴部，另一只手托起母兔的腹部，迎合公兔交配。配种结束后，应立即将母兔从公兔笼内取出，检查其外阴部，有无假配。如无假配现象立即将母兔臀部提起，并在后躯部轻轻拍击一下，以防精液逆流，然后将母兔放回原笼。配种时要保持环境安静，禁止围观和大声喧哗，及时做好配种登记工作。

四、人工授精

1. 人工授精的意义

人工授精是指使用特制的采精器将优秀种公兔的精液采集出

来，经过精液品质检查评定合格后，再按一定比例用稀释液稀释处理，借助输精枪将定量稀释精液输入发情母兔生殖道内的一种人工辅助配种技术。人工授精技术是家兔繁育生产工作中较为经济、高效的方法，适用于规模化养殖模式，与同期发情技术一起使用，大大提高了兔业的生产效率。一只公兔一次采集的精液经适当比例稀释后，可给 10～20 只发情母兔授精，一只公兔全年可负担 100～200 只母兔的配种需要。采用人工授精技术，可以充分利用优秀种公兔的潜力，大大减少了种公兔的饲养量，从而节约昂贵的饲养成本，提高兔场的经济效益。同时加快了兔的遗传改良，精液冷藏保存后可以实行异地配种，有利于良种的推广。人工授精避免了公、母兔的直接接触，可防止生殖器官疾病及其他传染病的传播，从而改善整个兔群的健康状况。

2. 准备工作

（1）采精器的准备。兔采精普遍使用假阴道，主要由外壳、内胎和集精器三部分构成。目前无专门生产定型的兔用采精假阴道，一般用硬质橡皮管、塑料管或竹管代替，内胎可用手术用的乳胶指套或避孕套代替（彩图 32～彩图 36）。

（2）输精器的准备。输精器的使用最好避免市面上销售的几十元或几元的产品，因为它们一般是塑料制品，容易在母兔阴道发生断裂，对母兔造成伤害，而且无法在沸水中消毒，所以有感染疾病的风险。玻璃制输精器虽标明刻度，而且不易断裂，但压力太小，不容易使用。德国进口的连续输精枪，输精深度可达 11 厘米，连续输精，效率很高，建议规模化兔场使用。国产连续输精枪由塑料制成，刻度精确，压力大。输精深度可以达到 10 厘米，价格便宜，一般兔场都可以承受（彩图 37）。

（3）器械的消毒处理。凡是与精液或母兔内生殖道接触的器械用具必须清洗消毒。耐高温的器皿可在 106℃ 干燥箱内消毒 10 分钟，不耐高温的器皿用 75％酒精或 0.01％高锰酸钾消毒，然后再用无菌生理盐水冲去残余消毒液。输精管最好每兔一只，消毒后可以再次使用，以避免相互之间的交叉感染。

（4）台兔的准备。公兔初次采精最好用健康发情的母兔作为台兔。也可在采精人员手臂上，用木板或竹条作为支架，在其上蒙一张处理过的兔皮做成假台兔。

（5）采精公兔的训练。对未采过精的公兔需要进行训练，使其学会爬跨。刚开始时，选择健康发情的母兔让公兔爬跨，但不让其配种，反复多次训练。待公兔学会采精时爬跨后，只要见到假台兔，便会主动去爬跨。

3. 采精

采精时，左手抓住母兔的双耳和颈皮，使母兔后躯朝向笼内；右手握住假阴道，将假阴道置于母兔两后肢之间，假阴道开口紧贴外阴部并保持与之呈水平60°角。等待公兔爬上母兔后躯并挺出阴茎后，立即将假阴道套入公兔阴茎，当公兔臀部不断抖动，向前一挺，后躯蜷缩，并向母兔一侧滑下并发出"咕咕"的叫声，表示射精结束。将母兔放开，竖直假阴道，使精液流入集精管。

公兔经过采精训练后，见到台兔就会自行爬跨。一般先把台兔放入公兔笼内，引起公兔性欲，待公兔爬跨上台兔后，其余步骤与使用母兔采精一致，取下集精管送交检验室进行品质评定。这种采精方法简单实用，只要采精人员技术熟练，将温度、压力、润滑性等条件调节合适，几秒钟便可采得精液。

4. 精液品质检查

精液品质检查应在采精后立即进行，18～25℃室温条件下进行检查比较适宜。品质检查通过外观检查观察射精量、色泽浑浊度等，显微检查检测精子活力、精子密度与畸形率等。

（1）外观检查。正常公兔的精液呈乳白色或灰白色，有的略带黄色，浑浊而不透明，其颜色深浅与浑浊度原则上与精子浓度成正比，pH在6.8～7.3，公兔每次射精量在0.5～1.5毫升。新鲜的精液一般无臭味，有特殊的腥味，如果混入尿液时则会有尿骚味；公兔生殖器有炎症出血时，精液带红色；精子过少或无精子的精液呈清水样。

（2）显微检查。显微检查是指用乳头吸管吸取少量精液滴在载玻片上，轻轻盖好盖玻片，置于显微镜载物台上，在200～400倍下观察。检测时，应把显微镜放置在局部温度37～40℃的恒温台或保温箱内进行。

评定精子密度时，多使用估测法，这种方法简单方便，但估测者需要有一定的经验。估测法是直接观察显微镜视野中精子的稠密程度，分为"密、中、稀"三个等级。视野中精子相互之间几乎无间隙，可认定为"密"；精子间能容纳 1~2 个精子为"中"；精子间能容纳 2 个以上精子为"稀"，或精子呈零星分布。可以输精的精子密度必须达到"中"级以上，才能保证母兔的受胎率。

检查精子活力大小是依据精子运动的三种方式所占的比例来进行的，这三种活动方式分别是直线运动、旋转运动和摇摆运动。精子活力采用"十分制"进行计分，视野中精子 100% 直线运动记为活力 1.0，精子 90% 呈直线运动记为活力 0.9，依次往下类推。为保证母兔受胎率，输精的常温精子活力应达到 0.6 以上，冷冻精液解冻后精子活力要在 0.3 以上。

精子畸形率是指精液中畸形精子所占的比例，这个指标对母兔的受胎率有直接影响。畸形精子主要有双头、双尾、大头、小尾、无头、无尾、尾部卷曲等类型。在检查之前，将精子染色、固定，然后再在 400~600 倍显微镜下观察，计算视野中畸形精子占精子总数的比例，即为畸形率。精子畸形率在 20% 以下的精液方可用于人工授精。

5. 精液稀释

（1）公兔射精量。公兔一次射精量仅有 0.5~1.5 毫升，但精子密度很大，每毫升精液中含有 2 亿~5 亿个精子，稀释的目的在于增加精液量，扩大输精母兔数量。精液的稀释倍数一般在 1∶（3~10）。通过稀释精液可以充分发挥优良种公兔的价值，而且稀释液可缓冲精液的酸碱度，增加精子营养及生命力，延长精子寿命。

（2）稀释液种类与配制。为保证精液质量，稀释液最好现用现配。常用的稀释液配制方法有如下几种。

① 葡萄糖卵黄稀释液。无水葡萄糖 7.6 克加蒸馏水至 100 毫升，充分溶解，过滤，密封，煮沸 20 分钟后，冷却至 25~30℃，再加入 1~3 毫升新鲜卵黄及青霉素、链霉素各 10 万国际单位，摇匀溶解，贴好标签备用。

② 蔗糖卵黄稀释液。蔗糖 11 克，加蒸馏水至 100 毫升。配制

方法同①。

③ 枸橼酸钠卵黄稀释液。枸橼酸钠 2.9 克，加蒸馏水至 100 毫升。配制方法同①。

④ 枸橼酸钠葡萄糖稀释液。枸橼酸钠 0.38 克，无水葡萄糖 4.5 克，卵黄 1～3 毫升，青霉素、链霉素各 10 万国际单位，加蒸馏水至 100 毫升。

⑤ 牛奶卵黄稀释液。鲜牛奶 10 克或奶粉 5 克，加蒸馏水至 100 毫升。配制方法同①。

⑥ 生理盐水稀释液。0.9％氯化钠的无菌溶液，加入青霉素、链霉素各 10 万国际单位。

（3）稀释方法。用吸管吸取事先预热与精液等温的稀释液（25～30℃）沿试管壁缓慢加入至精液中，加入后用玻璃棒轻轻搅动，使其混合均匀，避免用力摇晃。稀释后的精液应做一次镜检，一般情况下精子活力有所提高，若精子活力下降明显，说明稀释液不合适或操作不当，应尽快找出原因。通常精液以稀释 5～9 倍为宜，保证每毫升精液活力旺盛的精子数量在 1000 万以上。

6. 精液保存与运输

（1）精液的保存。刚采出来的新鲜精液如果放到与精液相同温度的器皿里保存，精子存活时间只有几个小时。低温保存法是在精液中添加稀释保存液，保存在冰箱或低温环境的保温瓶中。在 0～4℃的情况下保存，存活时间可达 45 小时。但在降温时应以每分钟降温 0.5～1℃为宜，切不可降温过快。

（2）精液的运输。新鲜精液保存时间短，只宜作短途运输。一般只需一个广口保温瓶或大保温杯即可。随季节和气温决定是否在保温瓶（杯）中加冰块，气温高时加冰块保险。装稀释精液的容器大小视需要精液量而定，但要装满盖紧，瓶口无空间，以减少振动。容器外要裹几层纱布或毛巾，特别是加放冰块时必须这样做，这样既能保护精液瓶，也能缓冲低温直接接触容器，防止对精子的冷打击。

7. 输精

（1）促排卵处理。由于母兔为诱导性排卵，排卵发生在交配或性刺激后 10～12 小时，所以在给母兔人工授精之前，应先进行排卵处理。在人工授精前，对每只母兔肌内注射 0.5 微克促排 3 号刺激排卵，或者每只母兔注射绒毛膜促性腺激素（HCG）50 国际单位、黄体素（LH）50 国际单位等。应在注射激素后 6 小时内输精。对尚未发情的母兔可先用孕马血清促性腺激素、雌二醇等诱导发情，然后再刺激排卵。

（2）输精方法。人工授精需使用经过消毒的兔专用输精器或输精枪。左手抓住兔双耳和颈皮，右手将尾巴翻压在背部并抓起尾部及背部皮肉，将后躯向上头向下固定好。输精员左手拇指在下，食指在上，按压外阴，将外阴部翻开，右手持输精器或输精枪沿阴道壁轻轻插入阴道内，遇到阻力时，向外抽一下，并换一个方向再向内插，插入 6～8 厘米为宜，将稀释液 0.5 毫升注入阴道子宫颈口。输精后将输精器缓缓抽出，并用力拍拍母兔臀部，以防精液逆流。采用倒提法输精效果也很好，即把母兔头颈部轻夹于两膝之间，一只手抓提母兔臀部和尾部，另一只手持输精器输精。最好采取双人操作，一人保定母兔，另一人输精（彩图 38～彩图 41）。

（3）注意事项。家兔人工授精成败的关键，首先是要有品质优良的精液，这除了要求对公兔的严格选择，良好的饲养管理外，还要求严格的消毒和精液的合理稀释与保存。其中，最容易犯的错误是消毒不严格，使精子受到不应有的污染，或者造成母兔生殖道感染。所以，在整个人工授精过程中，各环节都必须严格消毒，而且最好采用物理消毒法，如煮沸、蒸汽、干燥和紫外线消毒等。若用化学药物（如酒精等）消毒时，一定要待其挥发完全后再用生理盐水反复冲洗，否则精子将被伤害。

第五节 肉兔快速育肥繁育体系的构建技术

一、纯种繁育体系结构

纯种繁育体系结构一般包括以遗传改良为核心的育种场（群），以良种扩繁为中介的繁殖场（群）和以商品生产为基础的商品场（群）。

1. 育种场（群）

育种场（群）处于繁育体系的最高层，主要进行纯种（系）的选育提高和新品系的培育，其纯繁的后代除部分选留更新纯种（系）外，主要向繁殖场（群）提供优良种源，用于扩繁生产，并可按繁育体系的需要直接向商品场（群）提供商品生产所需的种兔。因此，育种场（群）是整个繁育体系的关键，起核心作用，故又称为核心场（群）。

2. 繁殖场（群）

繁殖场（群）处于繁育体系的第二层，主要进行来自核心场（群）种兔的扩繁，特别是纯种母兔的扩繁，为商品场（群）提供纯种（系）后备母兔，同时提供相应的种公兔，保证一定规模商品兔的生产需要。

3. 商品场（群）

商品场（群）处于繁育体系的底层，主要进行优质商品兔生产，保证商品群的数量和质量，为人们提供最终的优质兔产品。育种核心群选育的成果经过繁殖群到商品群才能表现出来。商品场的生产水平取决于育种场的选育水平。三者是一个有机联系、相互依赖、相互促进的统一整体，在实践中需要平衡三者的利益关系，以加强育种场建设、提高核心群的选育质量为基础，同时搞好繁殖场和扩繁群的管理，保障商品生产群的遗传品质。

二、杂种繁育体系结构

1. 杂种繁育体系的主要结构

杂种繁育体系主要适用于肉兔生产，同样是由育种、扩繁和生产组成的金字塔结构。位于金字塔顶的是育种群，主要选育措施都在这部分进行，其工作成效决定了整个系统的遗传进展和经济效益。在这里同时进行多个专门化品系（纯系）的选育，经配合力测定选出生产性能最好的杂交组合，纯系配套进入扩繁阶段推广应用。

纯系以固定的配套组合形成曾祖代（GGP）、祖代（GP）和父母代（PS），最后经过父母代杂交产生商品代（CS），在纯系内获得的遗传进展依次传递下来，最终体现在商品代，并通过系间杂种优势利用，使商品代获得很高的生产性能。通过逐级扩繁，很小的育种群可以扩繁至很大的商品代群。商品代是整个繁育体系的终点，不再作为种用。

2. 常用杂种繁育体系

杂交繁育体系根据参与杂交配套的纯系数分为二系配套、三系配套、四系配套，五系以上配套没有什么生产实用价值。

（1）二系配套是最简单的杂交繁育模式。好处是育种群到商品代的距离短，遗传进展传递快，杂种整齐。不利之处是不能在父母代利用杂种优势来提高繁殖性能，而且扩繁层次少，制种效率低，供种量少，对育种公司不利。

（2）三系配套是比较实用的杂交繁育模式。三系配套系中父母代的母本是二元杂种，可以获得繁殖性能的杂种优势，再与父系杂交在商品代中产生杂种优势。母本通过祖代和父母代两级扩繁，供种量大幅增加，父本由于用量少，虽然只有一级扩繁通常也能满足要求。

（3）四系配套是比较完善的杂交繁育模式。四系配套的主要优点是父母代的公、母兔都是二元杂种，可以充分利用父母代繁殖性能的杂种优势。从商品代生产性能方面看，四系杂种一般并不优于三系杂种和二系杂种，但从育种公司的商业角度来看，采用四系配套有利于控制种源，保持供种的连续性，我们在鑫泰农牧科技开发有限公司制定的菲克四系配套繁育体系见彩图42。实际上有不少四系配套，两个父系非常近似甚至是同一个纯系，实质为三系配套系。

三、繁育体系的构建

繁育体系设计的目的是合理确定兔群结构，主要是指繁育体系各层次中种兔的数量，特别是种母兔的规模，以便确定相应的种公兔的规模以及最终能生产出的商品兔的规模，合理分配安排相应的笼位，组织繁育计划的实施。

对此，首先是要确定生产商品兔的最佳繁育方案，如采用纯繁还是二系、三系或四系配套杂交方法，这需根据已有的品种资源、

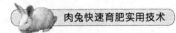

不同繁育模式的生产性能、兔舍设备条件以及市场需求等来综合分析判断。一个有效的判定方式是看哪种繁育方案的经济效益最佳。

其次是需要各类兔群的结构参数，包括与遗传、环境及管理等有关的生物学、畜牧学和经济学参数，以及人为决定的决策变量，其中最重要的几个参数包括繁育体系各层次公、母配种兔的比例，公、母种兔的使用年限，每年每只母兔提供的仔兔数，以及提供的后备种兔数。如已知核心群的规模，借助结构参数就可推算各层次即繁殖群、生产群的种兔数以及所能生产的商品兔数量。如生产商品兔的数量一定时，也可利用结构参数和模型，结合繁育方案，确定各层次的仔兔数、后备兔数以及种兔数。母兔的规模和比例是各繁育体系结构的关键。研究表明，采用两级扩繁的杂交繁育体系，各层次母兔占总母兔的比例大致是曾祖代占 0.4%、祖代占 6.6%、父母代占 93%。

第四章

肉兔快速育肥饲料
加工调制技术

第一节　能量饲料的加工调制技术

能量饲料是指在干物质中粗蛋白质含量低于20%、粗纤维含量低于18%、每千克干物质含有消化能10.46兆焦以上的一类饲料。这类饲料常用于补充家兔日粮中能量的不足，主要包括谷实类、糠麸类、块根块茎类及其加工副产品、糟渣类、植物油脂以及糖蜜等。能量饲料在肉兔快速育肥日粮中所占比例最大，一般为50%～70%，对肉兔主要起着供能作用。通过适宜的加工调制可以提高采食量和消化率。

一、谷实类饲料

谷物类饲料比较坚实，除有种皮外，大麦、燕麦、稻谷等还包被一层硬壳，因此要进行机械加工，以利消化。常用的方法可分为物理技术、熟化技术、微波技术和糖化技术。

1. 物理技术

（1）粉碎。粉碎是最简单、最实用的一种饲料加工调制方法。整粒籽实、大颗粒饼块被粉碎后，饲料表面积加大，有利于和消化液接触、便于饲料浸泡，也容易咀嚼，可提高饲料消化率。粉碎的程度可根据日粮中精料的比例确定。精料粉碎过细时，适口性下降，采食量减少，精料不能与唾液充分混合，会妨碍消化和采食，所以喂兔的谷物不宜粉得太碎，否则容易糊化或呛入兔的气管，影响采食，在胃肠内易形成黏性团状物，不利消化，一般细度以直径

1～2毫米为宜。

（2）压扁。玉米、高粱、大麦等压扁更适合喂肉兔。将每100千克谷物加水16千克，再用蒸汽加热到120℃，保持10～30分钟，使含水率达到18%～20%，再用机器压成1毫米厚的薄片，将薄片迅速干燥，使水分降到15%以下。土法可将谷物饲料在近100℃水中煮12～26分钟，使水分达20%左右，捞出后通过辊轴或石碾压扁，随后干燥保存。

据研究，在粗料完全相同的情况下，喂压扁玉米的肉兔日增重29克，消化率74%，每增重1千克需8个饲料单位，而喂磨碎玉米的肉兔日增重仅22克，消化率71%。玉米蒸煮后再压扁效果更好，在100℃水中煮14分钟，水分增加到20%，捞出后压成1毫米厚的薄片，并迅速干燥，使水分降到15%。这种玉米喂肉兔增重效果比颗粒料高5%，比粉碎料高10%～15%。

（3）浸泡。将谷物及豆类、饼类放在缸内，用水浸泡，100千克料用水150千克。浸泡后可使饲料柔软，容易消化。夏天浸泡饼类时间宜短，否则腐败变质。对一些坚硬籽实及饼块，经浸泡可软化或溶去饲料中的一些有害物质，减轻饲料异味，提高饲料适口性，也有利于咀嚼。

浸泡用水量依浸泡目的而异，用于软化时，料水比为1：（1～1.5），即以手握指缝渗水为准；用于减轻异味时，可用热水浸泡，料水比为1：2；用于棉籽饼脱毒时，可用1%的硫酸亚铁溶液按1：2.5浸泡24小时，中间搅拌几次。浸泡时间应随环境温度和饲料种类的不同而异，以不引起精料变质为宜。夏天可以制成凉粥料喂兔，冬天可以制成温热粥料。喂水浸料，夏季有利于兔的防暑降温，并可促进母兔的产奶。夏天浸泡的精料应及时喂完。浸泡容器内也不能留有残料，每天清理饲槽一次，以免引起饲料发霉变质，也可通过缩短浸泡时间来预防变质。但浸泡饲料必须避免腐败，有些饼粕（如菜籽饼粕，尤其是生的）浸泡会产生大量的芥末辣味使兔拒吃，以粉碎为好。

（4）焙炒。焙炒能使饲料中的淀粉转化为糊精而产生香味，增加适口性，并能提高淀粉的消化率。一般温度150℃，时间宜短，不要炒成焦煳状。

（5）发芽。谷物饲料经发芽后可为肉兔补充维生素，一般芽高0.5～1厘米，富含B族维生素和维生素E，芽长到6～8厘米时，富含胡萝卜素、维生素D和维生素E。发芽处理方法较简单，把籽实用15℃的温水或冷水浸泡12～24小时后，摊放在平盘或细筛内，厚3～5厘米，上盖麻袋或草席，经常喷洒清洁的水，保持湿润。发芽温度控制在20～25℃，在这种条件下5～8天即可发芽。

2. 熟化技术

由于微生物的抗湿热性较差，在蒸汽的作用下微生物能在周围介质中吸取高温的水分，促进微生物细胞蛋白质凝固，加速微生物死亡，所以，熟化饲料经水、热处理后不含沙门菌、黄曲霉菌等霉菌及致病菌，同时，淀粉能得到充分糊化，蛋白质有效变性，具有安全性好、吸收率高的特点。熟化加工工艺是确保熟化粉状饲料质量的关键，目前安全熟化粉状饲料的生产主要由熟化调质（水、热处理）、保温均质、干燥、冷却、混合（添加微量组分）等工序组成。

（1）熟化调质技术。熟化调质（水、热处理）分间歇式和连续式两类，常用的加工工艺是间歇式，其熟化过程中物料的质量便于控制，物料水分一般在20%～22%。当物料水分在22%以上时，更适合采用连续式粉料熟化工艺。连续式熟化工艺，因物料在机内停留时间较短，一般采用强力熟化调质机。

（2）保温均质技术。物料熟化调质是蒸汽的热量、质量（水分）传递的过程。为使热量、质量传递到每粒物料中心需经过一定的时间，即保温均质时间。熟化调质效果与物料熟化调质的水分、温度、熟化调质时间和保温均质时间有关，物料及粉碎的粒度亦与熟化调质时间和保温均质时间有关，只有经过足够的保温均质时间，才能达到最佳熟化调质效果。一般饲料熟化调质的时间为90～150秒，保温均质时间为4～20分钟。熟化调质和保温均质时间可通过计算机控制系统设置不同参数来控制。

（3）干燥和冷却技术。物料熟化调质后，水分、温度较高，与冷空气相遇时，易产生结露，影响成品的储藏。当熟化调质后的粉料水分在20%以下时，只需经冷却，将水分降至安全范围以内。若粉料水分在20%以上，冷却无法将物料水分和料温降至安全范围以内，需进行干燥。经干燥，能量消耗有所增加。冷却后的料温不得高于室温 5℃，以确保成品储藏安全。

（4）混合技术。混合（添加微量组分）、冷却的物料还需添加微量组分并经混合机混合后，才能达到成品质量的要求。物料在混合过程中要通风，以促使粉料进一步冷却，确保料温不高于室温 5℃。

3. 微波技术

微波作为一种新型、便捷、高效型能源，为饲料产业及畜牧业的发展提供了新的技术手段。

微波是指频率在 300 兆赫到 3000 吉赫（波长 1 米～0.1 毫米）的高频电磁波。在微波电磁场中，物料中的极性分子从随机分布状态转为依电场方向摆动并取向排列。其摆动频率与电场变化频率一致，摆动振幅与电场强度成正相关。由于极性分子热运动及分子间作用力会对摆动产生极大的阻力，从而产生类似摩擦的效应，部分能量便以热能的形式释放，使物料迅速升温，即热效应。与此同时，物料中生物的高分子可动性基团、极性基团和离子等也都处于剧烈振动状态，于是引起蛋白质、核酸和生物活性物质部分结构改变、发生变性，此称生物效应。微波处理时，热效应和生物效应相辅相成。微波具有穿透力强、加热均匀、节能高效、相对安全、宜规模化生产等特点，这是其他常规能源所不能比拟的。

微波在原料加工处理中应用较多的是干燥。例如，长期以来，我国饲料产业主要依靠玉米作为能量饲料。而玉米属晚秋作物，收获后水分含量偏高，传统的干燥工艺对温度和时间的要求非常严格，操作较为繁琐且效果不佳，在运输和仓储过程中损失较大。而微波加热均匀，不需传热，瞬间可达高温，热能利用率较大。又如颗粒饲料生产中，传统的压制颗粒工艺普遍采用蒸汽调节，对物料水分、蒸汽压力、调制时间要求较高，操作稍有不当不仅会降低颗粒料质量与产量，且易损耗机器设备。将微波应用于制粒过程，则可改善与解决上述问题。微波具有较强的杀菌作用，将其应用于饲料加工或干燥过程中可以提高饲料的储藏性能，且可在一定程度上优化饲料品质。随着技术参数的不断完善、相关饲料机械研发力度的加大，微波在饲料产业中的应用将向着更广、更深的方向发展。

4. 糖化技术

（1）糖化处理。糖化处理就是利用谷实类籽实中淀粉酶，把其中一部分淀粉转化为麦芽糖，提高适口性。方法是在磨碎的籽实中加 2.5 倍热水，搅拌均匀，放在 55～60℃温度下，使酶发生作用。4 小时后，饲料含糖量可增加到 8%～12%。如果在每 100 千克籽实中加入 2 千克麦芽，糖化作用更快。糖化饲料可喂育肥兔，提高采食量，促进增重。

（2）湿储处理。此方法是储存饲用谷物的新方法。作为饲料栽培的玉米、大麦、燕麦、高粱等，当籽实成熟度达到含水率30%～35%时收获，基本上不影响营养物质的产量。可以整粒或压碎后储存在内壁防锈的密闭容器内。经过轻度嫌气发酵，产生少量有机酸，可抑制霉菌和细菌的繁殖，使谷物不致变质发霉。此法可以节约谷物干燥的劳力和费用，且减少阴雨天收获谷物的损失。湿储谷物养分的损失，在良好条件下为 2%～4%，一般不超过 7%。还有加酸（甲酸、乙酸、丙酸）和甲醛湿储以及加 1% 尿素湿储。

二、大豆皮

大豆皮是大豆制油工艺的副产品，占整个大豆体积的 10%，占整个大豆重量的 8%。大豆皮主要是大豆外层包被的物质，由油脂加工热法脱皮或压碎筛离两种加工方法所得。主要成分是细胞壁和植物纤维，粗纤维含量为 38%，粗蛋白质 12.2%，氧化钙 0.53%，磷 0.18%，木质素含量低于 2%。

大豆皮含有大量的粗纤维，可代替兔粗饲料中的低质秸秆和干草。秸秆适口性差，粗蛋白质含量、矿物质含量少，木质素含量高。在把牧草晒制为干草的过程中，由于化学作用和机械作用养分损失大半，兔对其利用率低。大豆皮中性洗涤纤维占 63%，酸性洗涤纤维占 47%，木质素含量仅为 1.9%。纤维素的木质化程度是饲料中纤维素消化高低的重要因素，由于大豆皮的粗纤维含量高而木质化程度很低，因此大豆皮可代替秸秆和干草。试验表明，大豆皮干物质 27 小时尼龙袋消化率为 90.3%，36～48 小时可被完全消化。大豆皮的中性洗涤纤维可消化率高达 95%。易消化的纤维性副产品是冬季很好的粗饲料，优于在冬季饲喂干草。

大豆皮含有较高的胰蛋白酶抑制因子，其活性范围超过国家标准规定，影响肉兔消化营养物质和生长性能。建议在每次饲喂前蒸煮大豆皮以清除其抗营养因子。

三、啤酒糟

啤酒糟又称为麦糟、麦芽糟，是啤酒工业中的主要副产品。啤酒企业约有 1/3 啤酒产量的副产品，啤酒糟占总副产品的 85%。每投产 100 千克原料，产湿啤酒糟 120~130 千克（含水率 75%~80%），以干物质计为 25~33 千克。因其含水率高、不宜长久储藏、易腐烂，不便于运输，目前在我国大多数厂家以低价直接出售给农户作饲料，少数厂家将其烘干作饲料，有的甚至直接当废物排放，这样浪费资源的同时严重破坏了啤酒厂附近的生态环境。

啤酒糟一般冷冻、烘干和冷冻干燥后保存。冷冻法的储存体积较大，啤酒糟中的阿拉伯糖含量会有变化，烘干法和冷冻干燥法可大大减少啤酒糟的储存体积，且不改变啤酒糟的组成成分。同时烘干比冻干更为经济，并且有利于啤酒糟的再利用，烘干是目前利用最为广泛的一种啤酒糟加工方法。一般烘干法要求烘干啤酒糟的温度低于 60℃，若烘干温度高于 60℃将产生不良气味。根据含水率的不同，啤酒糟可分为湿糟（水分低于 80%）、脱水糟（水分约 65%）和干燥糟（水分小于 10%）。

四、甜菜渣

甜菜渣是制糖工业的副产品，甜菜渣柔软多汁、营养丰富。未经处理的甜菜渣也可称为鲜湿甜菜渣，湿甜菜渣经晾晒后得到干甜菜渣，经烘干制粒后，称为甜菜粕或甜菜渣颗粒。鲜湿甜菜渣也可制成甜菜渣青贮，甜菜渣中主要含有纤维素、半纤维素和果胶，还有少量的蛋白质、糖分等，矿物质中钙多磷少，富含甜菜碱，维生素中烟酸含量高，同时甜菜渣中有较多游离酸，大量饲喂易引起腹泻。无论是鲜甜菜渣还是干甜菜渣，均含有较丰富的营养物质，是一种适口性好、营养较丰富的质优价廉的多汁饲料资源，经干燥等处理后是一种廉价的饲料原料。

甜菜渣中中性洗涤纤维占干物质 59% 左右，甜菜渣被称为非粗饲料纤维原料，与其他粗饲料相比，甜菜渣纤维的填充性比粗饲料中性洗涤纤维低，长度小，更迅速地被消化，可消化纤维含量高，可以增加采食量。

甜菜中含有甜菜碱、蛋氨酸和胆碱三种甲基供体，它们之间有相互替代作用。甜菜碱是肉兔蛋白质、氨基酸代谢中普遍存在的中间代谢物。如果蛋氨酸供应过量而又缺乏胆碱和甜菜碱，那么大量的高半胱氨酸在体内积蓄，会产生胫骨软骨发育不良和动脉粥样硬化等，日粮中要有足够的胆碱和甜菜碱来满足对不稳定甲基的需要，维持动物体的健康。甜菜碱还可以调节脂肪代谢，重新分配体内脂肪。但甜菜碱对仔兔和胎儿有毒害作用，建议产期母兔不宜食用甜菜渣。

将鲜甜菜渣晒干或自然风干后得到干甜菜渣，利于保存，但营养成分损失大。晒干的甜菜渣比新鲜的甜菜渣粗蛋白质减少42%。干甜菜渣饲喂育肥兔，每天饲喂0.05千克，用2～3倍的水浸泡，以免干粮被食用后，在胃内大量吸水。

经压榨处理的鲜甜菜渣，在高温或低温中快速干燥，再经压粒机制成颗粒，每100吨甜菜，可生产颗粒粕6吨。颗粒粕与鲜甜菜渣相比，干物质、粗脂肪、粗纤维等含量大大增加。运输方便，利于保存，泡水后体积增大4～5倍。甜菜颗粒粕饲喂母兔时，每只兔每天0.02～0.04千克，最多可达到干物质的20%。

五、其他糟渣

1. 红苕渣饲料加工利用技术

红苕渣是红苕（红薯）脱淀粉后剩下的副产品。主要的加工过程包括清洗、粉碎、过滤。首先用清水将红苕（红薯）表面的泥沙冲洗干净，接着使用粉碎机将洗净的红苕粉碎成粉状，最后通过过滤将红苕渣和淀粉分离开。红苕渣经脱淀粉后，含水率较高，初水含水率在70%～95%。一般农户将红苕渣晾晒达到干红苕渣，工厂化生产主要靠大型脱水设备脱水，一般不烘干处理。红苕渣的含水率因脱水方法和干燥方法而不同，变异较大。红薯中无氮浸出物含量占干物质的86.2%～88.0%，而磷、粗脂肪、粗纤维和灰分含量较低。红苕渣经脱淀粉处理后，一般其中的养分含量会发生变化，可溶于水的淀粉、蛋白质、纤维、维生素和矿物质将被洗脱掉。红苕渣中含有优良的纤维，是良好的纤维来源。对肉兔而言，粗纤维是一种必需营养素，对肉兔生产性能的发挥具有十分重要的调节作用。故红苕渣中的高消化性粗纤维，使之成为一种优良的肉兔饲料资源。

2. 豆腐渣饲料加工利用技术

豆腐渣是豆腐、腐竹及豆浆等豆制品加工过程中的副产品，由于其水分含量高，易腐败，口感粗糙、不便运储等缺点，一般都当作饲料或废弃物处理，既浪费了资源又污染了环境。鲜豆腐渣中含有丰富的营养成分，其中的纤维素及半纤维素类等多糖是豆腐渣的主要成分，约占豆腐渣干物质的一半，是理想的纤维之一，不仅纤维本身，豆腐渣中丰富的蛋白质类（含多肽、氨基酸）、黄酮类、皂角苷及微量元素等营养物质也不能充分得到利用。由于纤维的大量存在，导致豆腐渣的适口性降低。

3. 果渣饲料加工利用技术

我国每年在果汁加工中耗用水果 10000 万吨，年排出果渣 4000 万吨。目前仅有少量果渣被用于深加工或直接作饲料，绝大部分用于堆肥或被遗弃，造成了严重的资源浪费和环境污染。果渣中含一定量的蛋白质、糖分、果胶质、纤维素、半纤维素、维生素和矿质元素等营养成分，是微生物的良好营养基质。

据报道，苹果湿渣中含干物质 20.2%，粗蛋白质 1.1%，粗纤维 3.4%，粗脂肪 1.2%，无氮浸出物 13.7%，粗灰分 0.8%，钙及磷含量均为 0.02%，微量元素铜、铁、锌、锰、硒分别为 11.8 毫克/千克、158.0 毫克/千克、15.4 毫克/千克、14.0 毫克/千克、0.08 毫克/千克，总糖 15.08%。

第二节　蛋白质补充料加工利用技术

蛋白质饲料是指干物质中粗纤维含量在 18% 以下、粗蛋白质含量为 20% 及 20% 以上的饲料。根据来源，蛋白质补充料可划分为植物性蛋白质、微生物蛋白质和动物性蛋白质饲料，由于卫生和习性方面的原因，动物性蛋白质饲料在肉兔生产方面限制使用，因此本节内容不介绍动物性蛋白质饲料。

一、植物性蛋白质饲料

1. 籽实类饲料加工利用技术

籽实类饲料包括黑豆、黄豆、豌豆、蚕豆等。同谷类籽实相比，除了具有粗纤维含量低、可消化养分多、容重等共性外，其营养特点是蛋白质含量丰富，且品质较好，能值差别不大或略偏高，矿物质和维生素含量与谷实类相似。但应注意的是，生的豆类饲料含有害物质，如抗胰蛋白酶、致甲状腺肿物质、皂素与血凝集素等，影响饲料的适口性、消化性与肉兔的一些生理过程。在饲喂前须进行适当的热处理，如焙炒、蒸煮或膨化。

2. 饼粕类饲料加工利用技术

饼粕类饲料主要有豆饼、棉籽饼、菜籽饼、胡麻饼等，是饲喂肉兔的主要蛋白质饲料，其营养价值变化很大，取决于饲料种类和加工工艺。大豆饼的营养价值很高，消化率也高，在我国主要作为猪、鸡的蛋白质饲料使用。棉籽饼中含有棉酚，其毒性很强，常呈慢性累积性中毒，在日粮配合时，用量不得超过 7%。为减轻毒性，可用硫酸亚铁法进行脱毒，其方法是将 5 倍于游离棉酚量的硫酸亚铁配成 1% 的溶液与等量棉籽饼混匀，晾干即可，若再加适量的石灰水，脱毒效果更佳。菜籽饼味辛辣，适口性不良，不宜多用。菜籽饼中含有一种芥酸物质，在体内受芥子水解酶的作用，形成异硫氰酸盐、恶唑烷硫酮，这些物质具有毒性，可引起肉兔中毒，使用前最好脱毒。亚麻仁饼含有一种黏性胶质，可吸收大量水分而膨胀，从而使饲料在胃中滞留时间延长。但亚麻仁中含有亚麻苷，经亚麻酶的作用，产生氢氰酸，引起肉兔中毒。为防止其中毒，将亚麻仁饼在开水中煮 10 分钟，使亚麻酶被破坏。花生饼粕带有甜香味，是适口性较好的蛋白质饲料，但在肉兔育肥期不宜多用，因为它会影响肉质。向日葵饼粕和芝麻饼粕，饲喂前不做特殊的加工处理。

二、微生物蛋白质饲料

1. 微生物蛋白质饲料的特点

微生物蛋白质饲料是指以微生物、复合酶为生物饲料发酵剂菌种，将饲料原料转化为微生物菌体蛋白、生物活性小肽类氨基酸、微生物活性益生菌和复合酶制剂为一体的生物发酵蛋白饲料。所以，也称为微生物发酵蛋白饲料。

应用生物技术特别是微生物发酵技术来开发新型蛋白质饲料资源，具有广泛的应用前景。利用微生物生产的饲料蛋白质、酶制剂、氨基酸、维生素、抗生素和益生菌等相关产品，可以弥补常规饲料中容易缺乏的氨基酸等物质，而且能使其他粗饲料原料营养成分迅速转化，达到增强消化吸收的效果。是目前肉兔规模利用较多的一种饲料。

根据发酵获得产品的不同，可把微生物发酵分为微生物酶发酵、微生物菌体发酵、微生物代谢产物发酵、微生物的转化发酵、生物工程细胞的发酵。根据微生物的种类不同可分为厌氧发酵和好氧发酵，厌氧发酵在发酵时不需要供给空气，如利用乳酸杆菌进行的丙酮、丁醇发酵等，好氧发酵需要在发酵过程中不断地通入一定量的空气，如利用黑曲霉进行的柠檬酸发酵，利用棒状杆菌进行的谷氨酸发酵，利用黄单胞菌进行的多糖发酵等。根据培养基的不同可分为固体发酵和液体发酵，根据设备不同可分为敞口发酵、密闭发酵、浅盘发酵和深层发酵。

饲料经微生物发酵后，微生物的代谢产物可以降低饲料毒素含量。如甘露聚糖可以有效地降解黄曲霉 B_1；曲霉属、串珠霉属的部分菌株能有效地降低发酵棉籽粕中游离棉酚的含量；微生物可以分解品质较差的植物性蛋白质，合成品质较好的微生物蛋白质，例如活性肽、寡肽等，有利于肉兔的消化吸收，产生促生长因子，不同的菌种发酵饲料后所产生的促生长因子不同，这些促生长因子主要有有机酸、B族维生素和未知生长因子等，降低粗纤维含量，一般发酵水平可使发酵基料的粗纤维含量降低 12%～16%，增加适口性和消化率等，发酵后饲料中的植酸磷或无机磷酸盐被降解或析出，变成了易被肉兔吸收的游离磷。

2. 发酵蛋白质饲料加工利用技术

（1）发酵豆粕。豆粕经过微生物发酵脱毒，可将其中的多种抗原进行降解，使各种抗营养因子的含量大幅度下降。发酵豆粕中胰蛋白酶抑制因子一般≤200TIU/克（TIU 是胰蛋白酶抑制因子活性单位），凝血素≤6 微克/克，寡糖≤1%，脲酶活性≤0.1 毫克/（克·分钟），而抗营养因子、植酸、致甲状腺肿素可有效去除，降低大豆蛋白中的抗营养因子的抗营养作用。豆粕经过乳酸发酵，其维生素 B_{12} 会大大提高。有研究报道，利用枯草芽孢杆菌酿酒酵母菌、乳酸菌对豆粕进行发酵后豆粕中粗蛋白质的含量比发酵前提高了 13.48%，粗脂肪的含量比发酵前提高了 18.18%，磷的含量比发酵前提高了 55.56%，氨基酸的含量比发酵前提高了 11.49%。其中胰蛋白酶抑制因子和豆粕中的其他抗营养因子得到了彻底消除。

（2）发酵棉粕。棉粕经过微生物发酵以后，其所含的棉酚、环丙烯脂肪酸、植酸及植酸盐、α-半乳糖苷、非淀粉多糖等抗营养因子就会降低或消除，饲喂效果大大增加。有报道，发酵后棉籽粕的粗蛋白质提高 10.92%，必需氨基酸除精氨酸外均增加，赖氨酸、蛋氨酸和苏氨酸分别提高 12.73%、22.39%和 52.00%。利用 4 种酵母混合发酵，使棉酚得到高效降解，脱毒率高达 97.45%。

（3）发酵菜籽粕。菜籽饼粕是一种比较廉价的蛋白质饲料资源，其含有较丰富的蛋白质，而且氨基酸组成较好，但因为菜籽粕中含有大量的毒素及抗营养因子，限制了其作为饲料的利用。目前国内外关于菜籽粕脱毒的方法主要有物理脱毒法、化学脱毒法及生物学脱毒法。生物学脱毒法主要有酶催化水解法、微生物发酵法。和其他脱毒方法相比，微生物发酵法具有条件温和、工艺过程简单、干物质损失小等优点。如有研究表明，利用曲霉菌将菜籽饼粕与酱油渣混合发酵生产蛋白质饲料，发酵后粗蛋白质提高 16.9%，粗纤维下降。利用模拟瘤胃技术对菜籽粕进行发酵脱毒，在菜籽粕发酵培养基含水率 60%的条件下，39℃厌氧发酵 4 天，其恶唑烷硫酮和异硫氰酸酯的总脱毒率可达 82.7%和 90.5%，鞣质的降解率为 48.3%。

（4）肉骨粉和羽毛粉等发酵饲料。肉骨粉和羽毛粉等产量也很大，含有丰富的营养物质。肉骨粉蛋白质含量在 45%～50%，矿物质铁、磷、钙含量很高，但骨钙大多以羟磷灰石形式存在，不利于吸收，微生物发酵产酸使羟磷灰石中磷酸钙在酸的作用下生成可溶性乳酸钙，有利于肉兔吸收。家禽羽毛粉蛋白质含量在 85%～

90％，胱氨酸含量高达 4.65％。也含有 B 族维生素和一些未知的生长素，铁、锌、硒含量很高。羽毛粉经过微生物发酵，羽毛角质蛋白降解，产生大量的游离氨基酸和小肽，具有更高的营养价值。

第三节　青绿饲料加工调制技术

青绿饲料是指天然含水率在 45％以上的植物。青绿饲料不仅营养丰富，而且加入到肉兔日粮中，会提高整个日粮的利用率。

一、青绿饲料营养特点及利用技术

青绿饲料含有丰富的蛋白质，在一般禾本科和叶菜类中占 1.5％～3％（干物质中 13％～15％），豆科青饲料中含 3.2％～4.4％（干物质中 18％～24％）。青绿饲料叶片中的叶蛋白氨基酸组成接近酪蛋白，能很快转化为乳蛋白。青绿饲料中含有各种必需氨基酸，尤其是赖氨酸、色氨酸和精氨酸含量较多，所以营养价值很高。

青绿饲料是肉兔多种维生素的主要来源，能为肉兔提供丰富的 B 族维生素和维生素 C、维生素 E、维生素 K、胡萝卜素。肉兔经常喂青饲料就不会患维生素缺乏病，甚至大大超过肉兔的营养需要量，但维生素 B_{12} 和维生素 D 缺乏。

青绿饲料含有矿物质，钙、磷丰富，比例适宜，尤其是豆科牧草含量较高。青绿饲料中的铁、锰、锌、铜等必需微量元素含量也较高，粗纤维含量低，而且木质素少，无氮浸出物较高。植物开花前或抽穗前加以利用则消化率。肉兔对优质牧草的有机物消化率可达 75％～85％。

青绿饲料的水分含量高，一般在 75％～90％，每千克仅含消化能 1.255～2.510 兆焦，这对肉兔来说，以青绿饲料作为日粮是不能满足能量需要的，必须配合其他饲料，才能满足能量需要。在肉兔生长期可单一用优良青绿饲料饲喂，在育肥后期加快育肥时一定要补充谷物、饼粕等能量饲料和蛋白质饲料。青绿饲料是一种营养相对均衡的饲料，是一种理想的粗饲料。在肉兔快速育肥中，必须充分生产和利用青绿饲料。

二、青饲技术

1. 适时刈割

青饲料的营养价值受土壤、肥料、收获期、气候等因素的影响。收获过早，饲料幼嫩，含水分多，产量低、品质差；收获过晚，粗纤维含量高，消化率下降，多雨地区土壤受冲刷，钙质易流失，饲料中钙含量降低，所以应当适时收割。

2. 更换时注意过渡

当兔的日粮由其他草更换为青草时须有7～10天的过渡期，每天逐渐增加青草喂量。突然大幅度更换，易造成兔腹泻，妨碍增重，严重时引起死亡。如苜蓿等豆科牧草含有皂角素，有抑制酶的作用，兔大量采食鲜嫩苜蓿后，可在胃内形成大量泡沫样物质，引起臌胀。收割后的牧草应摊开晾晒，厚度小于20厘米，以免发热霉败，暂时吃不完的要晒制成干草。

3. 防止亚硝酸盐中毒

在青饲料中，如萝卜叶、芥菜叶、油菜叶中都含有硝酸盐。硝酸盐本身对兔无毒或毒性很低，但当有细菌存在时可将硝酸盐还原为亚硝酸盐，亚硝酸盐则具有毒性。青饲料堆放时间长，发霉腐败、加热或煮后放置过夜均会促进细菌的作用。因此，在上述情况下，应注意防止亚硝酸盐中毒。亚硝酸盐中毒症状表现为不安、腹痛、呕吐、吐白沫、震颤、呼吸困难、血液呈酱油色等症状，可每千克体重注射1%美兰溶液1～2毫升解毒。

4. 防止氢氰酸中毒

一些青饲料，如高粱苗、玉米苗、马铃薯幼苗、三叶草、木薯、亚麻叶、南瓜蔓等中含有氰苷，当这类饲料堆放发霉或霜冻枯萎时则会分解产生氢氰酸。氢氰酸对兔有较强的毒性，中毒症状表现为腹痛、腹胀、呼吸困难，呼出气体有苦杏仁味，站立步态不稳，黏膜呈白色或带紫色，牙关紧闭，最后因呼吸麻痹而死亡，可用1%亚硝酸钠或1%美兰溶液肌内注射解毒。

5. 预防其他中毒症

草木樨和三叶草中含有香豆素，当草木樨霉变或在细菌作用下香豆素即变为双香豆素，后者对维生素 K 有拮抗作用，易造成中毒。草木樨中毒常见症状为血凝时间变慢，皮下出现血肿，鼻流出泡沫血样。出现中毒时可用维生素 K 治疗。此外，还应注意防止用污染了农药的青饲料饲喂肉兔，造成农药中毒症的发生。发霉严重的饲料会因含有大量霉菌代谢物造成对瘤胃微生物抑制，导致消化不良、腹泻、麻酱状粪便，严重影响兔的健康甚至导致死亡。

6.注意保存方法

青绿饲料含水分高，刈割后细胞并未死亡，继续进行呼吸代谢等作用，并产生热量，所以在气温较高时，堆放时容易发热。通常应摊开，厚度不要超过 20 厘米，并且不宜严密覆盖和挤压。当气温低于−5℃，含水分多的青绿饲料容易冻结，兔吃大量冰冻饲料会造成胃温度大幅度下降，消化能力降低，消化紊乱，腹泻，孕兔会导致流产等。

三、青干草制作技术

青干草是将牧草、饲料作物、野草和其他可饲用植物，在质、量兼优的适宜刈割期刈割，经自然干燥或采用人工干燥法，使其脱水，达到能储藏、不变质的干燥饲草。调制合理的青干草，能较完善地保持青绿饲料的营养成分。干草作为一种储备形式，调节青饲料供应的季节性，是兔及各类草食动物的重要饲料，在肉兔快速育肥过程中，在大量使用精料的情况下，配合使用优质青干草才能保证肉兔消化系统健康，保证肉兔快速育肥正常进行和肉品质量。

1.青干草饲料加工基本原则

① 尽量加速牧草的脱水，缩短干燥时间，以减少由于生理、生化作用和氧化作用造成营养物质的损失。尤其要避免雨水淋溶。

② 在干燥末期应力求植物各部分的含水量均匀。

③ 牧草在干燥过程中，应防止雨露的淋湿，并尽量避免在阳光下长期暴晒。

④ 集草、聚堆、压捆等作业，应在植物细嫩部分尚不易折断时进行。

⑤ 豆科牧草的叶片在叶子含水率 26%～28%时开始脱落，禾

本科牧草在叶片含水率为22%～23%，即牧草全株的总含水率在35%～40%时，叶片开始脱落。为了保存营养价值高的叶片，搂草和集草作业应在此以前进行。

⑥ 由于牧草干燥时间的长短，实际上取决于茎干燥时间的长短。如豆科牧草及一些杂草当叶片含水率降低到15%～20%时，茎的含水率仍为35%～40%，所以加快茎的干燥速度，就能加快牧草的整个干燥过程。

2. 青干草自然干燥法

(1) 地面干燥法。牧草刈割后先就地干燥6～7小时，应尽量摊晒均匀，并及时进行翻晒通风1～2次或多次。一般早晨割倒的牧草在上午11点左右翻草一次，效果比较好；第二次翻草，应该在下午2点左右效果较好。在牧草含水率降低到50%左右时，用搂草机搂成草垄继续干燥4～5小时。当牧草含水率降到35%～40%时，应该用集草器集成草堆，过迟就会造成牧草叶片脱落，经2～3天可使水分降低到20%以下，达到干草储藏的要求。

(2) 草架干燥法。草架主要有独木架、三脚架、铁丝长架和棚架等。在用草架干燥牧草时，首先把割下的牧草在地面上干燥半天或一天，含水率降至45%～50%时用草叉将草上架，但遇雨天时应立即把牧草上架，应注意最低一层的牧草高出地面一定高度，不与地表接触，堆放牧草时应自下而上逐层堆放，草的顶端朝里。

(3) 发酵干燥法。在阴雨天气，将新割的鲜草立即堆成草堆，每层踩紧压实，使鲜草在草堆中发酵而干燥。一般要在3～4天后挑开，使水分散发。

(4) 加速田间干燥速度法。加速田间干燥速度的方法有翻晒草垄、压裂牧草茎秆和使用化学干燥剂。使用牧草压扁机将牧草茎秆压裂，破坏茎的角质层以及维管束，并使之暴露于空气中，茎内水分散失的速度就可大大加快，基本能跟上叶片的干燥速度。这种方法最适于豆科牧草，可以减少叶片脱落，减少日光暴晒时间，养分损失减少，干草质量显著提高，能调制成含胡萝卜素多的绿色芳香干草。现代化的干草生产常将牧草的收割、茎秆压扁和铺成草垄等作业由机器连续一次完成。另外，施用化学制剂可以加速田间牧草的干燥。有研究，对刈割后的苜蓿喷洒碳酸钾溶液和长链脂肪酸酯，破坏植物体表的蜡质层结构，使干燥加快。

3. 青干草人工干燥法

（1）鼓风干燥法。把刈割后的牧草压扁并在田间预干到含水率50％后就地晾晒、搂草、集草、打捆，然后转移到设有通风道的干草棚内，用鼓风机或电风扇等吹风装置进行常温鼓风干燥。这种方法在牧草收获时期的白天、早晨和晚间的相对湿度低于75％、温度高于15℃时使用。在干草棚中干燥时分层进行，第1层草先堆1.5～2米高，经过3～4天干燥后，再堆上高1.5～2米的第2层草。如果条件允许，可继续堆第3层草，但总高度不超过5米。在雨天时，人工干燥应立即停止，但在持续不良天气条件下，牧草可能发热，此时鼓风降温应继续进行。无论天气如何，每隔6～8小时鼓风降温1小时，草堆的温度不可超过40～42℃。

（2）高温快速干燥法。将鲜草就地晾晒、搂草、切短，将切碎的牧草置于牧草烘干机中，通过高温空气，使牧草迅速干燥的方法。干燥时间的长短，决定于烘干机的种类和型号，从几小时到几分钟，甚至数秒钟。为获取优质干草，干燥机出口温度不宜超过65℃，干草含水率不低于9％。

4. 青干草质量评定技术

（1）化学分析。通过分析饲料中的化学成分，评定青干草的质量。一般粗蛋白质、胡萝卜素、中性洗涤纤维、酸性洗涤纤维是青干草品质评定的重要指标。美国以粗蛋白质等7项指标制定了豆科、禾本科、豆科与禾本科混播干草的六个等级，粗蛋白质含量大于19％为一级，17％～19％为二级，14％～16％为三级，11％～13％为四级，8％～10％为五级，小于8％为六级。

（2）感官判断。感官判断主要依据下列几个方面粗略地对干草品质作出鉴定。

① 收割时期。适时收割的青干草一般颜色较青绿，气味芳香，叶量丰富，茎秆质地柔软，营养成分含量高，消化率高。

② 颜色气味。优质干草呈绿色，绿色越深，其营养物质损失就越小，所含可溶性营养物质、胡萝卜素及其他维生素越多，品质越好。保存不好的牧草可能因为发酵产热，温度过高，颜色发暗或

变褐色，甚至黑色，品质较差。优质青干草具有浓厚的芳香味，如果干草有霉味或焦灼的气味，其品质不佳。

③叶片含量。干草中的叶量多，品质就好。这是因为干草叶片的营养价值较高，所含的矿物质、蛋白质比茎秆中多1～1.5倍，胡萝卜素多10～15倍，纤维素少1～2倍，消化率高40%。鉴定时取一束干草，看叶量的多少。优质豆科牧草干草中叶量应占干草总质量的50%以上。

④牧草形态。初花期或以前收割的牧草，干草中含有花蕾，未结实花序的枝条也较多，叶量丰富，茎秆质地柔软，品质好；若刈割过迟，干草中叶量少，带有成熟或未成熟种子的枝条的数目多，茎秆坚硬，适口性、消化率都下降，品质变劣。

⑤牧草组分。干草中优质豆科或禾本科牧草占有的比例大时，品质较好，而杂草数目多时则品质差。

⑥含水率。干草含水率应为15%～17%，超过20%以上时，不利于储藏。

⑦病虫害情况。由病虫侵害过的牧草调制成的干草，其营养价值较低，且不利于肉兔健康。鉴定时抓一把干草，检查叶片、穗上是否有病斑出现，是否带有黑色粉末等，如果发现带有病斑，则不能饲喂肉兔。

四、叶蛋白质饲料制作技术

叶蛋白质或称植物浓缩蛋白质、绿色蛋白质浓缩物，它是以新鲜牧草或青饲料作物茎叶为原料，经改变分子表面电荷致使蛋白质分子变性，溶解度降低，采用磨碎机或压榨机将原料磨碎、压榨过滤后，从纤维物质中分离出浆汁，或加热或溶剂抽提、加酸、加碱而凝集的可溶性蛋白质。叶蛋白质饲料比青绿饲料纤维素含量低，蛋白质利用率高。

第四节　粗饲料加工调制技术

在国际分类中粗饲料是指干物质中粗纤维含量在18%以上、粗蛋白质含量为20%以下的饲料。在养兔生产中，粗饲料一般是指农作物秸秆。农作物秸秆在世界上每年产量有 20 亿～30 亿吨，相当于全世界一年煤产量的一半。在作物秸秆中有 65%～80% 的干物质能够为肉兔提供能量，如秸秆中的可溶性糖类和蛋白质等，另外还有 20%～35% 的干物质是不能被肉兔吸收利用的，如秸秆中的木质素和鞣质酸等。就理论而言，若作物中的能量 100% 被肉兔吸收利用，每千克干物质能产生 10 兆焦能量。但是，秸秆只有 60% 的能量能被肉兔吸收利用，因为秸秆的消化率一般在 40%～50%，农作物秸秆的种类不同而有所变化。对未经处理的秸秆消化率和能量利用率低主要是因为秸秆中的木质素与糖类结合在一起，使得微生物和酶很难分解这样的糖类，此外，还因为秸秆中的蛋白质含量低和其他必要营养物质缺乏导致秸秆饲料不能被肉兔高效吸收利用。为此，要想提高秸秆的高效利用率，就必须提高秸秆的消化率和营养吸收率以及肉兔的适口性。在肉兔快速育肥生产中合理利用秸秆，能够降低生产成本。

一、机械加工技术

1. 机械加工

机械加工是指利用机械将粗饲料铡碎、粉碎或揉碎，这是粗饲料利用最简便而又常用的方法。尤其是秸秆饲料比较粗硬，加工后便于咀嚼，减少能耗，提高采食量，并减少饲喂过程中的饲料浪费，增加微生物对秸秆的接触面积，可提高进食量和通过速度。物理加工对玉米秸和玉米蕊很有效。与不加工的玉米秸相比，铡短粉碎后的玉米秸可以提高采食量 25%、提高饲料效率 35%、提高日增重。但这种方法并不是对所有的粗饲料都有效。有时不但不能改善饲料的消化率，甚至可能使消化率降低。若能把秸秆粉碎压制成颗粒再喂兔，其干物质的采食量又可提高 50%。

2. 盐化和 γ 射线处理

盐化是将铡碎或粉碎的秸秆饲料，用 1% 的食盐水与等重量的秸秆充分搅拌后，放入容器内或在水泥地面堆放，用塑料薄膜覆盖，放置 12～24 小时，使其自然软化，可明显提高秸秆的适口性和采食量。另外，还有利用射线照射以增加饲料的水溶性部分，提高其饲用价值。有人曾用 γ 射线对低质饲料进行照射，有一定的效果。

二、热加工技术

热加工是高温处理秸秆，是秸秆在高温条件下发生物质结构变化，从而提高适口性和消化率。热加工目前常用的有蒸煮、膨化、高压蒸汽裂解、汽爆等。

1. 蒸煮

将切碎的秸秆放在容器内加水蒸煮，以提高秸秆饲料的适口性和消化率。蒸煮稻草有时还添加尿素，以增加饲料中蛋白质的含量。据报道，在压力 2.07×10^6 帕下处理稻草 1.5 分钟，可获得较好的效果。如压力为 $(7.8 \sim 8.8) \times 10^5$ 帕时，需处理 $30 \sim 60$ 分钟。

2. 膨化

膨化是利用高压水蒸气处理后突然降压以破坏纤维结构的方法，对秸秆甚至木材都有效果。膨化可使木质素低分子化和分解结构性碳水化合物，从而增加可溶性成分。有报道，麦秸在气压 7.8×10^5 帕处理 10 分钟，喷放压力为 $(1.37 \sim 1.47) \times 10^6$ 帕效果较好。

3. 高压蒸汽裂解

高压蒸汽裂解是将各种农林副产品（如稻草、蔗渣、刨花、树枝等）置入热压器内，通入高压蒸汽，使物料连续发生蒸汽裂解，以破坏纤维素和木质素的紧密结构，并将纤维素和半纤维素分解出来，以利于肉兔消化。

4. 汽爆

汽爆处理技术最早始于 1928 年，当时为间歇法生产，主要应用于人造纤维板生产。从 20 世纪 70 年代开始，此项技术也被广泛用于动物饲料的生产和从木材纤维中提取乙醇和特殊化学品。20世纪 80 年代后，此项技术有很大的发展，使用领域也逐步扩大，出现了连续汽爆法生产技术及设备。20 世纪 80 年代后期，此项技术应用于制浆造纸领域，对杨木以及许多非木材纤维原料进行了大量的汽爆试验，在此基础上，开发研制了汽爆制浆技术和设备，并在制浆废液用于生产动物饲料技术方面也有深入的研究。蒸汽爆破法是近几年国内研究最多的一种秸秆预处理技术，它是将物料和水放在密闭容器中，加热到一定的温度，保持压力 4.0 兆帕左右几秒到几分钟，然后突降压力对物料进行爆破，使得半纤维素和木质素连接层破坏，使纤维素露出更多的活性基团，能够与纤维素酶分子充分接触而降解（图 4-1）。有报道，蒸汽爆破预处理对纤维素影响不显著，半纤维素含量大幅度降低，木质素含量也有所降低。纤维素酶水解率随着爆破压力的增大和维压时间的延长而增加，当蒸汽压力为 1.6 兆帕，维压时间 9 分钟时所得固体渣经纤维素酶水解，得率最大为 75.76%。蒸汽爆破预处理后玉米秸秆纤维表面和细胞壁受到不同程度的破坏，表面积增大，孔洞增加，纤维素的结晶度降低，有利于纤维素酶水解作用的进行。蒸汽爆破是一种有效的木质纤维预处理方法。但用传统能源（煤、燃油、电）制作蒸汽加工成本高。

图 4-1　汽爆饲料制作

除了蒸汽热汽爆外，目前还有液氨冷汽爆。氨冷冻爆破是利用液态氨在相对较低的压力（115MPa 左右）和温度（50～80℃）下将原料处理一定时间，然后通过突然释放压力爆破原料。在此过程中，由于液态氨的迅速汽化而产生的骤冷作用不但有助于纤维素表面积增加，同时还可以避免高温条件下糖的变性及有毒物质的产生。氨冷冻爆破中采用的液态氨可以通过回收循环利用，整个过程能耗较低，被认为是较有发展前途的技术。

三、碱化技术

碱化是通过碱类物质的氢氧根离子打断木质素与半纤维素之间的酯键，使大部分木质素（60%～80%）溶于碱中，把镶嵌在木质素与半纤维素复合物中的纤维素释放出来，同时，碱类物质还能溶解半纤维素，也有利于肉兔对饲料的消化，提高粗饲料的消化率。碱化处理所用原料主要是氢氧化钠和石灰水。

氢氧化钠处理可将秸秆放在盛有 1.5％氢氧化钠溶液池内浸泡 24 小时，然后用水反复冲洗至中性，湿喂或晾干后喂肉兔。或用占秸秆重量 4％～5％的氢氧化钠，配制成 30％～40％的溶液，喷洒在粉碎的秸秆上，堆放数日，直接饲喂肉兔。

石灰水处理可将 3 千克生石灰，加水 200～300 千克制成石灰乳，将石灰乳均匀喷洒在 100 千克粉碎的秸秆上，堆放在水泥地面上，经 1～2 天后直接饲喂肉兔。

四、氨化技术

1. 氨化原料处理

先将优质干燥秸秆切成 2～3 厘米，含水率在 10％以下（麦秸、玉米秸必须切成 2～3 厘米，而且要揉碎，稻草为 7 厘米长）。将尿素配成 6％～10％的水溶液，秸秆很干燥时可将尿素配成 6％的溶液，反之浓度可高些。为了加速溶解，可用 40℃的热水搅拌溶解。如用 0.5％的盐水配制，适口性更好。

2. 氨化饲料制作

每 100 千克秸秆喷洒尿素水溶液 30～40 千克，使每 100 千克秸秆中尿素含量为 2～3 千克，边洒边搅拌，使秸秆与尿素均匀混合，尿素溶液喷洒的均匀度是保证秸秆氨化饲料质量的关键。把拌好的稻草放入氨化池（不漏气的水泥池）、塑料袋、缸、干燥的地窖，压实密封，密封方法与青贮相同。夏季 10 天，春、秋季半个月，冬季 30～45 天即可腐熟使用。

3. 氨化秸秆的使用

氨化秸秆在饲喂之前应进行品质检验，以确定能否用于饲喂肉兔。一般氨化好的秸秆柔软蓬松，用手紧握没有明显的扎手感。颜色与原色相比都有一定变化，经氨化的麦秸颜色为杏黄色，未氨化麦秸为灰黄色，氨化的玉米秸为褐色，其原色为黄褐色，如果呈黑色或棕黑色，黏结成块，则为霉败变质，氨化秸秆 pH 为 8.0 左右，有糊香味和刺鼻的氨味。

氨化秸秆饲喂时，需放氨 1～2 天，消除氨味后，方可饲喂。放氨时，应将刚取出的氨化秸秆放置在远离兔舍的地方，以免释放出的氨气刺激人、畜呼吸道和影响肉兔的食欲。若秸秆湿度较小，天气寒冷，通风时间应稍长。每次取用量根据用量而定，其余的再密封起来，以防放氨后含水率仍很高的氨化秸秆在短期内饲喂不完而发霉变质。氨化秸秆喂兔应由少到多，少给勤添。刚开始饲喂时，可与谷草、青干草等搭配。使用氨化秸秆也要注意合理搭配日粮，喂氨化秸秆适当搭配些精料混合料，以提高育肥效果。

五、酸处理技术

酸处理法是木质纤维素预处理最早、研究最深入的方法，直到现在人们还没有放弃对它的研究，特别是与其他方法的结合使用，处理效果好，更适合工业化。美国开发的稀酸预处理—酶解发酵工艺已成为纤维素生产酒精中比较成熟的工艺之一。秸秆经研磨后加入到预处理反应器，在 190℃ 和 1.1% 硫酸中，约有 90% 的半纤维素转化为木糖。从反应器出来的物质经冷却、分离，液体部分加过量石灰除去发酵抑制物，然后加入纤维素酶进行酶解，取得了比较好的效果。近年来，随着对稀酸处理研究的深入，人们对传统的酸法进行了改进。有人采用稀硫酸喷雾技术处理玉米秸秆，用 2% 稀硫酸在 95℃ 下，喷雾与秸秆反应 90 分钟，戊糖回收率为 90%～93%，酶解纤维素，葡萄糖回收率为 90%～95%，木质素移除率为 70%～75%。利用 1% 的稀硫酸和 1% 的稀盐酸喷酸秸秆，可以提高消化率 65%；用盐酸蒸汽处理稻草和麦秸，保持浸润 5 小时，然后风干，室温 30℃ 保持 70 天，消化率可以提高 1 倍；用磷酸处理秸秆，可以提高秸秆的含磷量，弥补秸秆的磷含量，满足家畜对磷的需要。

酸碱处理是把切碎的秸秆放在桶中或水泥池中，在 3% 氢氧化钠溶液中浸透，转入水泥窖或壕内压实，经过 12～24 小时取出仍放回木桶或水泥池中，再用 3% 的盐酸溶液泡透，随后堆放在滤架上，滤去溶液即可饲喂。此法处理的秸秆干物质消化率可由 40% 提高到 60%～70%，利用率可由 30% 提高到 90% 以上。

从处理效果来看，酸碱处理法是迄今为止较好的方法，但其最大的不足是酸碱对环境和饲料的污染，以及产生较多气体及其他产物，导致营养损失。秸秆的酸化处理有硫酸、盐酸、磷酸、甲酸等酸处理，酸能破坏饲料纤维物质的结构，提高消化利用率，由于成本过高，酸处理通常很少使用。

六、氧化处理技术

氧化处理是利用臭氧、过氧化氢等强的氧化剂将木质素氧化分解，同时溶出大部分的半纤维素，剩余的纤维素用纤维素酶来水解，从而得到可发酵性糖用于乙醇的发酵。近年来，臭氧处理秸秆的研究有了一定的进展。臭氧对共轭双键和高电子密度的功能基团保持很高的活性，它能够攻击秸秆中碳碳双键含量最多的木质素，从而释放相对小分子质量的化合物，主要是有机酸，引起 pH 的下降，更有利于半纤维素和木质素的进一步溶解，从而得到纯度较高的纤维素用于酶解。有人通过正交因子试验（水分含量、颗粒大小、臭氧浓度、臭氧或空气流速）对臭氧处理小麦和黑麦秸秆条件进行研究，对处理后的小麦和黑麦秸秆进行酶解，酶解率达到88.6％和57％，高于未经处理的29％和16％。另外，也有利用碱性过氧化氢对小麦秸秆预处理，然后酶解发酵，用电渗法除去发酵抑制剂后，可产生 22.17 克/升的正丁醇。有报道，碱性臭氧预处理与碱预处理相比，在稻草秸秆木质素含量与降解上没有什么差异，但酶水解糖化效果更优。经 2％NaOH 预处理过的稻草秸秆，在 pH 为 5.0、酶用量 31.2 毫克/克底物、45℃条件下酶水解 120小时，还原糖含量达到了 902 毫克/克稻草秸秆，糖化率达到了92.57％。用氧化剂处理法虽然效果好，但一方面成本高，难应用于生产；另一方面污染问题不易解决，影响畜产品安全。

七、生物处理技术

1. 适宜的菌种

秸秆饲料的生物学处理主要指微生物的处理。其主要原理是利用某些有益微生物，在适宜培养的条件下，分解秸秆中难以被利用的纤维素或木质素，并增加菌体蛋白、维生素等有益物质，软化秸秆，改善味道，从而提高秸秆饲料的营养价值。在秸秆饲料微生物的处理方面，国外筛选出一批优良菌种用于发酵秸秆，如层孔菌、

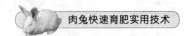

裂褶菌、多孔菌、担子菌、酵母菌、木霉等。

2. 秸秆饲料发酵方法

（1）将准备发酵的秸秆饲料如秸秆、树叶等切成20～40毫米的小段或粉碎。

（2）按每100千克秸秆饲料加入用温水化开的1～2克菌种，搅拌均匀，使菌种均匀分布于秸秆饲料中，边翻搅，边加水，水以50℃的温水为宜。水分掌握以手握紧饲料，指缝有水珠，但不流出为宜。

（3）将搅拌好的饲料，堆积或装入缸中，插入温度计，上面盖好一层干草粉，当温度上升到35～45℃时，翻动一次。最后，堆积或装缸，压实封闭1～3天，即可饲喂。

3. 制作瘤胃发酵饲料

制作瘤胃发酵饲料时，也可添加其他营养物。瘤胃微生物必须有一定种类和数量的营养物质，并稳定在pH值6～8的环境中，才能正常繁殖。秸秆饲料发酵的碳源由秸秆饲料本身提供，不足时再加，氮可添加尿素替代，加入碱性缓冲剂及酸性磷酸盐类，也可用草木灰替代碱。

4. 发酵饲料的利用

发酵好的饲料，干的浮在上面，稀的沉在下层，表层有一层灰黑色，下面呈黄色。原料不同，色泽也不同，如高粱秸呈黄色，黏，酱状，若表层变黑，表明漏进了空气；味道有酸臭味，不能有腐臭味，否则为变坏的饲料。用手摸，纤维软化，将滤纸装在塑料纱窗布做好的口袋内，置于缸1/3处，与饲料一同发酵，经48小时后，慢慢拉出，将口袋中的饲料冲掉，滤纸条已断裂，说明纤维分解能力强，否则相反。发酵好的饲料可直接饲喂肉兔。

第五节　混合精料加工调制技术

一、混合精料及其分类

混合精料，也称配合饲料，是指根据肉兔的不同生长阶段、不同生理要求、不同生产用途的营养需要，以实验评定的饲料营养价值和化学分析结果为依据，按照科学配方把多种不同种类和来源的饲料按照一定工艺流程生产出来的饲料。混合精料的分类方法很多，有按饲喂对象分类的，有按营养特点分类的，还有按照饲料形态分类的等，此处介绍最常用的方法，按照营养特点分类法。按照营养特点，混合精料一般可分为添加剂饲料、预混合饲料（预混料）、超级浓缩料、浓缩料、精料补充料、全价配合饲料（图4-2）。

添加剂饲料，也称添加剂预混合料，是由两种（类）或两种（类）以上饲料添加剂和载体按一定比例配制的均匀混合物，是复合预混合饲料、微量元素预混合饲料、维生素预混合饲料的统称。它是一种不能直接饲喂的配合饲料，含有动物需要的多种添加成分，如微量元素、维生素、氨基酸、药物等。由于这些添加剂在全价配合饲料中所占比例很小，难于准确配料与均匀混合，因此，专业厂家将它们与载体或稀释剂混合后，以适当的浓度销售给全价配合饲料或浓缩饲料生产厂家，便于在全价

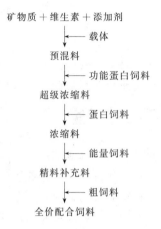

图 4-2 配合饲料分类图

配合饲料生产过程中准确配料与均匀混合。同时，添加剂预混合饲料的生产难度较大，生产设备相对比较昂贵，一般多在专业厂家生产，有利于提高全价配合饲料的总体质量，降低全价配合饲料生产的费用。添加剂预混合饲料在全价配合饲料中用量较小，一般为0.5％～3％。

超级浓缩料俗称料精，是介于浓缩料与添加剂预混料之间的一种饲料类型。其基本成分及组成是添加剂预混饲料，在此基础上又补充一些高蛋白质饲料及具有特殊功能的一些饲料作为补充和稀释，一般在配合饲料中的添加量为10％。

浓缩料又称为蛋白质补充饲料，是由蛋白质饲料（豆饼、鱼粉等）、矿物质饲料（骨粉、石粉等）及添加剂预混料按一定比例配制的均匀混合物，是配合饲料半成品，不能直接饲喂动物。浓缩料具有蛋白质含量高、营养成分全面、使用方便等优点。一般在精料

补充料中所占的比例为 10%～30%。浓缩料最适合农村专业户使用，利用自己生产的粮食和副产品，再配以浓缩料，即可直接饲喂，减少了不必要的运输环节，节本省工。

精料补充料是为补充以饲喂粗饲料、青饲料等为主的草食动物的营养，而用多种饲料原料和饲料添加剂按一定比例配制的均匀混合物。用于草食家畜补充粗饲料中营养不足的部分精料，主要由能量饲料、蛋白质饲料、矿物质饲料组成。

全价配合饲料也称全混合日粮配合饲料，是由精料补充料、粗饲料、青饲料等混合而成的，可以直接用于饲养对象，能全面满足饲喂对象的营养需要。用户不必另外添加任何营养性饲用物质，但必须注意选择与饲喂对象相符合的全价配合饲料。

二、原料接收技术

原料接收的任务是对运送到厂的各种原料，经质量检验、数量称重、清理（或不清理）后入库存放或直接投入使用。此阶段包括接收原料进厂和安排放置到指定场所储存的实际操作和管理。饲料原料接收能力必须满足饲料厂的生产需要和来料运输形式的需要，并采用适用、先进的工艺和设备，以便及时快速地接收原料，减轻工人的劳动强度、节约能耗、降低生产成本、创造适宜的劳动环境。

饲料厂原料接收的瞬时接收量大，所以饲料厂的接收能力应该大，一般为饲料厂生产能力的 3～5 倍。此外，原料形态繁多，有粒状、粉状、块状和液态等，包装形式也各异（散装、袋装、瓶装、罐装等），这造成了原料接收工作具有一定的复杂性。

三、原料清理技术

饲料原料在收割、晾晒、储存和运输过程中，难免会混入各种各样的杂质，例如秸秆、沙土、石块、泥块、麻袋片、绳头、金属等杂物，如果不能有效地去除这些杂质，不仅会降低饲料产品的质量，而且可能造成饲料加工管道堵塞，甚至损坏机器设备，影响生产。特别是金属杂质，不仅会加速设备工作部件的磨损及损坏，甚至可能造成人身伤害事故；还可能由于和设备金属部件的碰撞产生火花，引发粉尘爆炸。但少量非金属杂质的存在，对饲料成品质量的影响不大，因此目前饲料加工中对含有杂质的限量较宽。清理的主要目的是保证加工设备的安全生产，减少设备损耗，改善加工时的环境卫生并能保证饲料质量。清理的要求是除去大型杂质和坚硬的磁性杂质。

在饲料原料中，动物性蛋白质饲料、矿物性饲料及微量元素和药物等添加剂的杂质清理均在原料生产厂中完成。一般不需要在饲料厂清理。液体原料（如糖蜜、油脂）常在储罐或管路中设置过滤器进行清理。故饲料原料中，饲用谷物和农产品加工副产品是饲料加工厂进行清理的主要对象。清理的方法主要有利用饲料原料与杂质尺寸的差异，用筛选法分离；利用导磁性的不同，用磁选法磁选；利用悬浮速度不同，用吸风除尘法除尘。

四、粉碎技术

粉碎是饲料加工生产过程中的重要工段之一，饲料粉碎对饲料的可消化性和肉兔的生产性能有明显影响，对饲料的加工过程与产品质量也有重要影响。适宜的粉碎粒度可显著提高饲料的转化率，减少肉兔粪便排泄量，提高肉兔的生产性能，有利于饲料的混合、调质、制粒、膨化等。

粉碎是利用机械力克服固体物料的内部凝聚力将其分裂的过程，是饲料加工中最重要的工段之一。通过粉碎，将增大物料的表面积，有利于肉兔对饲料的消化利用，也有利于后续工段（配料、混合、制粒等）的顺利进行。现代动物营养学研究表明，谷物粉碎粒度的大小直接影响动物的生产性能。因此，在设计阶段就应考虑合理选用先进的粉碎设备、设计最佳的工艺路线、正确使用粉碎设备，以使粉碎的粒度达到合理的营养效果，满足不同品种及生长阶段肉兔对饲料粉碎粒度的要求。

五、配料技术

配料是按照肉兔的饲料配方要求，采用特定的配料计量系统，对不同饲料原料进行投料及准确称量的工艺过程。经配制的物料送至混合设备进行搅拌混合，生产出营养成分和混合均匀度都符合产品标准的配合饲料。饲料配料计量系统由配料秤、配料仓、给料器、卸料机构等构成，以实现每批物料的供给、计量与排料，其中配料秤是整个计量系统的核心。根据计量原理的不同，配料可分为重量式配料和容积式配料；根据计量过程的不同，配料可分为连续式配料和间歇（分批）式配料。

容积计量配料的优点是计量设备简单、操作简便、造价较低、维修方便；但缺点是物料的物理性能对计量的影响较大，计量误差较大；在调换配方时，流量调节麻烦，难以适应现代高精度、多品种饲料厂的要求。重量式分批配料的优点是计量准确，工作可靠，调换配方比较容易，常可用一秤配制多种原料；但由于多为分批称量，选用自动控制，则设备费用较大，维修要求较高。由于重量计量配料的精度远远优于容积计量配料，现在饲料厂都采用重量计量配料。重量计量多采用批量（间隙）式的分批配料。分批配料计量所用设备简单，操作方便，但与饲料加工厂中众多的连续运转设备配合不顺畅。现在，正尝试连续的重量计量配料方式。

六、混合技术

所谓混合，就是在外力作用下，各种物料组分相互掺和移动，使之在任何大小的容积里每种组分的微粒达到均匀分布的过程。而对生产混合精料来说，混合就是将按配方的比例配制的各种饲料原料组分充分混合均匀，使肉兔在任何采食量下都能采食到符合配方比例要求的各组分饲料，以保证肉兔健康、安全、快速地生长或生产。

由于饲养的每只肉兔每天或每餐采食的配合饲料只是饲料厂生产的某一批饲料中的极小一部分。因此，在生产配合饲料时，不仅要求能准确地配料，还必须保证各种组分在整批饲料中均匀分布，以保证肉兔每天或每餐采食到生长或生产所需的各种饲料组分或营养成分。所以，产品经计量配料后，需要经混合机混合均匀，使之达到要求的混合均匀度。如果配合饲料中的各种组分混合不均匀，将严重影响肉兔的生长发育或正常生产，轻者降低饲养效果，重者造成死亡。因此，饲料混合是确保配合饲料质量和饲料报酬的重要环节。

混合机是确保混合效果的关键，对混合机的主要技术要求如下。

① 混合均匀度高，物料残留量少。

② 结构简单坚固，操作方便，便于检测、取样和清理。

③ 应有足够大的生产容量，以便和整个饲料生产机组的主产率配套。

④ 混合周期要短，缩短混合周期可提高生产率（混合周期包括进料时间、混合时间和卸料时间）。

⑤ 应有足够的配套动力，以便在重载荷时可以启动，在保证混合质量的前提下，应尽量节约能耗。

⑥ 混合机卸料门不漏料，动作准确、灵活可靠，自控程度高。

七、成型技术

随着饲料工业和畜禽、水产养殖业的发展，我国所生产的全价配合饲料中，成型饲料的比重逐渐增长。成型饲料主要是指由配合饲料、干草粉、秸秆或干草段经压制而成的颗粒状、饼块状或片状饲料。在工厂化规模化养兔生产中，颗粒料的比重达80%以上，取得了明显的社会效益和经济效益。成型饲料虽然生产工艺要求高，设备昂贵，成本增加，但由于它有很多优点，经济效益显著，在饲料生产中得到广泛应用和发展。目前应用最多的是颗粒饲料。养兔生产实践表明，颗粒饲料用于肉兔育肥可以提高饲料消化率，减少兔子挑食和饲料损失，降低饲料饲喂成本，方便运输，避免饲料成分的自动分级，减少环境污染，减少病菌危害。成型过程包括调质、制粒、膨化和成型后处理等。

1. 调质技术

调质是饲料通过调质器时，用高温、高压蒸汽对饲料进行湿热处理，使饲料软化，饲料中的蛋白质变性、淀粉糊化，改变饲料的物理特性和化学特性，以提高制粒的质量和效率，改善饲料的适口性，促进饲料的消化吸收。调质的方式一般是通过加入蒸汽来实现。最常见的方法是向饲料中直接通入蒸汽进行水热处理；其次是通过间接蒸汽进行加热；还有少数在加入蒸汽的同时，再添加糖蜜等液体对物料进行调质处理。

在影响颗粒饲料质量的各种因素中，有60%产生在制粒调质之前。其中有些影响因素用传统的蒸汽调质就可以克服，但对于一些有特殊要求的原料或成品，就必须采取适当的或特殊的调质方式，以生产出合格的颗粒，如膨胀调质、带熟化器的调质等。

目前一般认为，通过调质可使物料达到以下要求。

① 经过热和水的作用使饲料中的淀粉糊化，提高饲料消化率。

② 调质后的饲料流动性增加，能提高饲料的黏着性，有利于饲料成形。

③ 调质能软化饲料，起到润滑作用，减少摩擦生热和磨损，节省电耗，提高饲料通过压模的速度，降低制粒机的工作压力。

④ 调质过程中的高温作用可杀灭饲料中的大肠杆菌及沙门菌等有害细菌，提高产品的储藏性能，有利于畜禽健康。

⑤ 有利于液体添加，新的调质技术可提高颗粒饲料中的液体添加量，满足不同阶段肉兔的营养需要。

2. 制粒技术

制粒是将配合饲料粉料或单一原料经挤压作用而成颗粒状饲料的全过程。常用的制粒机有软颗粒机、硬颗粒机、微粒制粒机几种。

软颗粒机多采用螺杆式（图 4-3），主要由螺杆、机筒、模板、切刀、传动装置和机架等组成。螺杆为变螺距、变直径的螺旋，并配有数种规格孔径的模板，可根据需要更换使用。软颗粒机压缩比一般为 4：1，出料端的容积最小，最大压力为 98.1～196.1 千帕。

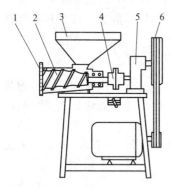

图 4-3　螺杆式软颗粒机

1—模板；2—螺杆；3—料斗；

4—联轴器；5—减速器；6—皮带轮

工作时，动力装置驱动螺杆在机筒内转动，将从料斗进入的物料向前推送、挤压、捏和，直至从模板的模孔中连续成条状挤出，再由切刀切断成圆柱状颗粒或任其自然折断形成较长条状的颗粒饲料。

软颗粒机结构简单、造价低廉、应用早，广泛用于食品、陶瓷等行业。在饲料行业中主要用于压制含水率较高（20％～30％）且具有一定可塑性、凝聚性和流动性的配合饲料或青饲料、鲜活物等混合物料，压制出的软颗粒含水率 20％～25％、密度为 1～1.05 克/厘米^3。由于压制温度较低（一般不超过60℃），对饲料营养（特别是维生素）无破坏作用；但由于压制出软颗粒含水率高，一般在养兔场现压现喂，不宜烘干储存。

硬颗粒机的工作原理是经过调质后的粉料具有一定的温度、湿度，粉粒间空隙增大，且粉料中淀粉部分糊化并具有一定的黏结力，蛋白质部分变性和糖分受热而具有可塑性，这样的粉料在外界挤压力的作用下，粉粒体相互靠近、重新排列，最后被压成具有一定硬度、密度的颗粒（图 4-4）。

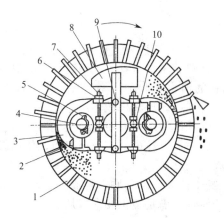

图 4-4　环模制粒机工作原理

1—环模；2—锁紧螺钉；3—压辊；4—压辊轴；5—挡销；

6—止退螺母；7—调节螺母；8—匀料刮刀；

9—刮刀螺母；10—调隙轮

3. 膨化技术

膨化技术最早应用在食品、油脂、粮食等行业，但随着饲料工业和养殖业的迅速发展，膨化技术在饲料加工业中也得到了广泛的运用，并对传统的饲料生产工艺进行了技术改造，如饲用大豆粉的膨化、膨胀调质及膨化饲料，而且已经取得了明显的经济效益。膨化就是谷物原料在瞬间由高温、高压突然降到常温、常压，原料水分突然汽化，发生闪蒸，产生类似"爆炸"现象。使谷物组织呈现海绵状结构，体积增大几倍到几十倍，从而完成谷物产品的膨化

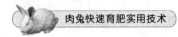

过程。

膨化的工作原理有挤压膨化和气体热压膨化两种。挤压膨化是对物料进行调质、连续增压挤出、骤然降压，使体积膨大的工艺操作。常采用螺杆式挤压膨化机，有干法膨化和湿法膨化两种，属连续加工方式。气体热压膨化是将物料置于压力容器中加湿、加温、加压处理，然后突然喷出，使其因骤然降压而体积膨大的工艺操作。气体热压膨化通常采用回转式压力罐膨化（如爆米花机）、固定式压力蒸煮罐膨化（如热喷设备）和热压筒式膨化（如连续式气流膨化设备），其中前两者属于间歇式加工方式，后者属连续式加工方式。

膨化的优点如下。

① 膨化饲料具有颗粒饲料的优点。如适口性好、避免饲料分级、方便运输和饲喂、减少采食和运输过程中的浪费。

② 提高饲料的消化率和利用率，有利于增加肉兔食欲。膨化过程中的高温、高湿、高压和机械作用，能够提高饲料中淀粉的糊化程度，破坏和软化纤维结构，使蛋白质变性、脂肪稳定，有利于消化吸收，同时脂肪从颗粒内部渗透至表面，使饲料具有特殊的香味，利于增加肉兔的食欲。

③ 能杀死多种有害病菌。原料经高温、高湿、高压后可杀死多种有害病菌，使饲料满足卫生要求，从而有效预防饲喂动物消化道疾病。

④ 可以制成各种沉降速度的膨化饲料（如浮性、慢沉性和沉性等），以满足水产动物不同生活习性的要求，同时可以减少饲料损失，避免水质污染。

⑤ 可以制成各种外形的产品。

⑥ 在饲料资源的开发利用上具有特殊重要作用。如可用膨化机生产全脂大豆粉、膨化羽毛粉、血粉、热喷秸秆，对菜籽粕、棉籽粕进行脱毒等。

⑦ 膨化颗粒饲料含水率低，有利于长时间储藏。

4. 成型后处理技术

从成形设备出来的成形饲料，还不是最后的产品，需要冷却降温、干燥去水和筛分，为满足饲喂肉兔的需要，有的要破碎成小碎粒和喷涂油脂。

从制粒机刚压出的颗粒，含水率为 10％～18％，温度为 60～90℃，这样的颗粒饲料质地松软、极易碎裂和变质，必须经过冷却处理，使成品的含水率降至 10％～14％，温度降至接近室温（一般不高出室温 3～5℃），才能包装、运输和储藏。一般在气候干燥和风量充足的条件下，物料温度降低 11℃，物料可减少 1％的水分。但如果冷却工艺不合理，冷却效果不佳，则会影响产品的质量和使用效果。冷却的原理是从制粒机出来的颗粒通过冷却器时，与周围空气接触，只要空气中水分没有处于饱和状态，就会从颗粒表面带走水分。水分在蒸发作用下脱离颗粒，颗粒内部的水分又在毛细管的作用下移至表面，从而使颗粒得到冷却。同时被空气吸收的热量使空气加热，又提高了空气的载水能力。空气不断被风机排出，带走冷却器内颗粒料的热量和水分。

冷却器根据形式不同可分为卧式冷却器和立式冷却器两大类。目前常用的冷却器有立式冷却器、逆流式冷却器和圆形干燥冷却器，其中逆流式冷却器根据其排料方式不同又可分为滑阀排料式和摆动排料式两种。一般立式冷却器占地面积小，高度较高。卧式冷却器常采用履带传动，占地面积大，但高度较低，冷却效果好。

干燥主要用于颗粒饲料熟化调质后的处理和膨化饲料的处理。从膨化机出来的颗粒水分较制粒机制出的颗粒水分高（一般为 20％～40％），温度也较高，需要进行降温、降湿处理，使之达到规定的饲料储藏标准。

干燥的原理是采用某种方式将热量传给含水物料，将此热量作为潜热使水分蒸发并分离出去的过程。饲料厂常以热空气为传热介质，采用通风干燥的方法。通风干燥就是利用加热后的热空气，将热量带入干燥器并传给物料。这种方法利用了对流传热，向湿热颗粒供热，使颗粒中水分气化，形成水蒸气，同时被空气带走的原理，故空气既是载热体，又是载湿体。

目前根据干燥器的结构，可分为带式或盘式干燥器、鼓式或管式干燥器、水平型或垂直型干燥器、箱型或逆流型干燥器、圆盘传送或阶梯式循环干燥器和流化床干燥器等。根据干燥器的热交换方式，又可分为连续或分批式干燥器，对流、对导、辐射式干燥器，直接或间接加热式干燥器，机械、气力、液流输送式干燥器，气流循环利用或非循环利用式干燥器，产品固定或变位式干燥器等。

选用干燥器时应考虑待烘物料的类型和特性、单台机器每小时干燥量、成品的均匀度、烘干效率、通用性和灵活性、成本与效益、无故障作业等因素。

为了提高产品的均匀度和外观，干燥后的饲料还要对饲料进行筛分，对大颗粒进行破碎，完成这些工作后再进行涂油，调高感官效果。

八、包装技术

饲料包装工段是饲料生产工艺流程中最后一个工段，主要由自动定量秤称重、人工套袋、输送和缝口四个部分组成（图4-5）。自动定量秤在称重时，人工套上包装袋，夹袋机构夹紧袋口，称重完毕后，自动定量秤将饲料卸入包装中，并开始第二批饲料的称重，同时夹袋机构松开，包装袋落在输送带上，在输送过程中完成缝口。采用适宜的包装技术、包装方式和包装材料对饲料产品进行包装。

图 4-5　饲料包装和储存

第六节　饲料脱毒技术

一、亚硝酸盐脱毒技术

　　青绿饲料（包括叶菜类、牧草类、野菜类）及树叶类饲料等，都程度不同地含有硝酸盐，其中尤以叶菜类饲料（如小白菜、白菜、萝卜叶、牛皮菜、苋菜、甘蓝、菠菜、芹菜、蕹菜、莴苣叶、甜菜茎叶、南瓜叶等）含有较多的硝酸盐。不同种类植物的硝酸盐的含量差异很大。国内有人报道，不同种类的蔬菜中硝酸盐的含量从高到低的顺序为绿叶菜类、白菜类、根茎类、鲜豆类、瓜类。同一种类但品种不同的植物，其硝酸盐含量也有明显差异。饲料中的硝酸盐在体内外微生物的作用而还原为亚硝酸盐。亚硝酸盐吸收入血液后，可与血红蛋白相互作用，通常 1 分子亚硝酸盐与 2 分子血红蛋白作用，使正常的血红蛋白的二价铁氧化为三价铁而形成高铁血红蛋白，阻止氧气运输。另外，在一定条件下可与仲胺或酰胺形成 N-亚硝基化合物，这类化合物对动物是强致癌物。

　　目前尚无可靠的脱毒方法。预防硝酸盐与亚硝酸盐危害的措施主要如下。

　　① 注意青绿饲料的调制、饲喂及储存方法。

　　② 在采食硝酸盐含量高的青绿饲料时，要喂给适量富含易消化糖类的饲料，预防亚硝酸盐中毒。

　　③ 在种植饲料作物或牧草时，施用钼肥可减少植物体内硝酸盐的积累。

　　④ 合理地确定饲喂量及饲料中硝酸盐、亚硝酸盐的容许量。一般认为，饲料作物中以干物质计，亚硝酸 N 含量低于 0.2% 较为安全。

　　⑤ 利用低亚硝酸盐饲料作物品种。

二、生氰糖苷脱毒技术

　　生氰糖苷的种类很多，主要有五种，即亚麻苦苷、百脉根苷、蜀黍苷（或称叶下珠苷）、毒蚕豆苷和苦杏仁苷。生氰糖苷本身不具有毒性，但含有生氰糖苷的植物被肉兔采食、咀嚼后，植物组织的结构遭到破坏，在有水分和适宜的温度条件下，生氰糖苷经过与苷共存的酶的作用，水解产生氢氰酸而引起中毒。

生氰糖苷饲料的脱毒方法较为简单。生氰糖苷可溶于水，经酶或稀酸可水解为氢氰酸。氢氰酸的沸点低（26℃），加热易挥发。因此，去毒处理一般采用水浸泡、加热蒸煮的方法。磨碎和发酵对去除氢氰酸也有作用。另外，也可根据植物生育期中有毒成分含量的变化规律，加以合理利用。例如，高粱茎叶在幼嫩时不能饲用，应在抽穗时加以利用，并以调制成干草后饲用为宜。控制喂量，与其他饲草饲料搭配饲喂，可减小其毒性。

三、霉菌毒素脱毒技术

霉菌毒素是由一些霉菌分泌的有毒次级代谢产物，这些霉菌的种类包括曲霉属、青霉属、镰刀菌属和孢霉属。曲霉属和青霉属对谷物原料和饲料的污染比较常见，而镰刀菌属和孢霉属一般是在谷物收获期或收获前期侵染并大量产生毒素。到目前为止，已发现有超过100种霉菌产生近400多种不同的霉菌毒素。霉菌毒素可引起人、畜急性或慢性中毒，甚至导致癌变和畸形，直接危害人、畜的健康。除了控制饲料含水率、低温低氧储藏、防霉包装以及添加防霉剂和脱毒剂以外，传统的饲料脱毒方法还包括机械脱毒、物理脱毒、化学脱毒、抗霉育种以及多种防霉脱毒技术的结合。

1. 物理方法

包括水洗、溶剂提取、加热和辐射等方法。水洗法的脱毒效果因霉菌毒素种类不同而异，如脱氧雪腐镰刀菌烯醇、串珠镰刀菌素、丁烯酸内酯、展青霉素等易溶于水，水洗法有良好的去毒效果。而黄曲霉毒素、杂色曲霉毒素、玉米赤霉烯酮、黄绿青霉素、橘青霉素等多数霉菌毒素则不溶于水，水洗法的去毒效果很差。但对于霉变的谷实籽粒，由于毒素多存在于表皮层，反复加水搓洗，也可除去部分毒素。

霉菌毒素都能溶于数种有机溶剂，故可采用溶剂提取法除去毒素。但由于此法需要提取设备，消耗大量溶剂，且可使饲料中部分营养物质被带出而损失，故此法实际应用较为困难。

大多数霉菌毒素，特别是黄曲霉毒素对热稳定，在通常的加热处理（蒸煮烘炒）时破坏很少，只有在加热加压或延长加热时间的情况下才能使一部分霉菌毒素失活。

　　紫外线不仅可以杀死霉菌的菌体，而且可使某些霉菌毒素分解破坏。可采用高压汞灯紫外线大剂量照射处理发霉饲料，也可用日光晾晒法处理发霉饲料。据报道，将受黄曲霉菌毒素污染的饲料经阳光照射，可收到脱毒效果。在日光下晾晒 8 分钟，可有效地分解饲料中的杂色曲霉毒素。

　　某些矿物质（如活性炭、白陶土、膨润土、沸石、蛭石、硅藻土等）有很强的吸附作用，而且性质稳定。一般不溶于水，不被肉兔吸收。将它们作为吸附剂添加到饲料产品中，可以吸附饲料中的霉菌毒素，减少肉兔消化道对霉菌毒素的吸收。这些物质吸附效果与其分子结构的吸附能力和吸附对象（霉菌毒素）的特性有关。如活性炭颗粒多孔、表面积很大、吸附能力强，能吸附多种毒素。白陶土、膨润土、沸石、蛭石、硅藻土能不同程度地吸附多种霉菌毒素，特别是对黄曲霉毒素有良好的吸附效果。国外大量报道表明，在被黄曲霉毒素污染的畜禽饲料中添加 $0.5\%\sim2\%$ 的水合铝硅酸钠钙（白陶土的主要成分），可显著减轻黄曲霉毒素的有害影响。

　　2. 化学脱毒法

　　霉菌毒素遇碱能分解而失活，故可采用氨、氢氧化钠、碳酸氢钠、氢氧化钙等进行处理。采用氧化剂（如过氧化氢、次氯酸钠、氯气等）处理，也可使霉菌毒素降解失活。但经上述化学物质处理后，往往会降低饲料的营养品质和适口性。

　　添加蛋氨酸可以减轻霉菌毒素（特别是黄曲霉毒素）对肉兔的有害作用。其机理是在肉兔体内脏的生物转化过程中，肝脏可利用谷胱甘肽的生物氧化还原反应对黄曲霉毒素进行解毒。谷胱甘肽的组成成分之一是半胱氨酸，而蛋氨酸在体内能转变为胱氨酸与半胱氨酸。在饲料中添加硒也同样具有保护肝细胞不受损害和保护肝脏生物转化功能的作用，从而减轻黄曲霉毒素的有害影响。

　　添加单加氧酶诱导剂可以减轻霉菌毒素对肉兔的有害作用。在肉兔体内肝脏的生物转化过程中，单加氧酶体系在生物转化的氧化反应中起着很重要的作用。研究证明，单加氧酶体系的生物合成是可以诱导的。苯巴比妥、类固醇激素等能诱导此酶系的合成。据报道，在含有黄曲霉毒素 B_1 的饲料中应用苯巴比妥，由于单加氧酶的活性增强，促进了黄曲霉毒素 B_1 在机体内的代谢转化，加速组织中毒素的清除作用，从而减轻了毒素对机体的危害。

3. 生物脱毒法

生物脱毒是目前研究霉菌毒素脱毒的热点，也是目前应用最广泛、前景最好的脱毒技术之一。生物脱毒法多是筛选利用微生物以及代谢产物具有降解霉菌毒素能力的微生物，使霉菌毒素被凝集、吸附、转化和分解，从而达到脱毒的目的。生物脱毒可分为生物吸附法、生物降解法、转基因技术消除法以及其他一些生物处理法。

生物吸附法是利用生物资源对霉菌毒素进行吸附，以达到脱毒目的的方法。研究表明，多种微生物菌体能够吸附霉菌毒素，例如深红酵母可以吸附葵花籽饼粕中 47.7% 的霉菌毒素；黏红酵母可以减少玉米饲料中 93.2% 的霉菌毒素；发酵的地霉酵母可以使配合饲料中霉菌毒素减少 45.0%。除酵母外，研究发现链球菌属和肠球菌属也能吸附霉菌毒素，吸附率可达 49%。

生物降解法是利用具有降解霉菌毒素能力的微生物进行脱毒。这些微生物菌株既有细菌（如杆菌和球菌），也有霉菌和酵母菌等。能够降解霉菌毒素的细菌有芽孢杆菌、乳酸菌、粉红黏帚菌等。真菌既能产生霉菌毒素也能降解毒素，目前已知能降解霉菌毒素的真菌有酵母菌、曲霉菌、根霉菌和粉红螺旋聚孢霉。

转基因技术消除法是利用转基因技术，对能够降解霉菌毒素的有关酶基因进行克隆后，再转导到适合的载体中进行转化，直接植入农作物中或者应用到更适于生产的微生物上，从而达到控制霉菌毒素污染的目的。利用转基因技术对霉菌毒素进行脱毒是生物脱毒法的新突破，这种技术具有脱毒彻底、特异性强和无毒副产品等优点，但转基因技术并不成熟，且其安全性存在较大争论，因而在实际生产中使用这种技术应保持谨慎。

四、棉酚脱毒技术

棉酚是棉葵科棉属植物色素腺产生的多酚萘衍生物，存在于棉花根皮和种子中。棉酚按其存在形式可分为游离棉酚和结合棉酚。游离棉酚也称自由棉酚，是分子的活性基团未被其他物质"封闭"

的棉酚，它对肉兔有毒性，是影响棉籽粕用作饲料的主要因素。结合棉酚在肉兔机体内不具毒性，一般是在高温蒸炒过程中，由游离棉酚与棉仁中的蛋白质、氨基酸和磷脂结合而生成，它在消化系统中不被吸收，可很快随粪便排出体外。肉兔食用了棉酚含量超标的饲料，就会产生食欲下降、体重减轻、凝血酶蛋白过低、腹泻、毛发脱落，以及血红蛋白、红细胞和血浆蛋白降低等症状，严重的会导致心肌损伤，引起内脏充血和水肿，胸腔和腹腔体液浸出、出血，直到死亡，目前有多种脱毒方法。

1. 挤压膨化法

这种方法是利用高温、高压使腺体色素破裂释放出游离棉酚，游离棉酚与赖氨酸发生美拉德反应成为结合棉酚，从而达到脱毒的目的。棉籽粕在高温、高压和高剪切力作用下经过输送、混合、剪切、压缩及机筒外加热等阶段，然后在模口处温度、压力被突然释放，内部水分蒸发，蛋白质进一步变性，棉籽粕中的有毒物质游离棉酚一部分发生降解，一部分在一定温度、压力和水分条件下与蛋白质结合形成结合棉酚，从而大大降低了游离棉酚的含量。此法目前存在的问题主要是挤压机设备需要改进。目前应用最多的是单螺杆挤压机和双螺杆挤压机，挤压结构不同，脱毒参数也不一样。同时，脱毒剂的加入，会导致棉籽粕中营养价值下降，在降低毒性的同时也降低了赖氨酸的有效性和氨基酸的利用率，并且需要特殊设备，成本较高。

2. 蒸煮脱毒法

在棉籽油加工过程中有料坯蒸煮工序，即采用高水分蒸炒法，使料坯含水率达到18%，入榨温度达到130℃，把生理活性较高的游离棉酚大部分转化成无毒的结合棉酚。这种方法的缺点也是对棉籽粕的营养物质破坏较大，且需特殊设备。

3. 旋液分离法

20世纪70年代，美国最先使用旋液分离法（L.C.P法），此法的原理是根据棉酚主要存在于色腺体中，利用色腺体和棉仁组织的比重不同而达到分离的目的。这种方法是一种较先进的脱毒方法，脱毒效果好，游离棉酚含量控制在0.015%～0.020%，可用于食用棉籽蛋白的生产。但是此方法对棉籽预处理要求较高，同时又要保证色腺体不破裂，对设备的要求也很高，棉仁细粉和混合油完全分离困难。

4. 溶剂浸出法

利用棉酚易溶于极性溶剂的特点，可用有机溶剂对棉籽粕中的游离棉酚进行提取，这些溶剂包括乙醇、丙酮、正丁醇、异丙醇、甲醇、二氯甲烷等。国内研究较多的溶剂浸出法是混合溶剂浸出法，如采用轻汽油和醇类或丙酮同时提取棉油和棉酚。这种方法的优点是避免了蛋白质的热变性和氨基酸与游离棉酚的结合，保存了其营养价值。存在的问题是两种溶剂的互溶性好，分离回收困难，造成很大的损失，因此生产成本高，不适合工业化生产。

5. 液—固萃取法

这是一种新型的棉籽粕脱毒技术，既具备了溶剂萃取法的优点，又解决了溶剂萃取法中溶剂分离和回收存在的问题。此法的生产工艺首先是把棉籽清理去杂，仁壳分离后，棉仁经低温软化、压坯、成型、烘干，进入浸出提油系统，经溶剂提取油脂后，湿粕进入脱酚浸出器，再经溶剂两次萃取使棉酚含量达到工艺要求。脱去溶剂后，进行低温烘干，最后得到棉酚含量小于 0.04%、蛋白质含量大于 50% 的棉籽蛋白成品。用这种技术生产的棉籽蛋白，脱酚比较彻底，蛋白质和氨基酸破坏程度很低，但工艺比较复杂，需要特殊设备与设施，成本较高。

6. 碱脱毒法

棉酚由于其分子中醛基的影响，位于其邻位的羟基具有强酸性，所以能与氢氧化钠反应生成棉酚钠盐，其溶于水而不溶于有机溶剂。有人将棉籽粕放在含 1% 的石灰水溶液中浸泡 24 小时，然后测定里面的营养成分，与未经处理的棉籽粕中的营养成分相比较，经过石灰水处理的棉籽粕容易被酶分解，易于肉兔的吸收，营养价值更高。采用本工艺加工的棉籽粕经检测，棉酚含量可降至 0.065% 以下，同时碱与脂肪酸、磷脂等结合留在棉籽粕中，可以提高棉籽粕的营养价值。但是本工艺对碱水的浓度和喷洒均匀程度要求高，否则会造成中性油损失增加、出油率降低，且碱脱毒处理成本高，对设备腐蚀性大。

7. 硫酸亚铁脱毒法

在压榨棉籽粕过程中加入硫酸亚铁，硫酸亚铁中的亚铁离子与棉酚螯合，使棉酚中的活性羟基和活性醛基失去活性，形成的螯合物棉酚铁不易被肉兔吸收并排出体外。在实际应用中，由于铁离子与游离棉酚的结合受到粉碎程度、混合均匀度、游离棉酚释放程度等因素的影响，添加的铁离子与游离棉酚的比例一般不宜过高。硫酸亚铁的添加方式可以是以粉末直接加入到棉籽粕中，也可以配成硫酸亚铁的饱和溶液喷洒到棉籽粕上。一般按硫酸亚铁与游离棉酚5∶1的重量比，在0.1%～0.2%的硫酸亚铁水溶液中加入棉籽饼浸泡，混合均匀，搅拌几次，浸1昼夜后，即可饲用。为了充分脱毒，甚至可以用其饱和溶液对棉籽粕进行浸泡，然后再烘干作为饲料。将硫酸亚铁与石灰水混合使用，效果更好，在硫酸亚铁处理后加入新配制的0.5%石灰水上清液，并按饼、水重量比1∶（5～7）的比例，浸泡2～4小时，取出拌入饲料中饲喂。此法脱毒效果较好，但是由于处理时间短，加之硫酸亚铁的作用，棉籽粕中的蛋白质分散指数和赖氨酸的有效成分没多大的改变，且只能脱去游离棉酚，棉酚总量不会发生改变。

8. 微生物处理脱毒法

微生物处理脱毒法是通过微生物发酵过程实现对棉酚的转化、降解而脱毒。这种方法成功的关键在于选择合适的菌种。目前主要菌种有瘤胃微生物、真菌、细菌。

瘤胃微生物发酵法是将棉籽粕粉碎成粉末，加水调成糊状，接种牛羊瘤胃物冻干品，再加入一定量的新鲜瘤胃液和还原剂，充分混合后在40℃下发酵48小时，然后压滤干燥即为产品。这种方法克服了用物理方法脱毒会造成营养损失和其他不利因素的缺点，但需要用牛羊的瘤胃物冻干品，还需添加新鲜的瘤胃液，这些都很受客观条件的限制，而且采用这种方法脱毒时需加大量的水调成糊状，脱毒后的物质要经过压滤除去过多的水分，然后烘干；另外，瘤胃微生物需在厌氧条件下才能发酵，需要加入还原剂制造厌氧环境，发酵时要求的温度较高（40℃）。这些制约因素使这种方法一直未能应用于规模生产。

中山大学生物系和浙江大学饲料科学研究所等进行了系列研究，筛选出了符合要求的真菌发酵菌种。新疆石河子大学用以乳酸菌为主的复合菌对棉籽粕进行脱毒，利用理化和微生物联合脱毒方法，可以使棉酚降解率达到80％以上。在我国，报道的有降解棉酚能力的微生物主要有瘤胃液微生物、枯草芽孢杆菌、蜡样芽孢杆菌、白地霉、米曲霉、黑曲霉、热带假丝酵母、复合菌等，其中降解率最高的为热带假丝酵母，其脱毒率可达92.29％。目前，这些研究大部分停留在理论研究和实验阶段，真正工业化应用的甚少。但是随着高效降解棉酚菌种的筛选，用生物发酵法脱毒棉籽粕的市场前景光明。

坑埋发酵脱毒法是将棉籽粕与水以1∶1的比例调湿，坑埋60天左右，利用棉籽粕或泥土中存在的微生物进行自然发酵，达到脱毒的目的。这种方法由于生产周期长，干物质损失大，大约损失15％，不宜用于工业化生产。

五、硫葡萄糖苷脱毒技术

菜籽饼中的毒素硫葡萄糖苷是芥子苷和葡萄糖苷的总称，以钾盐形式存在于菜籽饼中。硫葡萄糖苷本身无毒性，在榨油时，经自身的内源酶—芥子酶作用水解形成苷朊和葡萄糖。而苷朊的结构极不稳定，可迅速降解产生有毒产物如恶唑烷酮、硫氰酸盐、异硫氰酸盐和腈等，这些都是有毒物质。我国近30年来做过大量的试验及研究工作，取得了一定成绩，如坑埋法、浸泡法、蒸煮法、干热钝化酶法、酸碱处理法、发酵中和法及其他微生物发酵法、菜籽饼粕与青贮玉米共同青贮法等。上述方法中许多是水剂去毒（水添加量可达50％），会产生大量毒液污染环境，干物质损失12％～20％，成本高。氨、碱处理法在脱毒同时破坏营养成分。干热钝化酶法在加工过程中仍会产生大量分解有毒产物，且未分解的介子苷在肉兔采食后可能被肠内细菌产生的同工酶所分解而产生大量毒物。其他方法也存在去毒效果差，不经济或不能进行工业化生产等缺点。目前，相对较成熟的菜籽饼粕脱毒方法坑埋法、添加剂法、发酵法、水助剂法。

坑埋法是把菜籽饼在土坑中埋一定时间，其原理可能是在坑埋的条件下，菜籽饼粕中的硫葡萄糖苷及其分解产物为土壤吸附。如果加硫酸铜坑埋毒素下降将更明显，这可能是菜籽饼中异硫氰酸和恶唑烷硫铜和铜离子形成螯合物的缘故。坑埋时间只需 10 天左右，缺点是不适合现代饲料工业，而损耗较大。

添加脱毒剂等直接利用法是将菜籽饼和棉籽饼搭配使用，加入脱毒剂。在肉兔体内，由于脱毒剂作用，使毒性最强的腈化物转化为较弱的硫氰酸盐，保护肉兔正常消化功能，如浙江农业大学的"6107"脱毒剂，添加比例是 1%，脱毒效果较好，缺点是价格较高。

微生物发酵降解法是首先采用热蒸汽脱毒，再用霉菌转化为增殖菌体蛋白的工艺进行工业化生产。如武汉粮食工业学院采用的乳酸菌固体发酵工艺，在含水率 45%～49% 的饼粉中加入乳酸菌种培养物，室温厌氧培养 25～30 天达到脱毒的效果。

水助剂脱毒法是根据硫葡萄糖苷的水溶性，在室温条件下，加入水助剂，采用连续逆流半封闭式脱毒工艺使芥籽酶钝化，并使毒素迅速扩散到水中。此法脱毒效果很好，但是产品因含水率较高而干燥费用高，且营养物质损失严重。

六、抗营养因子钝化技术

抗营养因子是植物生长和代谢过程产生的并以不同机制对肉兔产生抗营养作用的物质的总称。最常见的抗营养因子包括蛋白酶抑制因子、植物凝集素、多酚类化合物、非淀粉多糖、植酸、抗维生素、皂角苷、致敏因子（抗原蛋白）、胀气因子、生物碱、致甲状腺肿因子、产雌激素因子、金属螯合因子等抗营养因子。钝化营养因子常用的方法有物理方法、化学方法、育种方法和控制饲喂量。

1. 物理方法

（1）加热方法。加热方法分为干热法和湿热法。干热法包括烘烤、微波辐射、红外辐射等，湿热法包括蒸煮、热压、挤压等。加热的效果和加热的温度、湿度、时间和原料的颗粒度有关。加热时间愈长，胰蛋白酶抑制因子活性愈低，蛋白质效率比愈低。

胰蛋白酶抑制因子和植物凝集素均为蛋白质，大多对热不稳定，充分加热含有胰蛋白抑制因子和植物凝集素的豆类，均可使之变性失活，从而消除其抗营养作用。用压榨法生产的大豆饼，如果经过充分适当的加热，即可使胰蛋白酶抑制因子失活，抗营养作用减弱或消除。同时适度的加热也可使蛋白质展开，氨基酸残基暴露，使之易于被肉兔体内蛋白酶水解吸收。一些土法、冷轧法或溶剂浸提法生产的大豆饼粕由于加热不充分，其中含有相当含量的胰蛋白酶抑制因子，其营养价值大为降低。

生大豆中的抗维生素 B_{12}、抗维生素 D、抗维生素 E 因子经过加热处理均可使之破坏而消除。鞣质、植酸对热均比较稳定，故热处理对消除其抗营养作用效果甚微。

（2）机械加工处理的方法。很多抗营养因子集中存在于作物种子的表皮层，通过机械加工处理使之分离，即可大为减少其抗营养作用。如用机械加工方法除去高粱和蚕豆的种皮即可除去大部分鞣质，此法简单有效，但如果找不到废弃种皮的用途，将提高饲料成本。

（3）水浸泡法。利用某些抗营养因子溶于水的性质将其除去。缩合鞣质溶于水，将高粱用水浸泡再煮沸可除去 70% 的鞣质。麦类中的非淀粉多糖也可通过水浸泡方法将其部分除去。

2. 化学方法

（1）酶水解法。将粉碎的谷粒籽实或糠麸在热水中浸泡，通过饲料中内源植酸酶（存在于在空间上和植酸分隔开的植物组织中）对植酸的水解作用，既可使植酸对金属离子的螯合作用得以消除，又可使植酸生成磷酸盐而被肉兔吸收利用。在饲料中加入外源植酸酶（如植酸酶制剂或富含植酸酶的黑麦糠麸）进行酶水解也可得到同样的效果。戊聚糖酶可使戊聚糖变成分子较小的聚合物，减少其黏性而消除其抗营养作用，从而提高黑麦和大麦的营养价值。

（2）化学处理法。在饲料中加入适量蛋氨酸或胆碱作为甲基供体，可促进鞣质甲基化作用使其代谢排出体外，或加入聚乙烯吡咯酮、吐温 80、聚乙二醇等非离子型化合物，可与鞣质形成络合物。酸碱处理对降低某些抗营养因子也有效。

3. 育种方法

通过育种可以降低抗营养因子的含量。现已培育出低鞣质高粱、低皂素苜蓿、低香豆素草木樨等。但抗营养因子是植物用于自身防御的物质，降低其含量可能引起植物病虫害或鸟害。如低鞣质高粱存在严重的鸟害问题。解决的办法是在无鸟害或鸟害不严重的地区种植低鞣质高粱品种（如黄色、白色高粱），而在鸟害严重地区则种植高鞣质品种（如棕色、褐色高粱）。育种方法的另一个问题是育种周期较长。

4. 控制饲喂量

肉兔对抗营养因子存在一定耐受力和适应能力，饲料中抗营养因子的含量不一定都要等于零，只要在一定的阈值下不产生抗营养作用即可。

第五章 ▶▶▶

肉兔快速育肥饲料添加剂利用技术

❧❧ 第一节 肉兔快速育肥营养类饲料添加剂 ❧❧

营养类添加剂是指添加到配合饲料中，平衡饲料养分，提高饲料利用率，直接对肉兔发挥营养作用的少量或微量物质，主要包括合成氨基酸、合成维生素、微量矿物元素及其他营养性添加剂。

一、氨基酸添加剂

组成蛋白质的各种氨基酸，对于肉兔来说都是不可缺少的，但并不全都需要由饲料直接提供。只有那些在肉兔体内不能合成或合成速度不能满足肌体需要的氨基酸，即必需氨基酸才需要由饲料提供。饲料或饲粮所含必需氨基酸的量与肉兔所需的蛋白质氨基酸的量相比，比值偏低的氨基酸称为限制性氨基酸。在肉兔快速育肥生产中，赖氨酸和蛋氨酸常为限制性氨基酸。目前应用最多的氨基酸添加剂主要是限制性氨基酸。

1. 氨基酸添加剂的利用

（1）用于改善饲粮氨基酸平衡，提高蛋白质利用效率，促进肉兔生长。蛋白质的营养实质是氨基酸营养，而氨基酸营养的核心是氨基酸之间的平衡。用氨基酸添加剂来平衡或补足饲粮限制性氨基酸的不足，使其他氨基酸得到充分利用，可提高蛋白质的营养价值，改善肉兔生产性能。添加合成氨基酸，可以降低饲粮的蛋白质水平，从而减少氮排泄对环境的污染。

（2）用于改进肉的品质。饲料中添加赖氨酸能改善屠体质量，提高瘦肉率。有资料表明，欧洲市场上 20%～30% 的赖氨酸用于提高瘦肉率。有研究表明，除赖氨酸外的其他氨基酸缺乏时，采食量都下降，而赖氨酸缺乏时，采食量不下降，反而上升。这说明，赖氨酸缺乏所造成的肉质低劣可能是由于体内蛋白质合成与吸收能量的平衡被破坏所引起的。

（3）用于促进钙的吸收。试验表明，赖氨酸能促进小肠对钙的吸收。钙与蛋白质特异结合形成的钙结合蛋白，在肠黏膜上起转运作用，促进钙的吸收，而钙结合蛋白含有大量的赖氨酸。当赖氨酸不足，钙结合蛋白合成下降，钙吸收减少。

（4）用于抵抗应激症。研究证明，注射色氨酸可减少肉兔断食期间相互攻击、残杀，减少的程度与色氨酸注射量成正比。这是由于血液和脑中色氨酸通过其代谢产物 5-羟色胺起到了这种生理作用。

（5）用于提高抗病力。色氨酸可使肉兔体内 γ-球蛋白的含量增加，从而加强了抗病能力。

（6）用于改善和提高肉兔消化功能，防止消化系统疾病的发生。在工厂化、集约化饲养肉兔的日粮中粗蛋白质含量较多时，容易发生腹泻等消化系统疾病，这不仅造成饲粮的浪费，而且影响肉兔生长。目前，国外采取降低肉兔日粮的蛋白质水平后补加蛋氨酸、赖氨酸以及谷氨酸等方法，有效地改善了肉兔的消化功能，减少了疾病，增强了肉兔抵抗力。

（7）用作调味剂引诱采食。一些氨基酸具有特殊刺激采食神经作用，可以作为调味剂引诱采食。如味精是谷氨酸钠，谷氨酸钠可作为调味剂，增进肉兔采食量。

2. 常用氨基酸添加剂

（1）赖氨酸。生产中应用的有 L-赖氨酸和赖氨酸盐酸盐。L-赖氨酸是白色结晶或结晶状粉末，目前用作饲料添加剂的大部分是赖氨酸盐酸盐，为白色或浅褐色结晶粉末。添加赖氨酸盐酸盐时应考虑商品中纯品赖氨酸的含量。由于赖氨酸是饲料主要的限制性氨基酸之一，家兔常用饲料原料中含量均较低，常用饲料配制的兔饲粮满足不了对赖氨酸的需要量，必须在饲粮中补加。饲粮中添加赖氨酸应按照家兔饲养标准进行，即先计算出配合饲粮的实际含量，饲养标准和实际含量的差值即为添加量。

（2）蛋氨酸。又称为甲硫氨酸，市售产品有 DL-蛋氨酸、DL-蛋氨酸羟基类似物、DL-蛋氨酸羟基类似物钙盐等。天然蛋氨酸都是 L-蛋氨酸，化学合成氨基酸一般是 DL 型。蛋氨酸在饲料中是一种不可缺少的含硫氨基酸，它的添加量和饲料的组成，以及饲料中蛋氨酸、胱氨酸、胆碱、钴胺素含量有关，原则上只要补足含硫氨基酸（胱氨酸＋蛋氨酸）即可。大量试验证明，补充蛋氨酸可提高幼兔生长速度，生产中一般添加量为 0.1%～0.3%。

（3）苏氨酸。L-苏氨酸是无色至白色结晶体，在以小麦或大麦等谷物为主的饲料中，苏氨酸的含量往往不能满足需要，常需要额外添加。

（4）精氨酸。美国在 1991 年批准 L-精氨酸或 DL-精氨酸为饲料添加剂，要求纯度均为 98%。谷实类、豆类中含有量较多，一般无需添加。国外大量的研究数据表明，满足肉兔最大生产性能的精氨酸需要量为 0.55%。

二、油脂类添加剂

油脂属真脂类。在常温下，植物油脂多数为液态，称为油；动物油脂一般为固态，称为脂。天然油脂往往是由多种物质组成的混合物，但其主要成分是甘油三酯。天然油脂中，脂肪酸的种类有百种之多。不同脂肪酸之间的区别主要在于碳氢链的长度、饱和与否及双链的数目与位置。陆生动物脂肪中饱和脂肪酸比例高，熔点较高，在常温下为固态；植物脂肪中不饱和脂肪酸比例高，熔点较低，在常温下为液态。鱼类等水生动物脂肪中不饱和脂肪酸比例也较高。肉兔日粮中主要添加植物性脂肪。

生长肉兔日粮中油脂添加量 NRC（1997）推荐量为 2%，而法国农科院研究表明，育肥兔日粮中油脂的比例增加到 5.0%～8.0% 时，能促进家兔育肥性能的提高。在家兔高纤维日粮中添加油脂，饲料转化率和屠宰率都提高。有试验证实，日粮中添加油脂会提高蛋白质消化率，但也有研究认为，日粮中脂肪水平不会显著影响粗蛋白质消化率。日粮中添加油脂后表观利用率提高，通常认为由于食糜流通速度减慢而增加了消化吸收时间，从而提高了营养物质的吸收利用率。

家兔在幼龄阶段不能添加油脂，主要是由于幼龄肉兔体内的脂肪酶活性不高，胆汁分泌不足，对油脂的水解能力有限，随着年龄的增长肉兔对油脂的利用能力提高。油脂主要在兔的十二指肠消化，家兔断奶后采食固体饲料，胰腺迅速发育，酶活性得到相应提高。日粮中添加油脂后能促进胰腺分泌脂肪酶消化油脂，因此脂肪酶活性提高，但当油脂添加量过高时，又影响幼兔消化酶的分泌。

三、微量元素添加剂

1. 微量元素添加剂的利用

微量元素添加剂的主要作用是补充饲粮中某些微量元素的不足，维持生理和促进生产的需要。由于目前国内外对家兔矿物质的营养研究不多，而且矿物质元素的代谢和研究本身就比较复杂，所以，有关家兔各种矿物质元素的最小、最大和适宜供给量、中毒剂量以及与其他营养素之间的关系等方面的资料很缺乏，这给利用带来了比较大的困难。尽管如此，各国的家兔营养需要量中还是提供了主要微量元素的参考供给量。这些数据，再结合使用添加剂后兔群的生产反应，可作为生产者使用微量元素添加剂的基本依据。植物性饲料中微量元素的含量与产地土壤中的微量元素含量以及植物品种有着密切的关系，变动幅度较大。因此，使用微量元素添加剂时，必须根据饲粮的实际含量进行补充，不可盲目添加。

2. 常用的微量元素添加剂

常用的微量元素添加剂一般分为硫酸盐类、碳酸盐类、氧化物、氯化物等，另外还有微量元素的有机化合物。常用的微量元素化合物及其活性成分含量见表 5-1。

表 5-1 常用的微量元素化合物及其活性成分含量

化合物名称	化学式	微量元素含量/%
五水硫酸铜	$CuSO_4 \cdot 5H_2O$	铜；25.5
一水硫酸铜	$CuSO_4 \cdot H_2O$	铜；38.8
碳酸铜	$CuCO_3$	铜；51.4
七水硫酸锌	$ZnSO_4 \cdot 7H_2O$	锌；22.7
一水硫酸锌	$ZnSO_4 \cdot H_2O$	锌；36.5
氧化锌	ZnO	锌；80.3

续表

化合物名称	化学式	微量元素含量/%
碳酸锌	$ZnCO_3$	锌:52.2
四水硫酸锰	$MnSO_4 \cdot 4H_2O$	锰:22.8
一水硫酸锰	$MnSO_4 \cdot H_2O$	锰:32.5
氧化锰	MnO	锰:27.4
碳酸锰	$MnCO_3$	锰:47.8
七水硫酸亚铁	$FeSO_4 \cdot 7H_2O$	铁:20.1
一水硫酸亚铁	$FeSO_4 \cdot H_2O$	铁:32.9
碳酸亚铁	$FeCO_3$	铁:41.7
亚硒酸钠	Na_2SeO_3	硒:45.6
硒酸钠	Na_2SeO_4	硒:41.8
碘化钾	KI	碘:76.5
碳酸钴	$CoCO_3$	钴:46.0
硫酸钴	$CoSO_4$	钴:38.0
氯化钴	$CoCl_2$	钴:45.4

四、维生素添加剂

1. 维生素添加剂的特点

维生素是维持肉兔正常生理功能必不可少的一类低分子化合物。维生素也是维持肉兔生命所必需的微量营养成分。每一种维生素都起着其他物质所不能替代的特殊营养生理作用。维生素作为营养物质具有两个特性:一是每一肉兔个体每天对维生素的需要量很少,通常以微克(μg)、毫克(mg)或国际单位(IU)计;二是维生素是有机化合物,这与肉兔生命所不可缺少的微量元素有所区别。与肉兔生长时构成身体物质和储存物质的营养素不同,维生素在体内起着催化作用,它们促进主要营养素的合成与降解,从而控制机体代谢。尤其是关于 B 族维生素主要功能的研究,证实了维生素 B_1、维生素 B_2、维生素 B_6、烟酸、维生素 B_{12}、泛酸、叶酸、生物素及其部分代谢物是某些酶的组分,而这些酶是碳水化合物、脂类和蛋白质代谢所不可缺少的。在这些物质的代谢过程中,维生素不是作为结构物质,而是作为一种"催化剂"在起作用。这也说明与常量营养素相比,维生素的需要量很少的原因。在肉兔快速育肥生产中,添加维生素的意义在于依靠维生素的特殊效用,以调节日粮中部分碳水化合物、脂肪、蛋白质和无机物质等营养成分的消化吸收和代谢。应用适量维生素就能防止肉兔的生长障碍、幼年期疾病、繁殖障碍和各种生产性能的损伤，从而使肉兔快速育肥获得较高的收益。

2. 维生素添加剂的利用

维生素一般分为脂溶性维生素和水溶性维生素两大类。常用的维生素有 14 种。脂溶性维生素常用的有 4 种，即维生素 A（视黄醇）、维生素 D（骨化醇）、维生素 E（生育酚）和维生素 K（抗出血因子）。此外还有维生素 A 原（胡萝卜素），亦有生理活性。水溶性维生素常用的有 10 种，即维生素 B_1（硫胺素）、维生素 B_2（核黄素）、维生素 B_3（泛酸）、维生素 B_4（胆碱）、维生素 B_5（烟酸、烟酰胺）、维生素 B_6（吡哆醇）、维生素 B_{12}（氰钴胺素）、维生素 B_{11}（叶酸）、维生素 H（生物素）和维生素 C（抗坏血酸）。前 9 种水溶性维生素合称 B 族维生素，它们的生理作用及化学组成彼此间均有许多相似之处，故在营养上，常常使用 B 族维生素这一概念。维生素 C 是水溶性维生素组里唯一不属 B 族的成员。

脂溶性维生素与水溶性维生素之间的区别如下。

一是化学组成不同，脂溶性维生素只含有碳、氢、氧，而 B 族水溶性维生素不仅含有这三种元素，而且还有氮及其他元素。二是来源和代谢方面，脂溶性维生素是以维生素原（或前维生素）的形式源于植物组织中，维生素原能够在肉兔体内转变成维生素；而水溶性维生素则没有前维生素之说，源于植物组织的就是维生素本身。另外，B 族维生素普遍分布于活组织中，而脂溶性维生素在某些活组织内是根本不存在的。三是脂肪的存在有利于脂溶性维生素的肠道吸收，任何增加脂肪吸收的因素均能增加脂溶性维生素的吸收。机体内能够储存脂肪的地方均可储存脂溶性维生素。脂溶性维生素在机体内能够大量储存，且吸收得越多，储存得也越多。其排泄是通过胆汁从粪便中排出的。而水溶性维生素的吸收过程较为简单，因为肠道不断吸收水并随之进入血液。机体对水溶性维生素的储存能力也有限，每天排出的大量水携带着水溶性维生素一起离开肉兔机体，水溶性维生素的排泄主要是通过尿排出体外。四是肉兔本身不能合成维生素，但是家兔盲肠中微生物发酵合成 B 族维生素，并通过食粪行为得到利用，正常情况下不会出现 B 族维生素

的缺乏。

五、其他营养性添加剂

目前还有一些营养型物质用作饲料添加剂，这类物质一般具有一定的功能性，但是机理不是完全清楚，或者是无法归类为氨基酸、矿物质和维生素三类物质，这一类添加剂统称为其他营养性添加剂，但这类物质从功能和作用与维生素相似，有些资料也称为类维生素添加剂。这类物质用作家兔饲料添加剂报道较少，其他家禽家畜研究报道较多。目前研究和应用的主要有对氨基苯甲酸、甜菜碱、肌醇、维生素 F（必需脂肪酸）、维生素 P、乳清酸、维生素 B_{15}、维生素 B_T、维生素 T、维生素 U 等。

1. 对氨基苯甲酸

对氨基苯甲酸是构成叶酸分子的基团之一。它是细菌的促生长物质，对机体的代谢也起着重要作用，许多饲料中都含有对氨基苯甲酸，但是只有补充在家禽的日粮中才能提高饲养效益。畜禽对氨基苯甲酸的需要量目前尚不清楚，而缺乏症状的亦很少表现。鳟鱼的需要量为千克配合饲料 100～200 毫克。

2. 甜菜碱

甜菜碱是甲基基团的供体，可用以代替胆碱和蛋氨酸，但它不能防止肉兔的骨短粗病。

3. 肌醇

肌醇是六元醇，具有抗脂肪肝的作用，可防止肝脏的脂肪渗入。饲料中含有大量的肌醇，而且肌醇还是各种磷脂的一个组成部分。肉兔对肌醇的需要量还不十分清楚，只有一些由纯粹的营养物质，如酪蛋白、淀粉和脂肪配制的日粮才需要补充肌醇。若用于治疗肉兔的肝脂肪病，每千克配合饲料约需补充 1000 毫克。

4. 维生素 F（必需脂肪酸）

维生素 F 是单个不饱和脂肪酸和多个不饱和脂肪酸基团的总称。肉兔不能在体内生成维生素 F，因此必须以补充的方式提供。维生素 F 包括亚油酸、亚麻酸和花生四烯酸。如果在日粮中缺乏这类必需脂肪酸，就会改变皮肤的特性，降低饲料转化率。不饱和脂肪酸同维生素 E 的关系十分密切，而肉兔对维生素 E 的需要量又必须同日粮中含有的不饱和脂肪酸相配。

5. 维生素 P

维生素 P 是类黄酮类化合物之一，通常是黄的色素。它能防止毛细管渗透压升高和血管脆性增加，亦可用于防止马蹄水肿以及防止猪与大白鼠兔受辐射的伤害。维生素 P 和维生素 C 配合使用，可发挥协同的作用。但在肉兔日粮中补充维生素 P 所得的效果还不很清楚。

6. 乳清酸

乳清酸是代谢的一种重要中间体。在某些情况下，尤其对青年肉兔和家禽具有促生长作用。此外，它还具有保护肝的作用。在动物性蛋白质含量低的日粮中，每千克配合饲料中补充乳清酸 40 毫克可提高日增重、受胎率和成活率。

7. 维生素 B_{15}

维生素 B_{15} 是复合维生素 B 的成分，存在于米糠、酵母、血和其他类似的饲料中。它对肉兔营养的重要性尚不清楚。维生素 B_{15} 主要用于治疗肝硬化和脑硬化。

8. 维生素 B_T

维生素 B_T 是哺乳动物肌体内的组成物质，也存在于酵母、乳清和贝壳类中。在动物肌体中，脂肪酸的代谢和钙、磷以及维生素 D 的吸收过程中，维生素 B_T 起着重要的作用，但只有昆虫真正需要维生素 B_T。

9. 维生素 T

维生素 T 是由部分未知酵母成分和各种 B 族维生素组成的混合物，最初是从白蚁中分离而得。肝、脑下垂体和各种真菌都含有维生素 T。在早期的饲养试验中都显示维生素 T 有促生长的作用。

10. 维生素 U

蔬菜和水果都含有一种抗溃疡因子，即维生素 U。这种抗溃疡因子的主要活性物质是蛋氨酸甲锍盐，它具有显著的抗脂肪肝作用，维生素 U 对胃和小肠的黏膜病症也有较好的治疗作用。

第二节　促生长添加剂利用技术

一、药物促生长添加剂

1. 药物促生长添加剂利用

药物促生长添加剂主要用于抑制或杀灭病原微生物，减少发病率；用于抑制肉兔肠道内有害微生物区系，维持肠道微生物的平衡状态；用于促进养分吸收，肉兔采食抗生素后可使小肠重量变轻，肠壁变薄，肠绒毛变长，提高养分的吸收率；用于预防腹泻，饲喂抗生素后可减少幼兔的腹泻，因而促进肉兔生长。虽然抗生素作为饲料添加剂应用于畜牧业已取得了明显的经济效益，但从 20 世纪 60 年代开始，抗生素作为饲料添加剂容易产生耐药性问题已备受诟病。因此，使用抗生素作为饲料添加剂时，必须认真查阅国家的有关法规，严格按照法规要求进行使用。

2. 常用抗生素添加剂

世界上生产的抗生素已达 200 多种，作为饲料添加剂的有 60 多种，根据其化学结构分为如下几类。

（1）多肽类。此类抗生素吸收差，排泄快，无残留，毒性小，抗药性细菌出现概率低，且抗药性不易通过转移因子传递给人。属于此类抗生素的有杆菌肽锌、硫酸黏杆菌素、持久霉素、弗吉尼亚霉素等。

（2）大环内酯类。此类抗生素是利用放线杆菌或小单孢菌生产的具有大环状内酯环的抗生素的总称，是由两个糖基与一个巨大内酯结合而成的，对革兰阳性菌和支原体有较强的抑制能力。此类抗生素在全球饲料添加剂中的使用量仅次于四环素类抗生素，其中有的是人用药。大环内酯类可从肠道吸收，能产生交叉抗药性。红霉素、泰乐菌素、北里霉素、螺旋霉素、林可霉素等抗生素属于此类。

（3）含磷多糖类。此类抗生素主要对革兰阳性菌的耐药性菌株特别有效，分子量大，不被消化吸收，排泄快，在欧美广泛使用。

黄霉素、魁北霉素属于此类。

（4）聚醚类。此类抗生素既是很好的生长促进剂，又是有效的抗球虫剂。在肉兔消化道内几乎不被吸收，无残留，属于此类的抗生素有莫能菌素、盐霉素、拉沙里菌素。

（5）四环素类。属于人、畜共用抗生素，易产生抗药性，因而属于淘汰型抗生素，欧洲已全部淘汰，美国和日本仍在使用土霉素季铵盐和金霉素。此类抗生素在我国产量大、质量好、价格低，目前仍在大量使用土霉素钙。

（6）氨基糖苷类。包括潮霉素 B、越霉素 A 等，因具驱虫作用而常归入驱虫保健药品类。

（7）化学合成抗生素。通过化学法合成的抗生素，是各国以前使用量较大的抗菌药。由于副作用大，正被逐渐淘汰。大部分此类药物只允许作兽药，而不作饲料添加剂。磺胺类、喹乙醇、卡巴多、呋喃唑酮、硝呋烯腙及有机砷制剂等属于此类药物。

二、诱导采食添加剂

1. 诱导采食添加剂的利用

诱导采食添加剂也称诱食剂，其作用原理与畜禽的味觉、嗅觉、呼吸系统、消化系统等功能密切相关。利用诱食剂的主要目的如下。

① 掩盖饲料中异味，改善饲料适口性，增强肉兔食欲，促进肉兔对饲料的消化吸收和利用，加快肉兔生长，降低料肉比。饲料中的药物及某些原料中的不适味道会引起肉兔拒食或采食量降低，加入诱食剂后能明显改善饲料的适口性，提高采食量。

② 起诱食作用。通过气味吸引肉兔，使之产生食欲，提高采食量和饲料利用率。

③ 维持肉兔在应激状态下的采食量，提高应激或患病肉兔的采食量，有助于治疗疾病。肉兔转群、天气变化、断奶、疫病、饲料配方等条件的改变会使肉兔产生应激反应，导致采食量下降，而添加诱食剂可缓解这一反应，保证一定的采食量。

④ 刺激消化液分泌，提高营养物质消化吸收。饲用诱食剂可刺激视觉、味觉、嗅觉，然后经条件反射传导到消化系统，引起唾

液、胃液、肠液及胆汁等大量分泌，提高蛋白酶、淀粉酶、脂肪酶的含量，加快胃肠蠕动，有利于固体饲料的咀嚼、吞咽和消化吸收，使饲料中营养成分充分吸收，促进畜禽生长发育。

⑤ 使饲料更具商品性。目前顾客购买饲料时，不仅考虑营养水平，也要闻味道、看外观。添加诱食剂，可使饲料具有独特的芳香味或某些特征性气味；另外在饲料中使用特定的饲用诱食剂，可作为产品标记，提高竞争力，有效防止假冒。

⑥ 有利于开发新的饲料资源，降低饲料成本。使用诱食剂，可提高非常规原料的用量，降低饲料成本，开拓新的饲料资源，扩大农副产品的综合利用范围和程度，缓解人、畜争粮矛盾。

使用诱食剂：一要注意配伍问题，忌使用与诱食剂香味有拮抗的原料作载体，如饲料中的铜、钾、氯化胆碱、鱼粉、缓冲剂、防腐剂和某些药物等成分容易降低诱食剂的效果，而脂肪、盐、葡萄糖、核苷酸则可能使诱食剂更稳定或产生增效作用；二要注意用量，诱食剂的用量很少，必须混合均匀，一般占饲料量的万分之一至万分之五，谷氨酸钠可加至千分之一。在实际应用中，要根据饲料原料成分及储存影响、品种、年龄及健康状况、诱食剂本身效果、饲料加工工艺等因素判断用量。

诱食剂的添加方法分为内加、外加、内外加结合三种方法。内加是先取适量的诱食剂与粉末状谷物或其副产品进行 10 倍以上预混合，以便使诱食剂在饲料中均匀分布，使饲料有一致的香味。在制粒过程中，在满足制粒的条件下，使制粒的温度、压力减到最低，减少诱食剂香味的散失。外加是防止在制粒过程中，高温高压及抽气快速降温两道工序使诱食剂损失，在制粒冷却后将诱食剂喷雾到饲料中，在国内目前加工条件下，一般在颗粒料经振荡筛落入饲料袋中的过程中加入，也可以在直接封口时加入。内外加相结合时，内加诱食剂可用持久性耐高温的调味剂，外加时可用耐 60℃、价格较低的调味剂。

2. 常用的诱食剂种类

(1) 香味剂。目前比较流行的香型有乳香、巧克力、柑橘、香蕉、鱼腥、大蒜、茴香、辛香、瓜果香、蔬菜香、酒酸香、五谷香、熟肉香等，其中乳香型应用最普遍，在幼畜及宠物饲料使用最多。

　　饲料香味剂构成的核心物质主要有三部分。一是香基，它是由天然香料和人造香料经过调配，达到一定香型或香韵的混合体。香味剂香气、香味的好坏主要取决于这一部分。二是抗氧化剂，香基中含有一些易氧化物质（如醛类、烯类等），添加抗氧化剂可以延缓其氧化变质，一般使用丁羟基甲苯、丁羟基茴香醚、维生素E等。三是载体或溶剂，液体香精一般使用乙醇、丙二醇作溶剂，固体香精需选择合适的载体。

　　在饲料中加香味剂时必须根据肉兔对香味的敏感性，采用不同类型的香味剂。选择时除考虑香味剂本身的味道是否适用肉兔及饲料成本外，还应注意香味剂在储藏期间、饲料加工期、饲料再储藏期的品质稳定性、香味剂本身的均匀度、一致性、分散性、吸湿性；注意香味剂与其他原料、添加剂混合时是否会影响香味剂的功效、耐热程度、安全性；注意酯类化合物及芳香族醛类对碱的不稳定性等因素。

　　目前常见香味剂有柠檬醛、香兰素、乙酸异戊酸、L-薄荷醇、甜橙油、桉叶油等。柠檬醛属人工合成香料，为无色或淡黄色液体，易氧化，有强烈的类似于无萜柠檬油的香气。香兰素也叫香草粉，是人工合成的香料，呈白色至微黄色结晶粉末，具有香荚豆特有的气味。乙酸异戊酸也叫香蕉水，也是人工合成的香料，呈无色至淡黄色透明液体，具有类似香蕉及生梨的香气。L-薄荷醇是一种天然香精，为无色针状或棱柱状结晶，具有薄荷油特有的清凉香气。甜橙油由芸香科植物甜橙的果皮提取而来，呈黄色、橙色或深橙色奶油状液体，有清甜的橙子果香和温和的芳香味。桉叶油由桉树、樟树的枝叶提取而来，外观呈黄色油状液体，具有桉叶油的清凉气味。

　　（2）调味剂。包括甜味剂、辣味剂和鲜味剂。常用的天然甜味剂主要有蔗糖、麦芽糖、果糖、半乳糖、甘草、甘草酸二钠等，而人工合成甜味剂主要有糖精、糖精钠、甜蜜素、甜菊糖苷等。辣味剂是一类添加于饲料中赋予饲料辣味的特殊添加剂，主要辣味剂产品有大蒜粉、红辣椒粉。鲜味剂目前应用最广的是谷氨酸钠。另外，5'-肌苷酸钠及5'-鸟苷酸钠也有生产，但因成本太高，主要供药用。谷氨酸钠与食盐同用，效果更佳，可得特异的鲜味；与肌苷酸钠或鸟苷酸钠混合后，鲜味可增加数倍，具有强烈的增强风味的作用。

三、益生素添加剂

益生素是指可以直接饲喂肉兔的活性微生物或其培养物，我国也称微生态制剂或饲用微生物。益生素添加剂主要用于促进畜禽生长，改善饲料利用率；防治疾病，减少死亡率；净化环境等。目前用于生产益生素的主要菌种有乳酸菌、双歧杆菌、粪链球菌、芽孢杆菌、酵母菌、放线菌、光合细菌等几大类。美国 FDA 批准用作直接饲喂的微生物已有 43 种，其中乳酸菌 28 种、芽孢杆菌 5 种、拟杆菌 4 种、曲霉菌 2 种、酵母菌 2 种等。我国农业部允许使用的饲料微生物添加剂有 12 种，分为乳酸菌类、芽孢杆菌类和酵母菌类。

由于活体微生物的存活和繁殖需要特定条件，在生产与应用过程中质量难控制，营养学家在研究益生素的同时，对动物体内固有的微生物菌群发生了兴趣。经过研究，找到了化学益生素这类物质。化学益生素是一种非消化性食物成分，到后肠可选择性地为大肠内的有益菌降解利用却不为有害菌所利用，而具有促进有益菌增殖、抑制有害菌的效果。化学益生素包括多种物质，如含氧多糖或寡糖、辅酶、某些氨基酸和维生素，甚至包括半纤维素和果胶等，但现在应用较多的是寡糖类物质。

寡糖亦称低聚糖，是指由 2～10 个单糖经脱水缩合，以糖苷键连接形成的具有直链或支链的低度聚合糖类的总称。多数低聚糖微甜，少数寡糖有苦味（如龙胆寡糖）。根据寡糖的生物学功能可将寡糖分为功能性寡糖和普通寡糖两大类，普通寡糖可被消化吸收和产生能量，主要包括蔗糖、麦芽糖、海藻糖、环糊精及麦芽寡糖；功能性寡糖则指不被肠道吸收，具有特殊生理学功能并且能够促进双歧杆菌的增殖，有益于肠道健康的一类寡糖，也称为双歧因子。用作饲料添加剂的化学益生素主要指功能性寡糖。

四、饲用酶添加剂

饲用酶添加剂也叫饲用酶制剂，是将一种或多种生物工程技术生产的酶与载体和稀释剂采用一定加工工艺生产的一种饲料添加剂。饲用酶制剂可以提高动物，特别是年幼或有疾病动物的消化能力，提高饲料消化率和养分利用率，改善肉兔生产性能，减少排泄物的污染，转化和消除饲料中的抗营养因子，并使一些新的饲料资源能被充分利用，饲用酶制剂大多属于助消化的酶类。

1. 消化碳水化合物的酶

植物性能量饲料中的碳水化合物含量通常在60％以上。饲料中的碳水化合物是一组化学组成、物理特性和生理活性差异特别大的化合物，有易消化的淀粉，也有难消化的非淀粉多糖。这类酶包括淀粉酶和非淀粉多糖酶。非淀粉多糖酶又包括半纤维素酶、纤维素酶和果胶酶。半纤维素酶主要包括木聚糖酶、甘露聚糖酶、阿拉伯聚糖酶和半乳聚糖酶；纤维素酶包括 C_1 酶、C_x 酶和 β-葡聚糖酶。

2. 蛋白酶

蛋白酶将蛋白质水解成为可被肠道消化吸收的小分子物质。根据最适 pH，将其分为酸性蛋白酶、中性蛋白酶和碱性蛋白酶。由于肉兔胃液呈酸性，小肠液多为中性，所以饲料中多添加酸性和中性蛋白酶，其主要作用是将饲料蛋白质水解为氨基酸。

3. 脂肪酶

脂肪酶是水解脂肪分子中甘油酯键的一类酶的总称，微生物产生的脂肪酶通常在 pH 值 3.5～7.5 时水解力最好，最适温度 38～40℃，因此微生物脂肪酶非常适用于饲料。脂肪酶一般从动物消化液中提取，外源性脂肪酶的作用与动物的年龄有关，生长动物体内的脂肪酶足以满足自身的需要，但仔、幼兔日粮中添加脂肪酶可能有益。

4. 植酸酶

植酸酶又称肌醇六磷酸水解酶，是一种可使植酸磷复合物中的磷变成可利用磷的酸性磷酸酯酶。植酸酶广泛存在于植物组织中，也存在于微生物（细菌、真菌和酵母）。目前分离出的植酸酶主要有 3-植酸酶（EC3.1.3.8）和 6-植酸酶（EC3.1.3.26），前者最先水解的是肌醇 3 号碳原子位置的磷酸根，主要存在于动物和微生物中；后者最先水解的是 6 号碳原子的磷酸根，主要存在于植物组织中。目前作为商品生产的植酸酶主要是来源于真菌的发酵产物，也有一部分是用生物技术生产的。

五、草药添加剂

草药添加剂是我国人民在中医中药理论指导下经长期实践的产物，可说是独具一格，别有特色。我国草药资源非常丰富，可就地取材。据不完全统计，草药添加剂的品种已有 200 多种，现有 5000 种草药可用于添加剂的生产。草药饲料添加剂没有化学药剂的抗药性、耐药性及药害残留，可以广泛应用于各种动物，提高动物的生产性能，改进产品质量，还可起到防病、治病的作用。根据功能常用的有下列几种类型。

1. 理气消食、助脾健胃类

这类草药具芳香气味，有健胃作用，还能缓解腹胀及肠胃痉挛，治疗食滞及便秘等，常见的有陈皮、青皮、枳实、神曲、麦芽、谷芽、山楂、厚朴、苍术、淮山药、艾、大蒜、马钱子、槟榔、茴香油、芥子等。

2. 安神定惊、通关利窍类

这类草药起养心安神作用，使肉兔在育肥阶段能安神熟睡，催肥长膘，提高饲料利用率，常用的有松针、五味子、酸枣仁、柏子仁等。

3. 驱虫除积类

驱虫除积类主要有槟榔、贯仲、使君子、百部、南瓜子、硫黄、青蒿、蛇床子、大蒜、仙鹤草、吴萸等，其中使君子为驱除蛔虫的主要用药，炒后服食具香气，既驱虫又开胃，槟榔能杀虫消积，行气利水，主要用于绦虫、姜片虫、蛔虫、蛲虫等多种寄生虫。

4. 宣肺化痰、止咳平喘类

常用的有百部、苏子、胡颓子、卖麻藤、桑白等。

5. 活血化瘀、旺盛血循、促进新陈代谢类

各类药大都能直接或间接促进血液循环，增强胃肠功能，加强家畜的消化吸收，许多活血药祛风除湿，治疗风湿疼痛，不但适宜催肥长膘，还可作为壮补剂，常用的有红花、菝葜、五加、当归、牛藤、益母草、鸡血藤等。

6. 清热解毒、杀菌抗病类

这类药有抗菌消炎、增强对疾病抵抗力的作用，常用药物有金银花、连翘、荆芥、紫苏、柴胡、苦参、野菊花、车前草、蒲公英、马齿苋、桉叶等。

7. 补血壮阳、养血滋阴

根据瘦弱体虚或久病初愈动物的生理特点，进行补虚挟正，调节阴阳，还能提高机体对疾病的免疫力，常用的有党参、黄芪、当归、何首乌、五加皮、穿山龙、肉桂、仙茅等。

第三节　饲料保质添加剂利用技术

一、防霉剂

饲料防霉剂是指具有能抑制微生物生长繁殖，防止饲料发霉变质和延长储存时间的饲料添加剂。饲料在储存过程中，极易被微生物污染，在适宜条件下，微生物进行大量繁殖，尤其是梅雨季节，更易于繁衍，从而使饲料发霉变质。防止饲料发霉，保证质量，延长储存期，减少饲料浪费，保证饲料营养价值是肉兔高效快速育肥的关键，目前常用的防霉剂主要有下列几种。

1. 丙酸及丙酸盐类

丙酸及丙酸盐类均属于酸性防腐剂，也是抗真菌剂，毒性低，有较广的抑菌性，能抑制微生物繁殖，对酵母菌、细菌和霉菌均有效，尤其对腐败变质微生物抑制作用更好。其包括丙酸、丙酸钠、丙酸钙、丙酸铵。丙酸及丙酸盐类的添加量一般在0.15%左右。

2. 富马酸及其酯类

富马酸及其酯类也属于酸性防霉剂，具有降低pH、抗菌谱广

的特点。富马酸及其酯类的防霉效果好于山梨酸和丙酸类。其中包括富马酸（延胡索酸）、富马酸二甲酯、富马酸二乙酯、富马酸二丁酯和富马酸一甲酯。富马酸及其酯类的添加量一般在0.08％。

3. 苯甲酸和苯甲酸钠

苯甲酸和苯甲酸钠能抑制微生物细胞呼吸酶的活性。阻碍三羧酸循环，使其代谢受到障碍。但对肉兔的生长、繁殖无不良影响。饲料添加剂中主要使用苯甲酸钠，苯甲酸和苯甲酸钠在饲料中的适宜添加量不得超过0.1％。

4. 山梨酸及其盐类

山梨酸及其盐类可作为饲料、食品防霉剂，对肉兔和人在生理上完全无害。它们不改变饲料气味和味道，由于价格原因，山梨酸及其盐类常用作代乳品防霉剂、食品或宠物饲料添加剂。山梨酸盐类包括山梨酸钠、山梨酸钾、山梨酸钙。山梨酸及其盐类的添加量一般在0.1％。

5. 柠檬酸和柠檬酸钠

柠檬酸又名枸橼酸，为半透明结晶或白色结晶粉末，无臭，味酸，在潮湿空气中会潮解。极易溶于水，易溶于甲醇、乙醇，微溶于乙醚。柠檬酸可防腐，又是抗氧化剂的增效剂。它可使肠道内容物变酸，稳定肠道微生物区系，提高生产性能及饲料利用率。一般按配合饲料的0.5％添加。柠檬酸钠又称枸橼酸钠，为无色结晶或白色结晶粉末，添加量同柠檬酸。

6. 乳酸、乳酸钙和乳酸亚铁

乳酸是应用最早的防霉剂，其抗菌作用弱。当浓度达到0.5％时才显示出防腐效果。对厌氧菌抑菌效果明显，主要通过调节饲料环境pH值来达到抑制微生物生长繁殖的目的。乳酸、乳酸钙和乳酸亚铁一般按配合饲料的0.5％～1％添加。

7. 双乙酸钠

双乙酸钠是一种新开发的食品饲料防腐剂，是乙酸钠和乙酸的分子复合物。为白色结晶粉末，含乙酸39.0％，有较强的乙酸味，易溶于水，具有高效、无毒、不致癌、无残留、适口性好等优点。

双乙酸钠为联合国 FAO/WHO 组织推荐使用于食品和饲料的防霉保鲜剂,美国食品药物管理局已将其定为一般公认安全品,其防霉效果与广泛使用的丙酮酸盐和进口的"霉敌"相当,但性能价格比丙酸盐高。双乙酸钠在饲料中的添加量 0.04% 左右,添加量与饲料水分含量有关。

8. 复合防霉剂

由一种或多种防霉剂与某种载体结合而成的复合防霉剂可保持或增加单一防霉剂原有的抑真菌功效,但消除或降低了单一防霉剂的腐蚀性与刺激性。Mold-X 由丙酸、乙酸、山梨酸、苯甲酸和载体硅酸钙组成,由于各种防霉剂的协同作用使这种产品具有较好的抗真菌活性。Adofeed 由丙酸包含于油悬浊液中制成,抑菌活性明显优于相应的粉状防霉剂。

二、抗氧化剂

饲料抗氧化剂指能够阻止或延迟饲料氧化,提高饲料稳定性和延长储存期的物质。饲料中含有多种易被氧化的营养成分,比如不饱和脂肪酸、微量元素和维生素易被空气中的氧气氧化破坏,使饲料营养价值下降,适口性变差,甚至产生对人和肉兔有害的物质。必须在饲料中添加一定的抗氧化剂来解决饲料在储存过程中这方面存在的问题,目前常用的抗氧化剂主要有下列几种。

1. 乙氧基喹啉

乙氧基喹啉(EMQ)属于二氢喹啉类药物,又称乙氧喹、山道喹、抗氧喹、衣索金、埃托克西金等。乙氧基喹啉是一种人工合成的抗氧化剂,是迄今为止国内外最好的饲料抗氧化防霉保鲜剂,它从生产、运输、储存直到肉兔体内消化全过程进行抗氧化,它被公认为首选的饲料抗氧化剂,尤其对脂溶性维生素的保护是其他抗氧化剂无法比拟的,美国每年使用的抗氧化剂中乙氧基喹啉约占80%。乙氧基喹啉一般以喷雾法喷于饲料后可有效防止饲料中油脂酸败和蛋白质氧化,且能防止维生素 A、维生素 E、胡萝卜素变质。它常用于饲料鱼粉、肉粉、脂肪保鲜。鱼粉、脂肪类饲料中的添加用量一般为 0.05%~0.1%;在维生素 A、维生素 D 等饲料添加剂中使用量为 0.1%～0.2%；全价配合饲料中添加量为 50～150 毫克/千克；苜蓿干粉中添加 200 毫克/千克。

2. 二丁基羟基甲苯

二丁基羟基甲苯（BHT）是一种人工合成的抗氧化剂，通常为白色微黄、块状或粉状性晶体，无臭无味，不溶于水及甘油，易溶于甲醇、乙醇、丙酮、棉籽油及猪油等。对热稳定，与金属离子作用不会着色。一般对肉兔无害，为各国常用的一种饲料氧化剂。二丁基羟基甲苯作用与乙氧基喹啉类似，对饲料中脂肪、叶绿素、维生素、胡萝卜素等都有保护作用，用量一般为 60～120 毫克/千克，在鱼粉及油脂中的用量为 100～1000 毫克/千克。它与丁二基羟基茴香醚或有机酸（常用柠檬酸）合并使用具有很好的协同作用。美国 FAD 规定，二丁基羟基甲苯用量不得超过饲料中脂肪含量的 150 毫克/千克。

3. 丁基羟基茴香醚

丁基羟基茴香醚（BHA），也是一种人工合成的抗氧化剂，常温状态下为白色或微黄色结晶状粉末，有特异酚类臭味及刺激性气味，通常是两种异构体的混合物。不溶于水，可溶于乙醇、丙酮及丙二酸等，对热稳定。丁基羟基茴香醚与乙氧基喹啉的作用相似，一般不在畜体内积存。多用于油脂抗氧化剂。丁基羟基茴香醚与柠檬酸、抗坏血酸等合作有较好的协同效应，它也可以和二丁基羟基甲苯联用于动植物油脂饲料中。使用时，以适量乙醇和丙二醇作溶剂能提高丁基羟基茴香醚的抗氧化能力。在饲料中的通常用量为 60～120 毫克/千克，在鱼粉及油脂中的用量为 0.1%。

4. 二氢吡啶

二氢吡啶也是一种人工合成的抗氧化剂，具有天然抗氧化剂维生素 E 的某些作用，通常为淡黄色粉末，无味，不溶于水，能溶于热乙醇中，见光易氧化，故应避光保存。无毒，无副作用。使用二氢吡啶时，先与少量精料混匀，再扩大至与所有饲料混合，也可以制成粉料或颗粒料，每 1000 千克兔饲料中添加 200 克。

5. 维生素 E

维生素 E 又称生育酚，目前已知的至少有 8 种相似的化学结构形式，其中有 4 种（α-生育酚、β-生育酚、γ-生育酚、δ-生育酚）最为重要，而以 α-生育酚分布最广，效价最高，最具代表性。维生素 E 的主要商品形式有 D-α-生育酚、DL-α-生育酚、D-α-生育酚乙酸酯和 DL-α-生育酚乙酸酯。维生素 E 不易被氧化，因此它可以保护其他被氧化的物质不被破坏。在体内维生素 E 还能阻止细胞内的过氧化。另外，维生素 E 还具有补偿作用，将维生素 E 添加到已氧化的脂肪中，可以减轻甚至完全消除脂肪氧化对肉兔生长和饲料转化率所产生的不良反应。维生素 E 为广泛用作食品和饲料的抗氧化剂，主要用于脂肪和含油食品中，添加量在 0.1% 左右。

6. 维生素 C

维生素 C 又称抗坏血酸，自然界有生物活性的 L-抗坏血酸，通常为白色晶体粉末，有酸味，易溶于水，稍溶于乙醇，微溶于甘油，不溶于乙醚和三氯甲烷，熔点为 190℃。维生素 C 的商品形式为抗坏血酸、抗坏血酸钠、抗坏血酸钙及包被抗坏血酸。生产实践中常用抗坏血酸钠作为添加剂，抗坏血酸钠为白色结晶粉末，略有酸味，极易溶于水，基本不溶于乙醇、乙醚、三氯甲烷，具有一定的抗氧化能力，适用于各种畜禽配合饲料、动物性饲料和固体食品的品质保护。添加量可根据饲料而定，一般为 0.1%。

7. 其他抗氧化剂

除上述抗氧化剂外，常用的还有没食子酸丙酯（PG）、叔丁基对二酚（TBHQ）、3,5-二叔丁基-4-羟基茴香醚、丁羟基甲苯，添加量均为每 1000 千克饲料 200 克。

三、调制剂

饲料调制剂指饲料加工过程中为改善饲料的形状、饲料的混合程度、饲料的软化状态等而添加的物质，包括颗粒饲料加工过程中所用的黏结剂、矿物质添加剂中防止结块而保证混合均匀度的防结块剂等。

1. 黏结剂

饲料黏结剂又称颗粒饲料制粒剂，是饲料生产过程中，为了使饲料成形而加入的一类物质。黏结剂的主要作用是改善饲料的黏结性，提高颗粒成形率，增加颗粒质度。可作为黏结剂的物质很多。凡无毒、无不良气味、具有较强黏结作用的天然物质和化学合成或半合成物质都可作黏结剂，可分为天然黏结剂和合成黏结剂两大类。天然黏结剂有 α-淀粉、植物胶、动物胶、糖蜜、膨润土、海藻酸钠、木质素磺酸钠、酪蛋白酸钠、明胶等。人工合成的黏结剂有羟甲基纤维素（钠盐）、聚丙烯酸钠、聚丙烯醇等。不同国家或对不同动物所使用的黏结剂种类不同。日本常用的黏结剂为聚丙烯酸钠、酪蛋白酸钠；美国常用膨润土和木质素磺酸钠。黏结剂的添加量一般不超过 2%。

2. 抗结块剂

抗结块剂的功能是使饲料和添加剂保持良好的流散性，防止结块。有的抗结块剂具有润滑作用，可阻止物料在制粒机上集结，并可改善预混料的均匀度。抗结块剂要求吸水性差，流动性好，对肉兔无毒无害，安全可靠。常见的抗结块剂有亚铁氰化钾、二氧化硅、硅酸钙、硅酸钠、硅酸镁、硅酸铝钠、沸石、膨润土及钠盐、硅藻土、硬脂酸钙、硬脂酸钾、硬脂酸钠等。各种抗结块剂在配合饲料中用量一般不超过 2%。

四、其他调制剂

1. 除臭剂

具有抑制畜禽粪尿恶臭的特殊功能。主要是减少氨在消化道、血液以及粪便中的含量，净化环境，提高饲料转化率和日增重。目前，除臭剂主要成分多为丝兰植物提取物。

2. 吸湿剂

主要用于添加剂预混料的生产过程，特别是维生素、微量元素等添加剂预混料，以控制其中的水分，保证它们的有效性。常使用的一种吸湿剂是蛭石，可吸附相当于本身体积 50% 的液体。

第六章

育肥肉兔营养需要与饲料配制技术

第一节 肉兔快速育肥营养需要

肉兔所需的营养要素与其他家畜相同，主要包括水、能量、蛋白质、矿物质、维生素等。

一、水

水的功用很多。像饲料的消化、吸收和利用、营养物质的代谢、排泄以及体温调节等生命活动都离不开水。水是肉兔机体的重要组成成分之一。肉兔身体中所含的水分约占体重的70%，不但兔体细胞内、细胞间有大量水，而且血液和奶中也含有丰富的水。水在肉兔体内有帮助营养物质的消化、吸收、运输和参与新陈代谢，参与细胞与组织的化学作用，排泄废物，调节体温，以及调节组织的渗透压等生理功能，是肉兔维持生命绝对不可缺少的物质。

当肉兔缺水时，可使体内代谢遭到严重破坏，饲料的消化发生障碍，蛋白质代谢产生的废物排出困难，血液浓度及体温也随之提高。这种代谢紊乱不仅影响生产力的发挥，还使健康受到损害。缺水时，肉兔增重减慢。当肉兔体内损失5%的水，就会出现严重的干渴，食欲丧失，消化能力减弱，并因黏膜干燥而降低对疾病的抵抗力；肉兔体内损失10%的水，能引起严重的代谢紊乱，生理过程遭到破坏；肉兔体内损失20%的水，即可引起死亡。

假如完全不给水，成年兔只能活4～8天，假如充足供水而不给料，兔可活 21～30 天，有专家也观察到，在禁水条件下，兔的生命平均维持 19 天，每日减重 2.2%～2.6%，当体重下降至 34.4%～51.4%时即死亡；当按自由饮水量减半限制饮水时，采食量减少 27%，体重降低 50%，采食饲料的代谢率降低约 1/3。

中国农业大学兔场研究了供水与增重的关系，结果表明，充分供水兔的日增重是低供水兔的 24 倍。供水不足还可引起胃功能降低，消化紊乱，诱发肠毒血症，食欲减退，出现肾炎，产后母兔吃胎衣、舔胎水、吃掉仔兔、泌乳不足，此外供水不足会导致兔喝尿、乱食杂物，公兔性欲减退，精液品质下降。

肉兔日需水量较大，尤以夜间喝的次数较多，即使饲喂青草和多水的蔬菜，仍需喂一定量的水。肉兔每天的需水量一般为采食干料量的 2～3 倍。在饲喂颗粒料时，中、小型兔每天每只需水300～400 毫升。大型兔为 400～500 毫升。中国农业大学兔场利用 95 只体重 3400 克的肉用兔进行了饮水量测定，平均每天每只需水 320毫升。

二、蛋白质

蛋白质是兔体内除了水分以外含量最多的营养物质。成年肉兔体内（消化道内容物除外）含有约 18%的蛋白质，以不含脂肪的干物质计，其蛋白质的含量为 80%。蛋白质在肉兔体内占有特殊地位，它和核酸是构成原生质的主要成分，原生质是生命现象的物质基础。蛋白质是构成肉兔体组织、体细胞的基本原料，也是肉兔体内酶、激素、抗体、色素、精子、卵子以及肉、毛、皮、乳等产品的成分。

兔肉含有 21%的蛋白质，兔奶含有 10.2%的蛋白质。蛋白质是修补体组织器官的必要物质，肉兔体组织的蛋白质通过新陈代谢不断更新，新的蛋白质不断修补老化破损的组织器官。肉兔机体蛋白质经 6～7 个月就有半数为新的蛋白质所更换。

由于蛋白质的基本单位是氨基酸，蛋白质营养实际是氨基酸营养。按氨基酸对兔体的营养作用，通常可分为必需氨基酸和非必需氨基酸。肉兔体需要的氨基酸有 20 种。其中必需氨基酸有精氨酸、组氨酸、异亮氨酸、蛋氨酸、苯丙氨酸、苏氨酸、色氨酸、缬氨酸、亮氨酸、赖氨酸、甘氨酸；非必需氨基酸有丙氨酸、胱氨酸、酪氨酸、天门冬氨酸、谷氨酸、脯氨酸、羟脯氨酸、丝氨酸、瓜氨酸。

肉兔理想的日粮粗蛋白质含量，生长兔和妊娠兔为 15％～16％，哺乳兔为 17％～18％，赖氨酸及含硫氨基酸为 0.6％，精氨酸为 0.5％。赖氨酸和蛋氨酸是限制性氨基酸，在肉兔快速育肥生产中作用非常重要，其含量高则其他氨基酸的利用率高。

三、能量

能量是肉兔的重要营养素。肉兔机体的生命及生产活动，需要机体各个系统正常地、相互协调地执行其各自的功能。在这些功能活动中要消耗能量。

用 6 月龄日本白兔（2.75～3.75 千克）进行基础代谢试验，结果公、母兔的基础代谢分别为 (0.2370±0.0185)兆焦/千克和 (0.2087±0.0059)兆焦/千克。由于肉兔活动量大，肉兔的维持需要为 0.553 兆焦消化能/代谢体重。生长兔每增重 1 千克需要 39.9 兆焦消化能。100 克兔奶中含有 0.75 兆焦的能量。肉兔的代谢能利用率为 60％～70％，代谢能为消化能的 95％，据此每产 1 千克奶，需要消化能 13.70～13.75 兆焦消化能。NRC 推荐的妊娠期、泌乳期、生长期日粮能量含量均为 10.46 兆焦/千克。

肉兔能消耗足够的饲料满足其能量的需要。饲料的食入量往往与日粮的能量水平密切相关。肉兔能量需要一般用消化能表示。消化能是饲料总能减去随粪便排出的粪能。幼龄兔的粪能约占 10％，成年兔因吃大量粗饲料，粪能可达 60％以上。

肉兔的能量来源于饲料中的碳水化合物、脂肪和蛋白质。碳水化合物是一类有机化合物的总称。它是植物性饲料最主要的组成成分，约占其干物质的 3/4。包括有粗纤维和无氮浸出物两部分。碳水化合物是热能的主要来源，每克碳水化合物、葡萄糖、纤维素、淀粉产热平均值分别为 17363.6 焦、15731.84 焦、17489.12 焦、17698.32 焦。

粗纤维在植物饲料中一般较多，肉兔能借助盲肠中的微生物，分解一部分粗纤维。但肉兔对粗纤维的利用率并不高，如对苜蓿干草粗纤维的消化率只有 16.2%，而马为 34.7%，羊为 45%。粗纤维消化的终产物是挥发性脂肪酸，据测定，1 克乙酸、1 克丙酸和 1 克丁酸产生的热能分别为 14434.80 焦、19079.04 焦和 24894.80 焦。

脂肪氧化时，需氧量大而产生的热量也大，每克脂肪氧化时放出的热量为 39329.6 焦。饲料中的脂肪是一种高能量物质，也是肉兔能量的供应者。脂肪是兔体供能和储能的最好形式，在日粮中应占 2%～5%。

饲料中的蛋白质氧化时能产生热能。每克蛋白质产热平均值为 23639.6 焦，可作为兔体能量来源之一。但是蛋白质价格贵，来源不易，靠蛋白质提供能量是不经济的。而饲料中碳水化合物含量高，价格便宜，是肉兔能量最主要的供应者。

四、矿物质

肉兔对矿物质元素需要量并不大，但却不可少。因为有的是酶或辅酶的组成成分，有的是兔体器官组织的一部分，有的对兔产品形成起调节作用，缺乏时影响兔的生产效率。在一般地区，饲喂青草为主，辅加一定量的精料，不易发生矿物质元素缺乏症。目前认为，钙、磷、铁、铜、锌、钠、氯、钴、锰、镁、硫、碘、硒等为肉兔所必需的矿物质元素。

钙和磷是骨骼和牙齿的主要组成成分，并且具有维持正常性功能的作用，还参与机体代谢。按常规要求，其比例应为 2:1，但对于肉兔，实际上远没有其他动物要求那样严格。因为肉兔有忍受高钙的能力，能将多余的钙通过尿排除，通常苜蓿的钙远多于磷，而饲喂时并不出现钙磷失调症，若能将苜蓿和麸皮配合饲喂更安全。兔日粮中磷含量不宜过多。磷过高会使肉兔表现出软骨病、幼兔佝偻病，可用石粉、碳酸钙等调整钙含量。肉兔钙、磷需要量：生长期钙 0.4%，磷 0.22%；怀孕期钙 0.45%，磷 0.37%；哺乳期钙 0.35%，磷 0.5%。

铁参与能量代谢和血液形成与循环，铁是血红蛋白、血色素等的组成成分，而血红蛋白有运送氧的功能，铁不足将使血红蛋白减少，使肉兔贫血。肉兔日粮中铁的需要量为 50～100 毫克/千克干物质。

铜与铁协同参与代谢，铜的主要功能是参与组织氧化和血液形成，铜还是一些酶的辅酶成分。铜不足会引起兔贫血、生长缓慢、黑色毛皮变灰、局部脱毛、皮肤病等，还可降低繁殖力。肉兔日粮中铜的需要量为 10～20 毫克/千克干物质。为了促生长，常有建议使用高铜日粮，铜的用量可达 200 毫克/千克干物质。

锌是许多酶的辅酶成分，日粮中锌的缺乏会降低肉兔的生育力，使发情、排卵、妊娠能力下降，还出现脱毛和皮炎等。肉兔日粮中锌的需要量为 50～70 毫克/千克干物质。

钠和氯是维持兔体体液正常离子浓度不可缺少的成分，保证体液平衡和代谢活动正常进行。值得注意的是，植物性饲料中缺钠，因此通常在饲料中加入 0.5％食盐；但不宜过多，超过 1％时会引起食盐中毒。

硒是有毒的矿物质元素，肉兔采食过多而引起中毒，表现脱毛、失明，甚至死亡。但适量的硒又是肉兔所必需的。它与维生素E 协同作用，限制过氧化物的形成。硒是谷胱甘肽过氧化酶的一部分，可排除过氧化物侵害，并起解毒作用。土壤中缺硒的地区，使饲料中含硒量不足，应添加亚硒酸钠。添加时必须混匀，可将其先溶于水，再用喷雾器均匀喷于饲料中，以防不匀引起中毒。一般认为，每吨混合料中添加 0.5 克亚硒酸钠是安全的。

钴是维生素 B_{12} 合成时不可缺少的成分，也是正常造血所必需的。钴不足时将影响兔体维生素 B_{12} 的合成和造血。肉兔日粮中钴的需要量为 0.1 毫克/千克干物质。

锰参与骨骼的形成和再生，不足时使兔骨骼疏松，长骨弯曲。肉兔日粮中锰的需要量为 30～50 毫克/千克干物质。

镁参与钙、磷代谢及骨骼的形成，机体中 60％的镁存在于骨骼中，镁还参与 些酶的反应，起活化作用，如凝乳酶、胰蛋白酶等。所以镁的缺乏，不仅影响钙、磷代谢，骨骼形成，还影响饲料利用率。肉兔日粮中镁的需要量为 300～400 毫克/千克干物质。

关于育肥肉兔对矿物元素的需要量，表 6-1 和表 6-2 是国外有影响力的机构和学者已发表的有关家兔对矿物质元素的需要量，在此仅供参考。

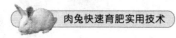

表6-1 家兔常量元素需要量

类型	机构或学者	钙/(克/千克)	磷/(克/千克)	钠/(克/千克)	氯/(克/千克)	钾/(克/千克)
生长肥育兔	NRC(1977)	4.0	2.2	2.0	3.0	6.0
	AEC(1987)	8.0	5.0	3.0		
	Schlolant(1987)	10.0	5.0			10.0
	Labas(1990)	8.0	5.0	2.0	3.5	6.0
	Burgi(1993)	5.0	3.0			
	Mateos(1994)	5.5	3.5	2.5		
	Vandelli(4995)	4.0~8.0	3.0~5.0			
	Xiccato(1996)	8.0	5.0		3.0	
	Meartens(1995)	8.0~9.0	5.0~6.0	2.0	3.0	
泌乳母	NRC(1977)	7.5	5.0	2.0	3.0	6.0
	AEC(1987)	11.0	8.0	3.0		
	Schlolant(1987)	10.0	5.0			10.0
	Labas(1990)	12.0	7.0	2.0	3.5	9.0
	Mateos(1994)	11.5	7.0			
	Vandelli(4995)	11.0~13.5	6.0~8.0			
	Xiccato(1996)	12.0	5.5		3.0	
	Meartens(1995)	13.0~13.5	6.0~6.5	2.5	3.5	

表6-2 家兔微量元素需要量

类型	元素	NRC(1977)	Schlolaut(1987)	Labas(1990)	Mateos(1994)	Xiccato(1996)	Meartens(1995)
生长育肥兔	铜/(毫克/千克)	3	20	15	5	10	10
	碘/(毫克/千克)	0.2		0.2	1.1	0.2	0.2
	铁/(毫克/千克)		100	50	35	50	50
	锰/(毫克/千克)	8.5	30	8.5	25	5	8.5
	锌/(毫克/千克)		40	25	60	25	25
	钴/(毫克/千克)			0.1	0.25	0.1	0.1
	硒/(毫克/千克)					0.01	0.15
泌乳母兔	铜/(毫克/千克)	5	10	15	5	10	10
	碘/(毫克/千克)	1		0.2	1.1	0.2	0.2
	铁/(毫克/千克)	30	50	100	35	100	100
	锰/(毫克/千克)	15	30	2.5	25	5	2.5
	锌/(毫克/千克)	30	40	5	60	50	50
	钴/(毫克/千克)	1		0.1	0.25	0.1	0.1
	硒/(毫克/千克)	0.08			0.01	0.15	

五、维生素

维生素分为脂溶性维生素（包括维生素 A、维生素 D、维生素 E 和维生素 K）和水溶性维生素（包括 B 族维生素和维生素 C）两大类。维生素是维持生命活动不可缺少的，是一类化学结构各异、生理功能不同的有机化合物。一种维生素可单独作用，也可相互协同作用，虽然家兔需要量不大，但是不可缺少的，不足时将出现特有的缺乏症。

维生素 A 在植物性饲料中的存在形式是前体物胡萝卜素，胡萝卜素在小肠酶的作用下，转化为维生素 A。家兔在非青草季节，或利用颗粒饲料喂兔时，或喂给低蛋白质、低脂肪饲料时，要特别注意补充维生素 A 或增喂富含胡萝卜素的饲料。家兔缺乏维生素 A，首先表现的是繁殖障碍，如发情不正常，受胎率下降，胚胎被吸收，流产，死胎，公兔性欲低，精液品质差。维生素 A 不足还可造成仔兔脑血管狭窄，使脑膜与颅骨之间部分扩大，出生时仔兔头比一般仔兔的大，仔兔脑积水多，死胎多或生后短时间即死亡，使生长兔食欲缺乏，生长停滞，出现眼炎、流泪，甚至失明，兔耳软骨形成受阻，耳软骨缺乏支撑力，运动失调、瘫痪、斜颈等神经症状。家兔日粮中维生素 A 的需要量为 6000～8000 国际单位/千克体重。

维生素 D 的主要作用是调节饲料钙、磷的吸收。缺乏时患佝偻病、软骨症，舍饲时需适量予以添加；过多时引起中毒，食欲下降，迟钝，软组织钙化等。肉兔维生素 D 需要量为每千克体重 10 国际单位，公兔需 5 国际单位。一般在 1 千克配合饲料中应含 1250 国际单位的维生素 D。

维生素 E 也称生育酚，通常与矿物质元素硒协同作用，防止代谢中形成的有毒过氧化物对组织的破坏，可将其转化成无毒物。当维生素 E 或硒不足时，有毒过氧化物可损伤组织，使肌肉组织受破坏，营养不良甚至变性，行动困难或出现麻痹症。维生素 E 不足还可引起肝脂肪变性，造成繁殖障碍，胎儿被吸收，流产，使初生至 10 日龄仔兔突然死亡，造成公兔睾丸变性，降低繁殖力。一般每千克配合饲料中应含 50 毫克维生素 E。

维生素 K 参与凝血，可激活血液中的凝血酶原，加速凝血过程。缺乏时将影响血液凝固，使出血不止，失血过多。母兔流产后

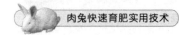

或分娩后有时出现此症。一般在 1 千克配合饲料中应含 1～2 毫克维生素 K。

B 族维生素包括维生素 B_1、维生素 B_2、维生素 B_3、维生素 B_6、维生素 B_{12}、维生素 PP 及胆碱，属于水溶性维生素，可由兔肠道细菌微生物合成，而且草料中含量丰富，不易缺乏。

关于育肥肉兔对维生素的需要量，表 6-3 是国外有影响力的机构和学者已发表的有关家兔对维生素的需要量，在此仅供参考。

表 6-3 家兔每千克饲料中维生素需要量

类型	机构或学者 元素	NRC (1977)	Schlolaut (1987)	Labas (1990)	Mateos (1994)	Xiccato (1996)	Meartens (1995)
生长育肥兔	维生素 A/国际单位	580	8000	6000	10000	6000	6000
	维生素 D/国际单位		1000	1000	1000	1000	800
	维生素 E/毫克	40	40	50	20	30	30
	维生素 K/毫克		1		1		2
	尼克酸/毫克	180	50	50	31	50	50
	维生素 B_6/毫克	39	400	2	0.5	2	2
	硫胺素/毫克			2	0.8	2	2
	核黄素/毫克			6	3	6	6
	叶酸/毫克			5	0.1	5	5
	泛酸/毫克			20	10	20	20
	维生素 B_{12}/微克			10	10	10	10
	胆碱/毫克	1200	1500	0	300	50	50
	生物素/毫克			200	10	200	200
泌乳母兔	维生素 A/国际单位	10	8	10	10	10	10
	维生素 D/国际单位	1	0.8	1	1	1	1
	维生素 E/毫克	30	40	50	20	50	50
	维生素 K/毫克	1	2	2	1	2	2
	尼克酸/毫克	50	50		31	50	
	维生素 B_6/毫克	2	300		0.5	2	
	硫胺素/毫克	1			0.8	2	
	核黄素/毫克	3.5			3	6	
	叶酸/毫克	0.3			0.1	5	
	泛酸/毫克	10			10	20	
	维生素 B_{12}/微克	10			10	10	
	胆碱/毫克	1000	1500		300	100	100
	生物素/微克				10	200	

✥ 第二节 肉兔快速育肥饲养标准利用技术 ✥

一、饲养标准的含义及利用技术

1. 饲养标准概念

饲养标准是根据大量饲养实验结果和肉兔生产实践的经验总结，对肉兔所需要的各种营养物质的定额作出的规定，这种系统的营养定额及有关资料统称为饲养标准。简言之，即肉兔系统成套的营养定额就是饲养标准，简称标准。标准是一个传统专业名词术语，其含义和准确程度受科学研究条件和技术进步程度制约。早期的"饲养标准"基本上是直接反映肉兔在实际生产条件下摄入营养物质的数量，标准的适用范围比较窄。现行饲养标准则更为确切和系统地表述了经实验研究确定的特定肉兔（不同种类、性别、年龄、体重、生理状态、生产性能、不同环境条件等）能量和各种营养物质的定额数值。如 1.5 千克肉兔日增重 30 克的蛋白质饲养标准为 10.5 克，非常具体。

2. 饲养标准的基本特征

（1）饲养标准的科学性和先进性。饲养标准是肉兔营养和饲料科学领域科学研究成果的概括和总结，高度反映了肉兔生存和生产对饲养及营养物质的客观要求，具体体现了本领域科学研究的最新进展和生产实践的最新总结。标准的科学性和广泛的指导作用无可非议。此外，总结、概括纳入饲养标准或营养需要中的营养、饲养原理和数据资料，都是以可信度很高的重复实验资料为基础，对重复实验资料不多的部分营养指标，在标准或"需要"中均有说明。表明标准是实事求是、严密认真科学工作的成果。随着科学技术不断发展、实验方法不断进步、肉兔营养研究不断深入和定量实验研究更加精确，饲养标准或营养需要也更接近肉兔对营养物质摄入的实际需要。

（2）饲养标准的权威性。标准的权威性首先是由其内容的科学性和先进性决定的。其次以其制定的过程和颁布机构的地位作用看，也体现了权威性。标准不但是大量科学实验研究成果的总结，而且它的全部资料都要经过有关专家定期或不定期地集中严格审定，其审定结果又以专题报告的文件形式提交有关权威行政部门颁布。我国研究制定的猪、鸡、牛和羊等的饲养标准，均由农业部颁布。世界各国的标准或营养需要均由本国的有关权威部门颁布，其中国际上有较大影响的饲养标准有美国国家科学研究委员会（NRC）制定的各种营养需要、英国农业科学研究委员会（ARC）制定的畜禽营养需要、日本的畜禽饲养标准等。它们都颇有代表性，并各有特点，值得参考。

（3）饲养标准的可变化性。标准不但随科学研究的发展而变化，也随实际生产的发展而变化。变化的目的是为了使标准规定的营养定额尽可能满足肉兔对营养物质的客观要求。就应用标准而言，仅起着指导饲养者向肉兔合理提供营养物质的作用。不能一成不变地按标准的规定供给肉兔营养，必须根据具体情况调整营养定额，认真考虑保险系数。只有充分考虑标准的可变化性特点，才能保证对肉兔经济有效的供给，才能更有效地指导生产实践。

（4）饲养标准的条件性和局限性。标准是确切衡量肉兔对营养物质客观要求的尺度。标准的产生和应用都是有条件的，它是以特定兔为对象，在特定环境条件下研制的满足其特定生理阶段或生理状态的营养物质需要的数量定额。但在肉兔生产实际中，影响饲养和营养需要的因素很多，诸如同品种之间的个体差异、各种饲料的不同适口性及其物理特性、不同的环境条件甚至市场经济形势的变化等，都会不同程度地影响肉兔的营养需要量和饲养管理。这种标准的产生和应用条件的特定性与实际肉兔生产条件的多样性及变化性，决定了标准的局限性，即任何饲养标准都只在一定条件下、一定范围内适用，切不可不问时间、地点、条件生搬硬套。在利用标准中的营养定额拟订饲粮，设计饲料配方，制定饲养计划等工作中，要根据不同国家、地区、不同环境情况和生产性能及产品质量的不同要求，对标准中的营养定额酌情进行适当调整，才能避免其局限性，增强实用性。

3. 饲养标准的利用

饲养标准是发展肉兔生产、制订生产计划、组织饲料供给、设计饲粮配方、生产平衡饲粮、对肉兔实行标准化饲养管理的技术指南和科学依据。但是，照搬标准中的数据，把标准看成是解决有关问题的现成答案，忽视标准的条件性和局限性，则难以达到预期目的。因此，应用任何一个饲养标准，应充分注意以下基本原则。

（1）选用标准的适合性。选用任何一个标准，首先应考虑标准所要求的肉兔与应用对象是否一致或比较近似，若品种之间差异太大则标准难以适合应用对象，例如 NRC 的营养需要不适用于我国地方品种。除了肉兔遗传特性以外，绝大多数情况下均可以通过合理设定保险系数使标准规定的营养定额适合应用对象的实际情况。

（2）应用标准定额的灵活性。标准规定的营养定额一般只对具有广泛或比较广泛的共同基础的肉兔饲养有应用价值，对共同基础小的肉兔饲养则只有指导意义。要使标准规定的营养定额变得可行，必须根据不同的具体情况对营养定额进行适当调整，选用按营养需要原则制定的标准，一般都要增加营养定额。选用按"营养供给量"原则制定的标准，营养定额增加的幅度一般比较小，甚至不增加。选用按"营养推荐量"原则制定的标准，营养定额可适当增加。

（3）标准与效益的统一性。满足肉兔对营养物质的客观要求，应用标准规定的营养定额，不能不考虑饲料生产成本。必须贯彻营养效益、经济效益、社会效益和生态效益等相统一的原则。标准中规定的营养定额实际上显示了肉兔的营养平衡模式，按此模式向肉兔供给营养，可使肉兔有效利用饲料中的营养物质。在饲料或肉兔产品的市场价格变化的情况下，可以通过改变饲粮的营养浓度，不改变平衡，而达到既不浪费饲料中的营养物质又实现调节肉兔产品的量和质的目的，从而体现标准与效益统一性的原则。

二、国外肉兔饲养标准

国外对家兔营养需要量研究比较多，积累了不少的数据。自1977 年美国国家研究委员会（NRC）公布家兔饲养标准以后，德国、法国、前苏联等许多国家也相继公布了家兔饲养标准或家兔营养需要量，现列出供参考（表 6-4～表 6-8）。

表 6-4 美国 NRC (1977) 肉兔饲养标准

营 养 指 标	生长阶段	维持阶段	妊娠阶段	泌乳阶段
消化能/(兆焦/千克)	10.46	8.79	10.46	10.46
总可消化养分/%	65	55	58	70
粗纤维/%	10～12	14	10～12	10～12
粗脂肪/%	2	2	2	2
粗蛋白质/%	16	12	15	17
钙/%	0.4		0.45	0.75
磷/%	0.22		0.37	0.5
镁/(毫克/千克)	300～400	300～400	300～400	300～400
钾/%	0.6	0.6	0.6	0.6
钠/%	0.2		0.2	0.2
氯/%	0.3	0.3	0.3	0.3
铜/(毫克/千克)	3	3	3	3
碘/(毫克/千克)	0.2	0.2	0.2	0.2
锰/(毫克/千克)	8.5	2.5	2.5	2.5
维生素 A/(国际单位/千克)	580		1160	
胡萝卜素/(毫克/千克)	0.83		0.83	
维生素 E/(毫克/千克)	40		40	40
维生素 K/(毫克/千克)			0.2	
烟酸/(克/千克)	180			
维生素 B_6/(毫克/千克)	39			
胆碱/(克/千克)	1.2			
赖氨酸/%	0.65			
蛋氨酸+胱氨酸/%	0.6			
精氨酸/%	0.6			
组氨酸/%	0.3			
亮氨酸/%	1.1			
异亮氨酸/%	0.6			
苯丙氨酸+酪氨酸/%	1.1			
苏氨酸/%	0.6			
色氨酸/%	0.2			
缬氨酸/%	0.7			

表 6-5　法国 AEC（1993）肉兔饲养标准

营 养 指 标	泌乳带仔母兔	生长兔(4~11周)
消化能(兆焦/千克)	10.46	10.46~11.3
粗纤维/%	12.00	13.00
粗蛋白质/%	17.00	15.00
赖氨酸/%	0.75	0.70
蛋氨酸+胱氨酸/%	0.65	0.60
苏氨酸/%	0.90	0.90
色氨酸/%	0.65	0.60
精氨酸/%	0.22	0.20
组氨酸/%	0.40	0.30
异亮氨酸/%	0.65	0.60
亮氨酸/%	1.30	1.10
苯丙氨酸+酪氨酸/%	1.30	1.10
缬氨酸/%	0.85	0.70
钙/%	1.10	0.80
磷/%	0.80	0.50
钠/%	0.30	0.30

表 6-6　法国 AEC（1993）肉兔维生素和微量元素饲养标准

维生素	需要量	微量元素	需要量
维生素 A/(国际单位/千克)	10000	钴/(毫克/千克)	1
维生素 D/(国际单位/千克)	1000	铜/(毫克/千克)	5
维生素 E/(毫克/千克)	30	铁/(毫克/千克)	30
维生素 K/(毫克/千克)	1	碘/(毫克/千克)	1
维生素 B_1/(毫克/千克)	1	锰/(毫克/千克)	15
维生素 B_2/(毫克/千克)	3.5	硒/(毫克/千克)	0.08
泛酸/(毫克/千克)	10	锌/(毫克/千克)	30
维生素 B_6/(毫克/千克)	2		
维生素 B_{12}/(毫克/千克)	0.01		
尼克酸/(毫克/千克)	50		
叶酸/(毫克/千克)	0.3		
胆碱/(毫克/千克)	1000		

表 6-7 **Lebas**（2008）**高生产性能肉兔饲养标准**

日粮（90％干物质）营养指标	生长兔		繁殖母兔		通用
	42～80日龄	18～43日龄	集约化	半集约化	
消化能/（兆卡/千克）	2.4	2.6	2.7	2.6	2.4
消化能/（兆焦/千克）	10	10.9	11.3	10.9	10
粗蛋白质/（克/千克）	150～160	160～170	180～190	170～175	160
可消化粗蛋白质/（克/千克）	110～120	120～130	130～140	120～130	110～125
可消化粗蛋白质(克/兆焦)/消化能	10.7	11.5	12.7～13.0	12.0～12.7	11.5～12.0
粗脂肪(克/千克)	20～25	25～40	40～50	30～40	20～30
赖氨酸/（克/千克）	7.5	8	8.5	8.2	8
蛋氨酸＋胱氨酸/（克/千克）	5.5	6	6.2	6	6
苏氨酸/（克/千克）	5.6	5.8	7	7	6
色氨酸/（克/千克）	1.2	1.4	1.5	1.5	1.4
精氨酸/（克/千克）	8	9	8	8	8
钙/（克/千克）	7	8	12	12	11
磷/（克/千克）	4	4.5	6	6	5
钠/（克/千克）	2.2	2.2	2.5	2.5	2.2
钾/（克/千克）	＜15	＜20	＜18	＜18	＜18
氯/（克/千克）	2.8	2.8	3.5	3.5	3
镁/（克/千克）	3	3	4	3	3
硫/（克/千克）	2.5	2.5	2.5	2.5	2.5
铁/（毫克/千克）	50	50	100	100	80
铜/（毫克/千克）	6	6	10	10	10
锌/（毫克/千克）	25	25	50	50	40
锰/（毫克/千克）	8	8	12	12	10
维生素 A/（国际单位/千克）	6000	6000	10000	10000	10000
维生素 D/（国际单位/千克）	1000	1000	1000	1000	1000
维生素 E/（毫克/千克）	30	30	50	50	50
维生素 K/（毫克/千克）	1	1	2	2	2

表 6-8 **Lebas**（2008）**最佳健康肉兔饲养标准**

日粮（90％干物质）营养指标	生长兔		繁殖母兔		通用
	42～80日龄	18～43日龄	集约化	半集约化	
酸性洗涤纤维（ADF）/（克/千克）	≥190	≥170	≥135	≥150	≥160
木质素（ADL）/（克/千克）	≥55	≥50	≥30	≥30	≥50
纤维素（ADF-ADL）/（克/千克）	≥130	≥110	≥90	≥90	≥110
木质素/纤维素	≥0.4	≥0.4	≥0.35	≥0.4	≥0.4
中性洗涤纤维（NDF）/（克/千克）	≥320	≥310	≥300	≥315	≥310

续表

日粮(90%干物质)营养指标	生长兔		繁殖母兔		通用
	42~80日龄	18~43日龄	集约化	半集约化	
半纤维素(NDF-ADF)/(克/千克)	≥120	≥100	≥85	≥90	≥100
(半纤维素+果胶)/ADF	≤1.3	≤1.3	≤1.3	≤1.3	≤1.3
淀粉/(克/千克)	≤140	≤200	≤200	≤200	≤160
维生素C/(毫克/千克)	250	250	200	200	200
维生素B_1/(毫克/千克)	2	2	2	2	2
维生素B_2/(毫克/千克)	6	6	6	6	6
尼克酸/(毫克/千克)	50	50	40	40	40
泛酸/(毫克/千克)	20	20	20	20	20
维生素B_6/(毫克/千克)	2	2	2	2	2
叶酸/(毫克/千克)	5	5	5	5	5
维生素B_{12}/(毫克/千克)	0.01	0.01	0.01	0.01	0.01
胆碱/(毫克/千克)	200	200	100	100	100

三、我国肉兔饲养标准

迄今为止我国尚无国家肉兔饲养标准,南京农业大学和扬州大学参照国外有关饲养标准,结合我国养兔生产实际情况,制定出"我国各类家兔的建议营养供给量"和"精料补充料建议养分浓度",肉兔相关标准内容见表6-9和表6-10。为达到建议营养供给

表6-9 肉兔饲养标准(风干基础)

营养指标	生长兔		繁殖母兔		生长育肥兔
	3~12周龄	12周龄后	妊娠兔	哺乳兔	
消化能/(兆焦/千克)	12.12	10.45~11.29	10.45	10.87~11.29	12.12
粗蛋白质/%	18	16	15	18	16~18
粗纤维/%	8~10	10~14	10~14	10~12	8~10
粗脂肪/%	2~3	2~3	2~3	2~3	2~3
钙/%	0.9~1.1	0.5~0.7	0.5~0.7	0.8~1.1	1
磷/%	0.5~0.7	0.3~0.5	0.3~0.5	0.5~0.8	0.5
赖氨酸/%	0.9~1.0	0.7~0.8	0.7~0.8	0.8~1.0	1
蛋氨酸+胱氨酸/%	0.7	0.6~0.7	0.6~0.7	0.6~0.7	0.4~0.6
精氨酸/%	0.8~0.9	0.6~0.8	0.6~0.8	0.6~0.8	0.6
食盐/%	0.5	0.5	0.5	0.5~0.7	0.5
铜/(毫克/千克)	15	15	15	10	20

续表

营 养 指 标	生长兔		繁殖母兔		生长育肥兔
	3～12周龄	12周龄后	妊娠兔	哺乳兔	
铁/(毫克/千克)	100	50	50	100	100
锰/(毫克/千克)	15	10	10	10	15
锌/(毫克/千克)	70	40	40	40	40
镁/(毫克/千克)	300～400	300～400	300～400	300～400	300～400
碘/(毫克/千克)	0.2	0.2	0.2	0.2	0.2
维生素A/(千国际单位/千克)	6～10	6～10	8～10	8～10	8
维生素D/(千国际单位/千克)	1	1	1	1	1

表6-10　肉兔精料补充料建议养分浓度（风干基础）

营 养 指 标	生长兔		繁殖母兔		生长育肥兔
	3～12周龄	12周龄后	妊娠兔	哺乳兔	
消化能/(兆焦/千克)	12.96	12.54	11.29	12.54	12.96
粗蛋白质/%	19	18	17	20	18～19
粗纤维/%	3～5	3～5	3～5	3～5	3～5
粗脂肪/%	6～8	6～8	8～10	6～8	6～8
钙/%	1.0～1.2	0.8～0.9	0.5～0.7	1.0～1.2	1.1
磷/%	0.6～0.8	0.5～0.7	0.4～0.6	0.9～1.0	0.8
赖氨酸/%	1.1	1	0.95	1.1	1.1
蛋氨酸+胱氨酸/%	0.8	0.8	0.75	0.8	0.7
精氨酸/%	1	1	1	1	1
食盐/%	0.5～0.6	0.5～0.6	0.5～0.6	0.6～0.7	0.5～0.6

量的要求，精料补充料中应添加微量元素和维生素预混料。精料补充料日喂量应根据体重和生产情况而定，一般为50～150克。此外，每天还应喂给一定量的青绿多汁饲料或与其相当的干草。山东农业大学结合我国肉兔生产实际情况，制定出山东省地方标准"肉兔饲养标准"（表6-11）。河北农业大学制定了我国獭兔全价饲料营养推荐量（表6-12）。

　　应用饲养标准可最经济有效地利用饲料，需要特别指出的是，家兔营养需要量并非一成不变，由于它反映的是家兔的生理活动或生产水平与营养素供应之间的定量关系，是一个群体平均指标，特别是对日粮中养分含量的规定更依赖于畜群生产水平和饲料条件而定，饲养者应注意总结生产效果，根据兔群的具体生产水平以及特定的饲养条件，及时调整营养供应量。

表 6-11　山东省肉兔饲养标准

营养指标	生长肉兔		妊娠母兔	泌乳母兔	空怀母兔	种公兔
	断奶～2月龄	2月龄～出栏				
消化能/(兆焦/千克)	10.5	10.5	10.5	10.8	10.5	10.5
粗蛋白质/%	16	16	16.5	17.5	16	16
赖氨酸/%	0.85	0.75	0.8	0.85	0.7	0.7
总含硫氨基酸/%	0.6	0.55	0.6	0.65	0.55	0.55
精氨酸/%	0.8	0.8	0.8	0.9	0.8	0.8
粗纤维/%	14	14	13.5	13.5	14	14
中性洗涤纤维(NDF)/%	30.0～33.0	27.0～30.0	27.0～30.0	27.0～30	30.0～33.0	30.0～33.0
酸性洗涤纤维(ADF)/%	19.0～22.0	16.0～19.0	16.0～19.0	16.0～19.0	19.0～22.0	19.0～22.0
酸性洗涤木质素(ADL)/%	5.5	5.5	5	5	5.5	5.5
淀粉/%	14	20	20	20	16	16
粗脂肪/%	2	3	2.5	2.5	2.5	2.5
钙/%	0.6	0.6	1	1.1	0.6	0.6
磷/%	0.4	0.4	0.6	0.6	0.4	0.4
钠/%	0.22	0.22	0.22	0.22	0.22	0.22
氯/%	0.25	0.25	0.25	0.25	0.25	0.25
钾/%	0.8	0.8	0.8	0.8	0.8	0.8
镁/%	0.03	0.03	0.04	0.04	0.04	0.04
铜/(毫克/千克)	10	10	20	20	20	20
锌/(毫克/千克)	50	50	60	60	60	60
铁/(毫克/千克)	50	50	100	100	70	70
锰/(毫克/千克)	8	8	10	10	10	10
硒/(毫克/千克)	0.05	0.05	0.1	0.1	0.05	0.05
碘/(毫克/千克)	1	1	1.1	1.1	1	1
钴/(毫克/千克)	0.25	0.25	0.25	0.25	0.25	0.25
维生素 A/(国际单位/千克)	6000	12000	12000	12000	12000	12000
维生素 D/(国际单位/千克)	900	900	1000	1000	1000	1000
维生素 E/(毫克/千克)	50	50	100	100	100	100
维生素 K/(毫克/千克)	1	1	2	2	2	2
维生素 B_1/(毫克/千克)	1	1	1.2	1.2	1	1
维生素 B_2/(毫克/千克)	3	3	5	5	3	3
维生素 B_6/(毫克/千克)	1	1	1.5	1.5	1	1
维生素 B_{12}/(毫克/千克)	10	10	12	12	10	10
叶酸/(毫克/千克)	0.2	0.2	1.5	1.5	0.5	0.5
尼克酸/(毫克/千克)	30	30	50	50	30	30
泛酸/(毫克/千克)	8	8	12	12	8	8
生物素/(毫克/千克)	80	80	80	80	80	80
胆碱/(毫克/千克)	100	100	200	200	100	100

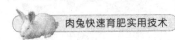

表 6-12　獭兔全价饲料营养推荐量

营　养　指　标	1～3 月龄	4 月龄～出栏	哺乳兔	妊娠兔	维持兔
消化能/(兆焦/千克)	10.46	9～10.46	10.46	9～10.46	9
粗脂肪/%	3	3	3	3	3
粗纤维/%	12～14	13～15	12～14	14～16	15～18
粗蛋白质/%	16～17	15～16	17～18	15～16	13
赖氨酸/%	0.8	0.65	0.9	0.6	0.4
含硫氨基酸/%	0.6	0.6	0.6	0.5	0.4
钙/%	0.85	0.65	1.1	0.8	0.4
磷/%	0.4	0.35	0.7	0.45	0.3
食盐/%	0.3～0.5	0.3～0.5	0.3～0.5	0.3～0.5	0.3～0.5
铁/(毫克/千克)	70	50	100	50	50
铜/(毫克/千克)	20	10	20	10	5
锌/(毫克/千克)	70	70	70	70	25
锰/(毫克/千克)	10	4	10	4	2.5
钴/(毫克/千克)	0.15	0.1	0.15	0.1	0.1
碘/(毫克/千克)	0.2	0.2	0.2	0.2	0.1
硒/(毫克/千克)	0.25	0.2	0.2	0.2	0.1
维生素 A/(国际单位/千克)	10000	8000	12000	12000	5000
维生素 D/(国际单位/千克)	900	900	900	900	900
维生素 E/(毫克/千克)	50	50	50	50	25
维生素 K/(毫克/千克)	2	2	2	2	
硫胺素/(毫克/千克)	2		2		
核黄素/(毫克/千克)	6		6		
泛酸/(毫克/千克)	50	20	50	20	
吡哆醇/(毫克/千克)	2	2	2		
维生素 B_{12}/(毫克/千克)	0.02	0.01	0.02	0.01	
烟酸/(毫克/千克)	50	50	50	50	
胆碱/(毫克/千克)	1000	1000	1000	1000	
生物素/(毫克/千克)	0.2	0.2	0.2	0.2	

🎋 第三节 肉兔常用饲料及其营养价值 🎋

一、青绿饲料

肉兔快速育肥生产常用青绿多汁饲料的营养价值见表6-13。

表6-13 常用青绿多汁饲料的营养价值

饲料名称	干物质/%	粗蛋白质/%	粗脂肪/%	粗纤维/%	钙/%	磷/%	可消化粗蛋白质/%	消化能/(兆焦/千克)
苜蓿(盛花期)	26.6	4.4	0.5	8.7	1.57	0.18	2.8	1.94
苜蓿(花前期)	21.5	4.5	0.9	5.3	—	—	2.8	2.79
苜蓿	17.0	3.4	1.4	4.6	—	—	2.0	1.73
红三叶	19.7	2.8	0.8	3.3	—	—	2.1	2.46
白三叶	19.0	3.8	—	3.2	0.27	0.09	—	1.83
聚合草叶子	11.0	2.2	—	1.5	—	0.06	—	0.98
鸭茅	27.0	3.8	—	6.9	0.07	0.11	—	2.15
红豆草(再生草)	27.3	4.9	0.6	7.2	1.32	0.23	2.7	2.54
黑麦草(营养期)	22.8	4.1	0.9	4.7	0.14	0.06	2.8	1.88
野豌豆(结荚期)	27.4	4.3	0.7	8.6	0.23	0.18	1.8	1.69
紫云英(再生草)	24.2	5.0	1.3	12.3	0.34	0.13	3.9	2.72
地肤(开花期)	14.3	2.9	0.4	2.8	0.29	0.10	2.2	1.16
甘蓝	5.2	1.1	0.4	0.6	0.08	0.29	1.0	0.87
甘蓝	8.5	1.7	0.1	0.9	—	—	1.7	1.46
饲用甘蓝	13.6	2.2	0.5	2.1	—	—	1.5	2.10
芹菜	5.6	0.9	0.1	0.8	—	—	0.7	0.75
油菜	16.0	2.8	—	2.4	0.24	0.07	—	1.46
莴苣叶	5.0	1.2	—	0.6	0.05	0.02	—	0.50
南瓜藤	12.9	2.1	0.4	2.3	—	—	1.3	1.80
糖甜菜叶	20.4	1.8	0.5	2.5	—	—	1.5	2.41
蒲公英叶	15.0	2.8	—	1.7	0.20	0.07	—	1.19
花生叶	19.0	4.0	—	4.5	0.32	0.06	—	1.59
木薯叶	21.0	5.0	—	2.0	0.08	0.08	—	1.99
玉米茎叶	24.3	2.0	0.5	7.6	—	—	1.3	2.45
田间剌儿菜	8.8	1.3	0.3	1.2	—	—	0.9	1.20

二、能量饲料

肉兔快速育肥生产常用能量饲料的营养价值见表6-14。

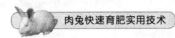

表 6-14 常用能量饲料的营养价值

饲料名称	干物质/%	粗蛋白质/%	粗脂肪/%	粗纤维/%	钙/%	磷/%	可消化粗蛋白质/%	消化能/(兆焦/千克)
玉米籽实	89.5	8.9	4.3	3.2	0.02	0.25	7.6	14.48
玉米籽实	—	8.6	4.4	2.0	0.01	0.24	—	15.44
玉米籽实	86.8	10.1	3.9	2.1	—	—	7.6	14.91
大麦籽实	90.2	10.2	1.4	4.3	0.10	0.46	6.8	14.07
大麦籽实	—	11.7	2.2	5.6	0.10	0.20	—	13.99
大麦籽实	86.1	9.9	2.1	5.0	—	0.43	7.1	13.55
燕麦籽实	92.4	8.8	4.0	10.0	0.20	—	4.0	12.55
燕麦籽实	87.9	10.9	4.2	10.6	—	0.29	8.6	11.89
小麦籽实	90.4	14.6	1.6	2.3	0.09	0.21	12.8	12.91
小麦籽实	—	13.1	1.9	2.3	0.01	—	—	15.00
小麦籽实	85.3	12.1	1.9	2.0	—	0.89	9.1	14.51
小麦粗粉	89.0	17.4	—	6.5	0.10	0.31	—	13.39
四号粉	—	14.7	3.2	3.1	0.08	0.96	—	13.26
小麦麸	89.5	15.6	3.8	9.2	0.14	0.81	10.0	11.92
小麦麸	—	15.4	3.9	8.5	0.09	—	—	10.77
小麦麸	89.6	16.7	3.9	10.5	—	—	13.9	10.49
黑麦籽实	85.9	9.7	1.4	2.1	—	—	7.7	14.25
黑麦麸	88.0	14.1	3.7	6.3	—	—	10.2	12.17
荞麦籽实	85.2	10.4	2.3	10.8	—	0.40	7.5	12.50
元麦籽实	88.3	14.8	1.9	2.6	0.09	0.30	8.2	10.32
高粱籽实	89.0	10.6	3.1	3.0	0.05	—	6.3	12.97
高粱籽实	93.5	12.1	2.8	1.9	—	0.40	8.7	15.61
青稞籽实	89.4	11.6	1.4	3.2	0.07	0.29	6.1	15.25
谷子籽实	88.4	10.6	3.4	4.9	0.17	0.92	8.4	14.90
穈子籽实	89.4	9.5	2.9	10.4	0.14	0.28	6.2	11.31
稻谷籼稻	88.6	7.7	2.2	11.4	0.14	0.31	6.4	11.65
稻谷籼稻	—	8.4	2.0	10.4	0.08	0.91	—	12.63
糙米	87.0	6.1	2.9	0.9	0.05	0.30	3.9	15.13
碎米	89.2	7.9	3.0	1.7	0.09	1.02	5.3	12.33
米糠	—	12.5	15.3	9.4	0.13	1.31	—	12.61
米糠	90.0	11.5	—	14.1	0.14	1.71	—	12.43

续表

饲料名称	干物质/%	粗蛋白质/%	粗脂肪/%	粗纤维/%	钙/%	磷/%	可消化粗蛋白质/%	消化能/(兆焦/千克)
米糠饼	88.5	18.7	4.6	9.3	0.29	0.69	10.4	9.82
田菁籽粉	—	37.4	4.0	11.1	0.14	0.63	—	13.11
葵花籽	92	17.1	—	22.3	0.20			13.81
饲用甜菜	14.6	1.0	0.1	0.9	—	0.02	0.4	2.38
饲用甜菜	11.0	1.3		0.8	0.02	0.02		1.56
糖蜜甜菜蜜	78.0	8.0			0.02	0.08		10.77
糖蜜甜菜蜜	74.0	4.2	0.1		0.08	0.09	2.2	10.21
甜菜渣糖	91.9	9.7	0.5	10.3	0.09	—	4.6	12.11
甜菜渣糖	88.5	8.3	0.3	21.8			4.0	13.05
胡萝卜根	8.2	1.0	0.1	1.1	—	0.07	0.4	1.31
胡萝卜根	8.7	0.7	0.3	0.8	0.11	—	0.4	1.47
胡萝卜根	12.3	1.4	0.1	1.2	—	0.24	0.6	1.95
马铃薯	39.0	2.3	0.1	0.5	0.06	—	1.1	5.82
蒸煮熟马铃薯	25.0	2.3	0.1	0.8	—	0.20	1.1	4.10
马铃薯渣	89.1	4.3	0.7	6.5	0.20	0.05	2.3	11.51
甘薯	29.9	1.1	0.1	1.2	0.13	—	0.1	4.65
甘薯	41.9	1.8	0.3	1.0	—		0.8	7.00
木薯	32.0	1.2	—	1.0	—		—	4.55
啤酒糟	94.3	25.5	7.0	16.2	—	1.06	20.4	10.86
烧酒糟谷物酿制	93.0	27.4		12.8	0.16			15.06
脂肪	100.0	—	—	—	—			33.47
植物油	100.0	—	—	—	—			35.56
牛、羊脂肪	100.0	—	—	—	—			27.20

三、蛋白质饲料

肉兔快速育肥生产常用蛋白质饲料的营养价值见表6-15。

表6-15 常用蛋白质饲料的营养价值

饲料名称	干物质/%	粗蛋白质/%	粗脂肪/%	粗纤维/%	钙/%	磷/%	可消化粗蛋白质/%	消化能/(兆焦/千克)
大豆籽实	91.7	35.5	16.2	4.9	0.22	0.63	24.7	17.68
大豆籽实	93.2	40.9	17.1	5.6	—	—	32.4	18.02
黑豆籽实	91.6	31.1	12.9	5.7	0.19	0.57	20.2	17.00
豌豆籽实	91.4	20.5	1.0	4.9	0.09	0.28	18.0	13.82

续表

饲料名称	干物质/%	粗蛋白质/%	粗脂肪/%	粗纤维/%	钙/%	磷/%	可消化粗蛋白质/%	消化能/（兆焦/千克）
豌豆籽实	89.9	23.4	0.8	4.9	—	—	18.7	14.21
青豌豆籽实	91.1	24.3	0.9	5.3	—	—	20.8	15.06
蚕豆籽实	88.9	24.0	1.2	7.8	0.11	0.44	17.2	13.53
菜豆籽实	89.0	27.0	—	8.2	0.14	0.54		13.81
羽扇豆籽实	94.0	31.7	—	13.0	0.24	0.43		14.56
羽扇豆籽实	87.0	32.0	3.7	16.0	—	—	28.2	11.67
花生籽实	92.0	49.9	2.4	10.5	—	—	45.2	16.57
豆饼浸提	86.1	43.5	6.9	4.5	0.28	0.57	32.6	14.37
豆饼热榨	85.8	42.3	6.9	3.6	0.28	0.57	31.5	13.54
豆饼热榨	—	42.4	5.3	6.6	0.27	0.42		17.79
豆饼热榨	90.7	43.5	4.6	6.0	—	—	38.1	14.77
菜籽饼热榨	91.0	36.0	10.2	11.0	0.76	0.88	31.0	13.33
菜籽饼热榨	—	39.0	7.4	12.9	0.75	0.89		12.51
菜籽饼热榨	90.0	30.2	8.6	12.0	—	—	20.7	12.70
亚麻饼热榨	89.6	33.9	6.6	9.4	0.55	0.83	18.6	10.92
亚麻饼热榨	88.3	33.3	6.8	8.2	—	—	28.5	13.36
大麻饼热榨	80.0	29.2	6.4	23.8	0.23	0.13	22.0	11.02
大麻饼热榨	87.0	29.3	9.3	27.7	—	—	21.7	6.31
花生饼热榨	93.1	35.3	8.3	16.2	0.63	0.86	27.8	12.64
花生饼热榨浸提	86.8	39.6	3.3	11.1	1.01	0.55	24.1	10.18
花生饼热榨浸提	90.0	42.8	7.7	5.5	—	—	37.6	15.79
棉籽饼热榨浸提	86.5	29.9	3.9	20.7	0.32	0.66	18.0	10.1
棉籽饼热榨浸提	—	34.4	5.6	14.3	0.32	1.08		11.56
棉籽饼热榨浸提	93.3	39.7	6.6	13.3	—	—	32.1	12.43
葵花饼热榨浸提	89.0	30.2	2.9	23.3	0.34	0.95	27.1	8.79
葵花饼热榨浸提	91.5	30.7	9.5	19.4	—	—	26.3	10.66
籽麻饼热榨浸提	—	41.2	3.1	8.4	0.72	1.07		12.65
籽麻饼热榨浸提	94.5	39.4	8.7	6.7	—	—	33.0	14.93
豆腐渣	97.2	27.5	8.7	13.6	0.22	0.26	19.3	16.32
鱼粉进口	91.7	58.5	9.7	—	3.91	2.9	49.5	15.79
鱼粉进口	—	60.5	8.6	—	3.93	2.84		8.59
鱼粉国产	—	46.9	7.3	2.9	5.53	1.45		10.57
鱼粉	92.0	65.8	—	0.8	3.7	2.6		15.25
肉骨粉	94.0	51.0	—	2.3	9.1	4.5		12.97
蚕蛹粉	95.4	45.3	3.2	5.3	0.29	0.58	37.7	23.10
蚕蛹粉	—	57.7	19.2	—	0.27	0.61		16.81

饲料名称	干物质/%	粗蛋白质/%	粗脂肪/%	粗纤维/%	钙/%	磷/%	可消化粗蛋白质/%	消化能/(兆焦/千克)
血粉蒸煮烘干	89.7	86.4	1.1	1.8	0.14	0.32	61.0	12.56
干酵母	89.5	44.8	1.4	4.8	—	—	32.9	11.18
全脂奶	12.2	3.1	3.7	—	—	—	3.1	2.85
脱脂奶	9.7	4.0	0.2	—	—	—	3.9	1.67
干脱脂奶	94.8	33.8	0.8	—	—	—	33.1	15.85
全脱脂奶	76.0	25.2	26.7	0.2	—	—	25.0	21.72

四、粗饲料

肉兔快速育肥生产常用粗饲料的营养价值见表6-16。

表6-16 常用粗饲料的营养价值

饲料名称	干物质/%	粗蛋白质/%	粗脂肪/%	粗纤维/%	钙/%	磷/%	可消化粗蛋白质/%	消化能/(兆焦/千克)
苜蓿干草粉	90.8	11.8	1.4	41.5	1.67	0.16	7.9	4.59
苜蓿干草粉	91.4	11.5	1.4	30.5	1.65	0.17	6.4	5.82
苜蓿干草粉	91.0	20.3	1.5	25.0	1.71	0.17	13.4	7.47
苜蓿(花前期)	90.2	16.1	2.3	25.2	—	—	10.5	8.49
红三叶(结荚期)	91.3	9.5	2.3	28.3	1.21	0.28	6.2	9.36
红三叶干草	86.7	13.5	3.0	24.3	—	—	7.0	9.73
白三叶干草	92.0	21.4	—	20.9	1.75	0.28	—	8.47
白三叶	86.6	16.0	3.8	17.2	—	—	10.9	10.84
杂三叶秸秆	93.5	10.6	1.5	26.0	1.84	0.43	6.2	3.59
红豆草(结荚期)	90.2	11.8	2.2	26.3	1.71	0.22	4.7	7.74
狗牙根干草	92.0	11.0	1.8	27.6	0.38	0.56	5.9	6.93
猫尾草干草	89.8	6.2	2.2	30.7	—	—	3.1	6.18
苏丹草干草	89.0	15.8	3.7	20.2	—	—	10.8	8.52
燕麦草干草	93.2	7.1	3.1	35.4	—	—	3.7	5.89
燕麦草秸秆	86.0	3.8	1.8	39.7	—	—	0.9	4.62
燕麦草秸秆	92.2	5.5	1.4	22.5	0.37	0.31	2.6	7.82
紫云英(成熟期)	92.4	10.8	1.2	34.0	0.71	0.20	6.5	2.05
小冠花秸秆	88.3	5.2	3.0	44.1	2.04	0.27	2.5	4.32
箭舌豌豆(盛花期)	94.1	19.0	2.5	12.1	0.06	0.27	11.3	7.28
箭舌豌豆秸秆	93.3	8.2	2.5	43.0	0.06	0.27	4.0	1.62
野豌豆干草	87.2	17.4	3.0	23.9	—	—	10.1	8.51
草木樨(盛花期)	92.1	18.5	1.7	30.0	1.30	0.19	12.2	6.64

续表

饲料名称	干物质/%	粗蛋白质/%	粗脂肪/%	粗纤维/%	钙/%	磷/%	可消化粗蛋白质/%	消化能/(兆焦/千克)
沙打旺（盛花期）	90.9	16.1	1.7	22.7	1.98	0.21	8.8	6.84
野麦草秸秆	90.3	12.3	2.9	29.0	0.39	0.22	9.6	4.63
草地羊茅（营养期）	90.1	11.7	4.4	18.7	1.00	0.29	7.4	8.26
百麦根（营养期）	92.3	10.0	3.2	18.9	1.51	0.19	7.2	9.82
鸭茅秸秆	93.3	9.3	3.8	26.7	0.51	0.24	8.1	6.87
鸭茅干草	88.2	10.2	2.8	28.1	—	—	6.9	7.44
无芒雀麦（籽实期）	91.0	5.2	3.1	13.6	0.49	0.20	3.2	7.59
无芒雀麦秸秆	90.6	10.5	3.1	28.5	0.49	0.20	4.0	4.21
胡枝子干草	92.0	12.7	—	28.1	0.20	0.23	—	5.40
青草粉	88.5	7.5	—	29.4	—	—	4.2	7.04
松针粉	—	8.5	5.7	26.7	0.20	0.98	—	7.54
麦芽根	84.8	17.0	1.9	13.6	0.28	0.34	13.3	6.60
苦荬菜干草粉	86.0	17.7	5.8	11.6	1.46	0.54	8.7	10.08
大豆秸秆	87.7	4.6	2.1	40.1	0.74	0.12	2.5	8.28
玉米秸秆	66.7	6.5	1.9	18.9	0.39	0.23	5.3	8.16
马铃薯藤干草粉	88.7	19.7	3.2	13.6	2.12	0.28	15.6	8.90
南瓜粉晒干	96.5	7.8	2.9	32.9	0.19	0.20	4.4	12.83
葵花盘收子后晒干	88.5	6.7	5.6	16.2	0.83	0.12	3.5	9.31
小麦秸秆	89.0	3.0	—	42.5	—	—	1.3	3.18
谷糠	91.7	4.2	2.8	39.6	0.48	0.16	1.3	4.05
糜糠	90.3	6.4	4.4	46.4	0.09	0.29	3.9	3.74
稻草粉	—	5.4	1.7	32.7	0.28	0.08	—	5.52
清糠	—	3.9	0.3	47.2	0.08	0.07	—	2.77
槐树叶干树叶	89.5	18.9	4.0	18.0	1.21	0.19	6.5	7.10

五、矿物饲料

肉兔快速育肥生产常用矿物饲料的营养价值见表6-17。

表6-17 常用矿物质饲料营养价值

饲料名称	化学分子式	钙/%	磷/%	钠/%	氯/%	钾/%	镁/%	硫/%	铁/%	锰/%
碳酸钙	$CaCO_3$	38.42	0.02	0.08	0.02	0.08	1.61	0.08	0.06	0.02
磷酸氢钙	$CaHPO_4$	29.6	22.77	0.18	0.47	0.15	0.8	0.8	0.79	0.14
磷酸氢钙	$CaHPO_4 \cdot 2H_2O$	23.29	18	—	—	—	—	—	—	—
磷酸二氢钙	$Ca(H_2PO_4)_2 \cdot H_2O$	15.9	24.58	0.2	—	0.16	0.9	0.8	0.75	0.01

续表

饲料名称	化学分子式	钙/%	磷/%	钠/%	氯/%	钾/%	镁/%	硫/%	铁/%	锰/%
磷酸三钙(磷酸钙)	$Ca_3(PO_4)_2$	38.76	20	—						
石粉、石灰石、方解石等	—	35.84	0.01	0.06	0.02	0.11	2.06	0.04	0.35	0.02
脱脂骨粉	—	29.8	12.5	0.04		0.2	0.3	2.4		0.03
贝壳粉	—	32~35								
蛋壳粉	—	30~40	0.1~0.4							
磷酸氢铵	$(NH_4)_2HPO_4$	0.35	23.48	0.2	—	0.16	0.75	1.5	0.41	—
磷酸氢二铵	$NH_4H_2PO_4$	—	26.93	31.04						0.01
磷酸氢二钠	Na_2HPO_4	0.09	21.82	19.17						
磷酸二氢钠	NaH_2PO_4	—	25.81	43.3	0.02	0.01	0.01			
碳酸钠	Na_2CO_3	—		27						
碳酸氢钠	$NaHCO_3$	0.01		39.5		0.01				
氯化钠	$NaCl$	0.3	—		59	—	0.005	0.2	0.01	
氯化镁	$MgCl_2 \cdot 6H_2O$	—					11.95			
碳酸镁	$MgCO_3 \cdot Mg(OH)_2$	0.02					34			0.01
氧化镁	MgO	1.69				0.02	55	0.1	1.06	
硫酸镁	$MgSO_4 \cdot 7H_2O$	0.02			0.01		9.86	13.01		
氯化钾	KCl	0.05		1	47.56	52.44	0.23	0.32	0.06	0.001
硫酸钾	K_2SO_4	0.15	—	0.09	1.5	44.87	0.6	18.4	0.07	0.001

六、常用饲料中必需氨基酸和微量元素含量

　　肉兔快速育肥生产常用饲料必需氨基酸和微量元素含量的营养价值见表6-18。

表6-18　常用饲料必需氨基酸和微量元素含量的营养价值（风干饲料）

饲料名称	赖氨酸/%	含硫氨基酸/%	铜/(毫克/千克)	锌/(毫克/千克)	锰/(毫克/千克)
大豆	2.03	1.00	25.1	36.7	33.1
黑豆	1.93	0.87	24.0	52.3	38.9
豌豆	1.23	0.67	3.7	24.7	14.9
蚕豆	1.52	0.52	11.1	17.5	16.7
菜豆	1.70	0.40	—	—	—
豆饼	2.07	1.09	13.3	40.6	32.9
羽扇豆	1.90	0.75	—	—	—

续表

饲料名称	赖氨酸/%	含硫氨基酸/%	铜/(毫克/千克)	锌/(毫克/千克)	锰(毫克/千克)
菜籽饼	1.70	1.23	7.7	41.1	61.1
亚麻饼	1.22	1.22	23.9	52.3	51.0
大麻饼	1.25	1.13	18.3	90.9	98.4
茬饼	1.69	1.45	20.2	52.2	62.8
棉籽饼	1.38	0.91	10.0	46.4	12.0
花生饼	1.70	0.97	12.3	32.9	36.4
芝麻饼	0.51	1.51	37.0	94.8	51.6
豆腐渣	1.45	0.70	6.6	24.9	20.5
鱼粉	5.32	2.65	6.8	79.8	13.5
肉骨粉	2.00	0.80	—	—	—
血粉	8.08	1.74	7.4	23.4	6.1
蚕蛹粉	3.96	1.18	21.0	212.5	14.5
全脂奶粉	2.26	0.96	0.91	—	0.5
脱脂奶粉	2.48	1.35	11.7	41.0	2.2
玉米	0.22	0.20	4.7	16.5	4.9
大麦	0.33	0.25	8.7	22.7	30.7
燕麦	0.32	0.29	15.9	31.7	36.4
小麦	0.32	0.36	8.7	22.7	30.7

第四节　肉兔快速育肥日粮配合技术

一、日粮配合基础和原则

1. 兔用饲料的选择原则

饲料既是家兔营养物质的提供者，又是家兔疾病传播的媒介。在生产实践中，家兔体况体质的变化以及疾病的传播都与家兔饲料有着密切关系，用于家兔的饲料应该进行选择。家兔饲料选择应坚持下列原则。

（1）根据家兔的营养需要选择饲料。家兔的营养需要因类型、生理阶段的不同而有差异，选用饲料时，首先要根据家兔的营养需要特点，选用营养丰富、适口性好、新鲜、清洁，能够满足其需要的饲料。

（2）根据家兔的消化特点选用饲料。家兔是单胃食草动物，饲养家兔应以植物性饲草为主，这是饲养家兔的基本原则。家兔的牙齿适于研磨草料，其牙齿不断生长，因而需要不断地咀嚼，所以给家兔的饲料要有一定的硬度。家兔味蕾感觉器多达 17000 个，且集中在舌尖，味觉特别发达，因而对饲料具有严格的选择性，所以给家兔的饲料要有适口性。家兔采食频繁、贪吃，每天 30～40 次，不能饲喂过多的精饲料。家兔喜食植物性饲料、喜食多叶植物、喜食带甜味的饲料、喜食粒料。在能量饲料中喜食麦类饲料。不喜欢粉料和动物性饲料。按其喜食的次序排列为青饲料、根茎类、潮湿的碎屑状软饲料（粗磨碎的谷物、蒸熟或煮熟的马铃薯）、颗粒饲料、粗料、粉末状混合饲料。在谷物类中，喜食的次序是燕麦、大麦、小麦、玉米。

家兔的消化道壁薄，尤其是回肠壁更薄，具有通透性，幼兔的消化道壁更薄，通透性更强，加上家兔消化道的大小分化始于 3 周龄完成于 6 周龄，因此这段时间特别容易发生消化道疾病，要选择易消化的饲料。

（3）根据饲料特性选用饲料。目前，我国广大农村饲养家兔多以天然青绿饲料为主。青绿饲料在不同生长发育阶段所含的营养物质有很大差异。一般越幼嫩的青绿饲料，水分含量越高、干物质含量低，但干物质中蛋白质、胡萝卜素含量高。随着植物生长阶段的增加，水分逐渐减少，干物质逐渐增加，直到结果后，植物体枯黄时，干物质含量最高。随着作物的成熟，其干物质不断增加，难消化的粗纤维不断增加，可消化营养物质逐渐降低。

2. 饲料喂前处理

（1）青绿饲料要趁新鲜饲喂，以保证营养物质的有效吸收。如不能及时喂给，应将割来的青草薄薄摊开，不要堆积起来，否则容易发热变黄，损失大量维生素，也容易腐败变质。被雨水淋湿的青草和水生饲料，一定要晾干后才能喂。被污染泥土、杂质青草，应洗净、晾干再喂，最好用万分之一的高锰酸钾溶液消毒后再喂。蔬菜类饲料，因水分含量较多，应晾到半干后喂兔。

（2）干草应充分晒干、再储存在干燥处，以防受潮变质，用时应切短、浸软、晾干后再喂，以防过干而引起便秘。

（3）籽实饲料（如大麦、小麦、玉米等）粉碎后喂给，豆类籽实在饲喂前 3～4 小时用温水浸软或煮熟后饲喂。

（4）油粕类饲料，须加工粉碎与糠、麸皮等饲料混合饲喂。

（5）豆渣应将水分榨干，与糠麸饲料混合饲喂，要严防喂变质豆渣。

（6）块根类饲料（如甘薯、胡萝卜等）应洗净切成细丝或片块喂给。

（7）马铃薯应煮熟饲喂。

（8）食盐应碾成粉状或用水溶解后混入饲料中饲喂，或溶于饮水中饲喂。

3. 家兔日粮配合的原则

兔的日粮是指一只家兔一昼夜所采食的饲料。家兔的日粮配合，是以饲养标准为依据，选择不同种类的饲料，配制出最大限度满足家兔营养需要日粮的过程。家兔日粮配合应考虑的原则如下。一是最大限度满足家兔对各种营养物质的需要。饲养实践表明，选定适当的饲养标准是提高配合日粮水平的基础。二是多种饲料组成。单一饲料难以满足营养需要，饲料多样化才可起到营养物的互补作用，经验证明，好的配合日粮，在饲料组成上不应少于3种。三是适当的精、粗比例。在日粮中用过多的精料或过多的粗料都是不合适的。一般对 0.5～4 千克的育成兔，精、粗比为 1：1；4.5 千克的母兔，空怀期精、粗比 3：7；妊娠兔（4.5 千克体重）和泌乳兔（4.5 千克体重），精、粗比为 1：1。其中粗料以苜蓿干草为主。四是良好的适口性和消化性。要选用适口性好、符合兔的消化特点的饲料。前者利于采食，后者利于对饲料营养的消化吸收。五是体积适宜。要注意家兔的采食量，防止日粮容积过大、食入营养不足。六是经济原则，尽量做到养殖效益最好。

另外，正确掌握家兔的采食量是做好日粮配合的根本。据观察，断奶以后的幼兔采食量很快地增加，直至干物质采食量达到活重的 5.5%，这个水平一直维持到成年。成年家兔采食完善的商品颗粒日粮的需要量，随其年龄、体重以及母兔是否泌乳而不同。例如新西兰母兔，哺乳期一般一窝仔兔从配种到断奶的 12 周内，每天平均消耗 544 克饲料，成年公兔和停奶母兔维持营养，所需的完善颗粒饲料量比让它们自由采食的量要低，喂给等于体重 3.0%～3.5% 的优质饲料，就可维持其良好的体况，体重略有增加。如果任其自由采食则要等于体重 5.5%的饲料可能增加体重。

大容积的配合日粮，不利于兔的采食和消化吸收营养物质。由于容积大的饲料中水分和纤维的含量高，从其利用率上讲是缺乏营养的。比如一只哺乳母兔，每天需采食 3 千克鲜草，或 800 克干草，才能产 200 克的奶，一只体重 1 千克的幼兔进行育肥，每天增重 35 克所需的营养，要采食 700～800 克青草，无论母兔或幼兔，它们的消化器官都是容纳不下这么多饲料的，由此可见，配合兔的日粮时要采用容积小、易消化的饲料。若用青粗饲料为主体饲料时，也应补以精料。

4. 家兔日粮配合基本步骤

常用的有按干物质换算法、按日需要量配合法、按百分比配合法等。所有这些配合日粮，对兔来讲，首先应满足家兔的青粗饲料喂量，然后再用混合精料来满足其能量和蛋白质的需要量，最后用矿物质补充日粮中钙、磷含量，以满足家兔的需要。配合日粮的步骤如下。

（1）首先选用适当的饲养标准，查出家兔的营养需要量。

（2）根据当地实际，选定配合日粮的青粗饲料和混合精料的饲料，并查出各种饲料的营养成分。

（3）确定饲料配合比例及计算营养物质数量（配比×营养量＝总营养量）。

（4）调整配比，平衡日粮。

（5）补加矿物质。要求配合好的日粮营养物质与这种兔的营养需要基本相符，误差范围为 5%以内；日粮调整主要抓住蛋白质和能量。钙、磷可用矿物质补充来调整。

（6）注意配合日粮所采用的饲料成分表的营养含量，应以国内为主，找不着时，才借用国外的，或借用其他动物的。在借用其他动物资料时，由于马、兔微生物消化都在盲肠，有相似处，因此以参照马为宜。而猪是单胃动物，牛、羊虽与兔同属草食动物，但微生物消化主要在瘤胃，都与兔有差异。

5. 切实抓好饲料品质

饲料品质是关系到家兔健康的重要因素，因此在生产实践中应坚持以下几个方面。

（1）不喂发霉的饲料。因为发霉饲料含有黄曲霉菌，黄曲霉素就是黄曲霉菌的一种产物。黄曲霉菌存在于发霉的玉米、花生、大豆、谷物、棉籽及其加工副产品中，在 30℃温度、80％的相对湿度条件下，饲料本身含水率 14％以上（花生在 9％以上）都可生长黄曲霉菌，从而产生黄曲霉素。家兔对黄曲霉素很敏感，特别是生长兔，吃发霉饲料很容易死亡。一旦发现饲料发霉就应停喂，特别要注重颗粒饲料内部和混合饲料中的库底料是否发霉。

（2）防止硝酸盐中毒。青草和蔬菜是家兔适口性好、消化率高的饲料，但这类饲料含有硝酸盐，有的含量还比较高，如鲜甜菜的硝酸盐含量达到 1.32％，干则为 0.33％。例如新鲜的青草或蔬菜自然放置 4 天，亚硝酸盐可由 0.0～0.1 毫克/千克增至 2.4 毫克/千克，若腐烂时则可增高到 346～388 毫克/千克。青料的腐烂、发霉、堆放时间过长以及锅煮过夜等均会使亚硝酸盐的含量剧增。所以要严禁饲喂腐烂的饲料，青料应避免长期堆放。

（3）预防氰苷毒素和龙葵素中毒。马铃薯是家兔常用的饲料，而马铃薯的芽、茎、叶及变绿的薯块均含有氰苷毒素和龙葵素（又称茄碱），通常成熟的薯块仅含 0.004％，因而不致引起中毒，但发芽的薯块在阳光照射下，块根内的龙葵素可增到 0.08％～0.5％，芽内可增到 4.76％，变质腐烂的马铃薯可增到 0.58％～1.84％。较正常值增加 145～460 倍，当龙葵素含量达 0.02％以上可使家兔中毒，由于龙葵素能引起家兔胃肠炎及神经系统功能紊乱而致死，在饲养实践中应严禁喂发芽、腐烂的马铃薯。

（4）预防甘薯黑斑病中毒。甘薯也是家兔常用饲料，当甘薯表面裂口以及虫害部位被甘薯黑斑病菌侵入会出现黑斑病，受害甘薯在病菌作用下产生出有毒害作用的甘薯酮、甘薯宁和甘薯醇，此毒素能导致家兔肺气肿、水肿、呼吸困难、窒息而死，甘薯在饲喂前应检查，严禁喂有病菌和腐烂的甘薯。

（5）预防氢氰酸中毒。高粱苗、玉米苗、木薯叶等都必须限量饲喂，因含有氢氰酸和氰化物及其衍生物——氰等剧毒物质。含氰的饲料进入兔体后，在胃酸作用下，氰转变为氢氰酸而被胃肠道吸收，氰离子抑制家兔体内的细胞色素氧化酶等 40 多种酶的活性，必须限量饲喂含氰的饲料，尤其是早晨不宜投喂含氰的饲草，以防家兔因饥饿而多食。

（6）预防异硫氰酸盐和噁唑烷硫酮中毒。菜籽饼和油菜全株均含有硫葡萄糖，硫葡萄糖经过菜籽饼中的芥子酶作用后产生异硫氰酸盐和噁唑烷硫酮等有毒物质，长期饲喂则会引起家兔中毒，发霉的菜籽饼危险性更大，所以饲喂菜籽饼要限量，菜籽饼的喂量一般不能超过家兔日粮的 5%。

（7）预防农药中毒。喷过农药的蔬菜、树叶和青草，在药效未过期前不能喂，以防农药中毒。

（8）预防污染的饲料传染疾病。被污染的饲料不能喂，以防传染疾病。

（9）预防某些杀菌性青饲料引发下痢。有些青绿饲料（如洋葱、毛葱、大蒜和韭菜）含有植物杀菌素，虽对胃肠有消毒作用，可以预防肠道疾病，但喂量过多会杀死肠道中有益微生物，造成消化道微生物正常群系破坏而引起消化道疾病，因此要控制喂量。

（10）预防毒草中毒。要剔除饲草中的有毒植物再喂，以免引起家兔中毒，幼兔尤甚。

二、日粮配合方法介绍

1. 对角线法

在饲料种类不多及营养指标少的情况下，采用此法较为简便。在采用多种类饲料及复合营养指标的情况下，亦可采用本法。但由于计算要反复进行两两组合，比较麻烦，而且不能使配合饲粮同时满足多项营养指标，故一般用试差法或联立方程法。

例 1：现有玉米、豆饼、小麦秸秆和 4%预混料，请为生长育肥兔设计饲料配方。步骤如下。

第一步，由于本例中有 4%预混料，设计配方时仅考虑常规营养指标消化能、粗蛋白和粗纤维就可以了，从饲养标准（表 6-9）中查出生长育肥兔的饲养标准为消化能 12.12 兆焦/千克、粗蛋白 16%～18%、粗纤维 8%～10%。

第二步，分别从常用饲料营养价值表中查出玉米（表 6-14）、豆饼（表 6-15）、小麦秸秆（表 6-16）的营养成分含量，并换算为干物质中营养物质含量（表6-19）。

表6-19 饲料原料营养价值表

饲料名称	消化能/(兆焦/千克)	粗蛋白质/%	粗纤维/%
玉米籽实	14.48	8.9	3.2
豆饼浸提	14.37	43.5	4.5
小麦秸秆	3.18	3.0	42.5

第三步，计算出小麦秸提供的蛋白质含量。按精、粗比为8∶2计，则小麦秸提供的蛋白质含量为$20\% \times 3.0\% = 0.6\%$。

第四步，计算日粮中玉米和豆饼的比例。

日粮需要的蛋白质含量为$16\% \sim 18\%$，取中间值为17%。

粗饲料（小麦秸）提供的蛋白质含量为0.6%。

玉米和豆饼应提供的蛋白质含量为$17\% - 0.6\% = 16.4\%$。

精料部分有4%预混料，蛋白质含量应为$16.4\% \div 76\% = 21.6\%$。

用对角线法计算玉米和豆饼的比例。

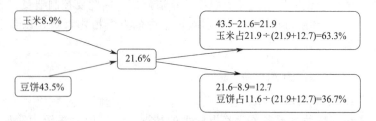

由于日粮中玉米和豆饼只占76%，所以玉米在日粮中的比例应为$76\% \times 63.3\% = 48.1\%$，豆饼的比例为$76\% \times 36.7\% = 27.9\%$。

第五步，把配成的日粮营养成分与营养需要比较，检查是否符合要求（表6-20）。

表6-20 日粮营养成分与营养需要比较表

饲料名称	消化能/(兆焦/千克)	粗蛋白质/克	粗纤维/%
玉米	$0.481 \times 14.48 = 6.96$	$48.1\% \times 8.9\% = 4.28\%$	$48.1\% \times 3.2\% = 1.54\%$
豆饼	$0.279 \times 14.37 = 4.01$	$27.9\% \times 43.5\% = 12.14\%$	$27.9\% \times 4.5\% = 1.26\%$
小麦秸	$0.200 \times 3.18 = 0.64$	$20\% \times 3.0\% = 0.6\%$	$20\% \times 42.5\% = 8.5\%$
合计	11.61	17.02%	11.3%
营养需要	12.12	$16\% \sim 18\%$	$8\% \sim 10\%$
差额	-0.51	满足要求	$+1.3\%$

通过计算蛋白质满足要求的情况下，饲料能量低，粗纤维高，进一步分析小麦秸能量低，粗纤维高，影响了配方营养。而实际肉兔快速育肥中也不宜用质量太差的粗饲料，因此应该更换一个优良的粗饲料提高能量降低粗纤维。选择青草粉替换小麦秸，由表6-16可知青草粉消化能 7.04 兆焦/千克、粗蛋白质 7.5%、粗纤维 29.4%。青草替换小麦秸后的日粮营养成分与营养需要比较见表6-21。

表 6-21　青草替换小麦秸后的日粮营养成分与营养需要比较表

饲料名称	消化能/(兆焦/千克)	粗蛋白质/克	粗纤维/%
玉米	0.481×14.48=6.96	48.1%×8.9%=4.28%	48.1%×3.2%=1.54%
豆饼	0.279×14.37=4.01	27.9%×43.5%=12.14%	27.9%×4.5%=1.26%
青草粉	0.200×7.04=1.41	20%×7.5%=1.5%	20%×29.4%=5.88%
合计	12.38	18.18%	8.68%
营养需要	12.12	16%～18%	8%～10%
差额	+0.26	+0.18	满足要求
误差	+2.1%	+1.1%	

　　这样按照配方设计原则，这个配方已经基本满足需要。配方比例为玉米 48.1%、豆饼 27.9%、青草粉 20.0%、预混料 4%。

　　通过此例可知，用对角线法只能计算用两种饲料（精料）配制某一养分符合要求的混合料，但通过连续多次运算也可由多种原料（精料）配制两种以上养分符合要求的混合料，使原料种类变成混合物，再将混合物进行配制而实现。

　　2. 试差法

　　试差法又称为凑数法。试差法是根据肉兔饲养标准有关营养指标，根据经验初步拟出各种饲料原料的大致比例，首先粗略地配制一个日粮，然后按照倒推成分表计算每种饲料中各种养分的含量。最后把各种养分的总量与饲养标准相比较，看是否符合或接近饲养标准要求。若每种养分比饲养标准的要求过高或过低，则对日粮进行调整，直至所有的营养指标都基本上满足要求为止。此方法简单，可用于各种配料技术，应用面广。缺点是计算量大，十分繁琐，盲目性较大，不易筛选出最佳配方。具体配制方法举例说明。

　　例 2：现有玉米、豆饼、麸皮、青草粉、小麦秸秆和 4% 预混料，请为生长育肥兔设计饲料配方。步骤如下。

第一步，由于本例中有4%预混料，设计配方时仅考虑常规营养指标消化能、粗蛋白质和粗纤维就可以了，从饲养标准（表6-9）中查出生长育肥兔的饲养标准，见表6-22。

表6-22　生长育肥兔的饲养标准

营养指标	消化能/(兆焦/千克)	粗蛋白质/%	粗纤维/%
生长育肥兔	12.12	16～18	8～10

第二步，分别从常用饲料营养价值表中查出玉米、麸皮（表6-14）、豆饼（表6-15）、青草粉、小麦秸秆（表6-16）的营养成分含量并换算为干物质中营养物质含量，见表6-23。

表6-23　饲料原料营养价值表

饲料名称	消化能/(兆焦/千克)	粗蛋白质/%	粗纤维/%
玉米籽实	14.48	8.9	3.2
豆饼浸提	14.37	43.5	4.5
小麦麸	10.49	16.7	10.5
青草粉	7.04	7.5	29.4
小麦秸秆	3.18	3.0	42.5

第三步，根据经验和生长兔的生理特点，确定粗饲料和精饲料比例。按粗饲料特性，粗略确定干草、玉米秸的比例，并计算混合粗饲料所含营养成分。家兔以草食为主，粗饲料在饲粮中一般占20%～40%。本配方设计粗、精饲料比为2:8。粗饲料中青草粉占70%，玉米秸占30%，计算粗饲料营养含量（表6-24）。

表6-24　粗饲料营养含量

饲料名称	比例	消化能/(兆焦/千克)	粗蛋白质/%	粗纤维/%
青草粉	70%	7.04	7.50	29.40
小麦秸秆	30%	3.18	3.00	42.50
合计	100	5.88	6.15	33.33
20%混合粗饲料		1.18	1.23	6.67

第四步，生长育肥兔营养需要中去除20%混合粗饲料所含养分，则为精饲料应达到的营养水平（表6-25）。

表 6-25　精饲料营养成分需要量

营养指标	消化能/(兆焦/千克)	粗蛋白质/%	粗纤维/%
生长育肥兔	12.12	17	9
20%混合粗料	1.18	1.23	6.67
76%混合精料	10.94	15.77	2.33
100%混合精料	14.39	20.75	3.07

第五步，计算混合精料的营养，并与青粗料共同组成日粮，再与营养需要量比较，见表 6-26。

表 6-26　精料混合料

饲料名称	比例	消化能/(兆焦/千克)	粗蛋白质/%	粗纤维/%
玉米籽实	62.5%	14.48	8.9	3.2
豆饼浸提	33.3%	14.37	43.5	4.5
小麦麸	4.2%	10.49	16.7	10.5
合计	100.0%	14.28	20.75	3.94
需要量		14.39	20.75	3.07
差值		−0.11	0.00	0.87

汇总结果，已达到营养要求，将设计混合饲料配方及与饲养标准比较（表 6-27）。粗蛋白质、消化能、粗纤维均已满足饲养标准的需求，钙和磷由 4% 预混料满足，这样饲料配方设计完成。配方比例：玉米籽实 47.5%、豆饼 25.3%、麸皮 3.2%、青草粉 14.0%、小麦秸秆 6.0%、预混料 4%。

表 6-27　混合饲料配方及与饲养标准比较

饲料名称	比例	消化能/(兆焦/千克)	粗蛋白质/%	粗纤维/%
玉米籽实	47.5%	14.48	8.9	3.2
豆饼浸提	25.3%	14.37	43.5	4.5
小麦麸	3.2%	10.49	16.7	10.5
青草粉	14.0%	7.04	7.5	29.4
小麦秸秆	6.0%	3.18	3	42.5
预混料	4.0%			
营养含量	100.0%	12.03	17.00	9.66
饲养标准		12.12	16～18	8～10
差值		满足	满足	满足

3. 电脑法

目前国外较大型肉兔场或饲料加工厂都广泛采用计算机进行饲粮配合的计算，计算机设计饲料配方具有方便、快速和准确的特点，能充分利用各种饲料资源，降低配方成本。在此我们介绍一种利用 excel 表格进行试差法设计饲料配方的方法，只要会使用 excel 表格的都会用，下面用实例介绍。

例 3：现有 1%预混料，请为生长育肥兔设计饲料配方。

1%预混料中一般含有微量元素、维生素和必需氨基酸，因此需要通过饲料满足能量、粗蛋白质、粗纤维、钙、磷和食盐的需要。

第一步，查阅肉兔营养需要表（表 6-9）和饲料营养价值表（表 6-14～表 6-17），建立 excel 运算表数据库（图 6-1）。

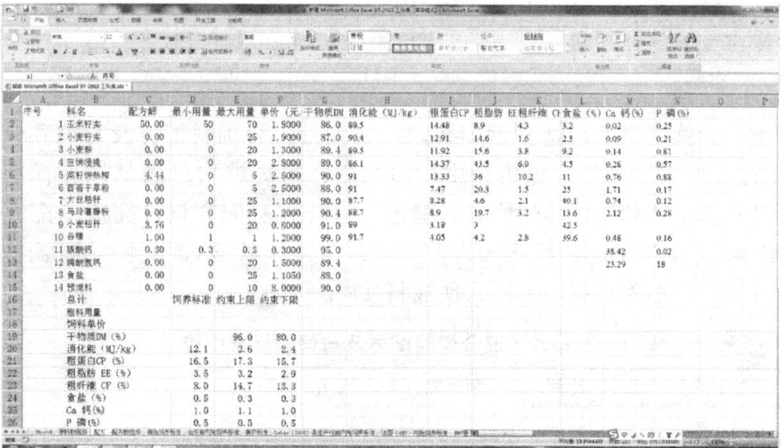

序号	料名	配方解	最小用量	最大用量	单价（元	干物质DM	消化能（MJ/kg）	粗蛋白CP	粗脂肪 EE	粗纤维 CF	食盐（%）	Ca 钙(%)	P 磷(%)
1	玉米籽实	50.00	50	70	1.8000	86.0	89.5	14.48	8.9	4.3	3.2	0.02	0.25
2	小麦籽实	0.00	0	25	1.9000	87.0	90.4	12.91	14.6	1.6	2.3	0.09	0.21
3	小麦麸	0.00	0	20	1.3000	89.4	89.5	11.92	15.6	3.8	9.2	0.14	0.81
4	豆饼浸提	0.00	0	20	2.8000	89.0	86.1	14.37	43.5	6.9	4.5	0.28	0.57
5	菜籽饼热榨	4.44	0	5	2.5000	90.0	91	13.33	36	10.2	11	0.76	0.88
6	苜蓿干草粉	0.00	0	5	2.5000	88.0	91	7.47	20.3	1.5	25	1.71	0.17
7	大豆秸秆	0.00	0	25	1.1000	90.0	87.7	8.28	4.6	2.1	40.1	0.74	0.12
8	马铃薯藤粉	0.00	0	25	1.2000	90.4	88.7	8.9	19.7	3.2	13.6	2.12	0.28
9	小麦秸秆	3.76	0	20	0.8000	91.0	89	3.18	3		42.5		
10	谷糠	1.00	1	1	1.2000	99.0	91.7	4.05	4.2	2.8	39.6	0.48	0.16
11	碳酸钙	0.30	0.3	0.3	0.3000	95.0						38.42	0.02
12	磷酸氢钙	0.00	0	20	1.5000	89.4						23.29	18
13	食盐	0.00	0	25	1.1050	88.0							
14	预混料	0.00	0	10	8.0000	90.0							
	总计		饲养标准	约束上限	约束下限								
	粗料用量												
	饲料单价												
	干物质DM（%）			96.0	80.0								
	消化能（MJ/kg）		12.1	2.6	2.4								
	粗蛋白CP（%）		16.5	17.3	15.7								
	粗脂肪 EE（%）		3.5	3.2	2.9								
	粗纤维 CF（%）		8.0	14.7	13.3								
	食盐（%）		0.5	0.3	0.3								
	Ca 钙(%)		1.0	1.1	1.0								
	P 磷(%)		0.5	0.5	0.5								

图 6-1　营养需要与饲料营养价值 excel 表

第二步，设置运算公式，令单元格

总计：C16＝SUM（C2：C15）；

粗料用量（%）：C17＝SUM（C7：C11）；

饲料单价（元/千克）：C18＝SUMPRODUCT（C2：C15，F2：F15）/C16；

干物质（%）：C19＝SUMPRODUCT（C2：C15，G2：G15）/C16；

消化能（兆焦/千克）：C20＝SUMPRODUCT（C2：C15，H2：H15）/C16；

粗蛋白质（%）：C21＝SUMPRODUCT（C2：C15，I2：I15）/C16；

粗脂肪（%）：C22＝SUMPRODUCT（C2：C15，J2：J15）/C16；

粗纤维（%）：C23＝SUMPRODUCT（C2：C15，K2：K15）/C16；

食盐（%）：C24＝C14；

钙（%）：C25＝SUMPRODUCT（C2：C15，L2：L15）/C16；

磷（%）：C26＝SUMPRODUCT（C2：C15，M2：M15）/C16；

第三步，在配方解对应原料一栏里面输入经验配方相应原料的含量，则配方解就会自动显示：总计、粗料用量（%）、饲料单价（元/千克）、干物质（%）、消化能（兆焦/千克）、粗蛋白质（%）、粗脂肪（%）、粗纤维（%）、食盐（%）、钙（%）、磷（%）含量。调整原料用量直至配方解显示的总计、粗料用量（%）、饲料单价（元/千克）、干物质（%）、消化能（兆焦/千克）、粗蛋白质（%）、粗脂肪（%）、粗纤维（%）、食盐（%）、钙（%）、磷（%）含量与饲养标准一致，配方即完成（图 6-2）。

图 6-2　日粮配制的结果

第四步，打出配方设计结果。本例设计的日粮配方见表 6-28。

表6-28　生长育肥兔饲料配方与营养指标

原料名称	配方解	营养指标	含量
玉米籽实/%	48.20	粗料用量/%	21.10
小麦麸/%	10.00	干物质/%	87.66
豆饼浸提/%	13.50	消化能/(兆焦/千克)	12.31
菜籽饼热榨/%	4.00	粗蛋白质/%	17.02
苜蓿干草粉/%	13.60	粗脂肪/%	4.21
大豆秸秆/%	2.50	粗纤维/%	8.59
马铃薯藤粉/%	5.00	食盐/%	0.50
碳酸钙/%	0.90	钙/%	0.98
磷酸氢钙/%	0.80	磷/%	0.50
食盐/%	0.50		
预混料/%	1.00		
总计/%	100.00		

三、肉兔育肥典型日粮介绍

1. 快大型肉兔快速育肥典型饲料配方

快大型肉兔快速育肥典型饲料配方见表6-29，利用这组日粮配方饲喂快大型肉兔效果见表6-30。第二组配方（表6-31）饲喂35日龄新西兰与加利福尼亚的杂交后代商品生长育肥兔日增重达50克。

表6-29　快大型肉兔快速育肥典型饲料配方（Ⅰ）

	原料及营养组成	配方1	配方2	配方3	配方4	配方5	配方6
原料	苜蓿草粉/%	44.00	37.50	31.00	22.00	18.70	15.40
	小麦麸皮/%	35.20	23.60	12.00	18.30	11.90	5.50
	大麦/%	16.00	21.50	27.00	16.00	18.10	20.20
	甜菜渣/%	0.00	4.00	8.00	30.00	31.50	33.00
	豆粕/%	0.00	2.00	4.00	4.00	6.50	9.00
	向日葵粕/%	0.00	7.15	14.30	5.00	9.25	13.50
	大豆油/%	1.50	1.00	0.50	1.00	0.50	0.00
	甘蔗糖蜜/%	1.50	1.50	1.50	1.50	1.50	1.50
	石灰石/%	0.15	0.14	0.13	0.00	0.00	0.00
	磷酸氢钙/%	0.10	0.30	0.50	0.85	0.89	0.93
	食盐/%	0.40	0.40	0.40	0.40	0.40	0.40
	赖氨酸/%	0.36	0.23	0.10	0.20	0.10	0.00
	蛋氨酸/%	0.12	0.06	0.00	0.11	0.06	0.00
	组氨酸/%	0.10	0.05	0.00	0.07	0.04	0.00
	预混料/%	0.57	0.57	0.57	0.57	0.57	0.57
	合计/%	100.00	100.00	100.00	100.00	100.00	100.00

续表

原料及营养组成		配方1	配方2	配方3	配方4	配方5	配方6
化学组成	干物质/%	89.00	89.10	89.20	88.90	88.60	89.00
	粗蛋白质/%	13.70	15.10	16.90	14.10	15.70	17.50
	粗脂肪/%	3.99	3.40	2.59	3.01	2.60	1.93
	粗灰分/%	8.07	7.88	7.62	7.57	7.42	7.35
	总可消化养分/%	37.70	36.80	36.80	42.30	41.60	40.40
	中性洗涤纤维/%	34.70	33.30	31.70	32.30	31.10	29.30
	酸性洗涤纤维/%	17.50	17.40	16.80	16.80	16.60	16.00
	总能/(兆焦/千克)	16.50	16.30	16.30	16.10	15.90	15.80

预混料可为每千克全价饲料提供维生素 A12000 国际单位、维生素 D$_3$1000 国际单位、维生素 E 醋酸酯 50 毫克、维生素 K$_3$2 毫克、生物素 0.1 毫克、硫胺素 0.2 毫克、核黄素 4 毫克、维生素 B$_6$2 毫克、维生素 B$_{12}$0.1 毫克、尼克酸 40 毫克、泛酸 12 毫克、叶酸 1 毫克、氯化胆碱 300 毫克、铁 100 毫克、铜 20 毫克、锰 50 毫克、钴 2 毫克、碘 1 毫克、锌 100 毫克、硒 0.1 毫克、氯苯胍 66 毫克。

表 6-30 日粮配方饲喂快大型肉兔效果

指标	日龄	配方1	配方2	配方3	配方4	配方5	配方6
体重/克	29	597	594	597	596	599	598
	50	1597	1695	1742	1666	1728	1766
	78	2758	2817	2902	2823	2864	2913
增重/(克/天)	29~50	47.60	52.40	54.50	50.90	53.80	55.60
	50~78	41.40	40.10	41.40	41.30	40.60	41.00
	29~78	44.10	45.40	47.00	45.40	46.20	47.20

表 6-31 快大型肉兔快速育肥典型饲料配方（Ⅱ）

原料及营养组成		配方1	配方2	配方3	配方4	配方5
原料	三叶草粉/%	29	12	15	3	0
	小麦秸/%	0	15	15	23.5	19
	花生壳/%	3	3	7	10.5	19.5
	玉米/%	35	36	32	34	34.5
	麸皮/%	15	10	7	0	0
	豆粕/%	15	21	21	26	24
	磷酸氢钙/%	1.5	1.5	1.5	1.5	1.5
	食盐/%	0.5	0.5	0.5	0.5	0.5
	预混料/%	1	1	1	1	1
	合计/%	100	100	100	100	100

续表

	原料及营养组成	配方1	配方2	配方3	配方4	配方5
化学组成	粗蛋白质/%	15.84	16.03	15.76	15.85	15.69
	消化能/(兆焦/千克)	11.28	10.47	10.27	9.79	9.27
	粗脂肪/%	2.68	2.56	2.42	2.22	2.24
	中性洗涤纤维/酸性洗涤纤维/%	0.15	0.14	0.16	0.15	0.18
	淀粉/%	25.3	25.0	21.8	21.7	22.1
	木质素/%	3.97	4.19	5.05	5.12	6.6
	钙/%	0.81	0.73	0.78	0.71	0.72
	磷/%	0.64	0.68	0.65	0.65	0.66

预混料可为每千克全价饲料提供赖氨酸1.5克、蛋氨酸1.5克、铜50毫克、铁100毫克、锌50毫克、锰30毫克、镁150毫克、碘0.1毫克、硒0.1毫克、维生素A8000国际单位、维生素D800国际单位、维生素E50克。

2. 传统的肉兔品种快速育肥典型饲料配方

传统的肉兔品种快速育肥典型饲料配方见表6-32,第一组配方饲喂传统的肉兔品种效果见表6-33。第二组配方（表6-34）用于30日龄的生长育肥新西兰兔,初始体重950克,日增重30克左右。

表6-32 传统的肉兔品种快速育肥典型饲料配方（Ⅰ）

	原料及营养组成	配方1	配方2	配方3	配方4	配方5
原料	苜蓿草粉/%	32.00	30.50	29.00	27.50	26.50
	玉米/%	29.00	29.00	29.00	29.00	29.00
	小麦/%	10.00	10.00	10.00	10.00	9.00
	豆粕/%	11.00	10.00	9.50	8.70	7.50
	小麦麸皮/%	10.25	9.15	7.70	7.00	6.50
	蚕蛹/%	2.00	2.00	2.00	2.00	2.00
	菜籽粕/%	2.00	2.50	3.00	3.00	3.60
	白酒糟/%	0.00	3.00	6.00	9.00	12.00
	磷酸氢钙/%	1.40	1.40	1.45	1.50	1.50
	预混料/%	1.00	1.00	1.00	1.00	1.00
	食盐/%	0.50	0.50	0.50	0.50	0.50
	石粉/%	0.60	0.60	0.55	0.50	0.50
	赖氨酸/%	0.15	0.20	0.20	0.20	0.25
	蛋氨酸/%	0.10	0.15	0.10	0.10	0.15
	合计/%	100.00	100.00	100.00	100.00	100.00

续表

	原料及营养组成	配方 1	配方 2	配方 3	配方 4	配方 5
化学组成	粗蛋白质/%	16.00	16.00	16.00	16.00	16.00
	钙/%	0.90	0.90	0.90	0.87	0.87
	磷/%	0.60	0.60	0.60	0.60	0.60
	赖氨酸/%	0.80	0.80	0.80	0.80	0.80
	蛋氨酸+胱氨酸/%	0.60	0.60	0.60	0.60	0.60
	消化能/(兆焦/千克)	10.52	10.52	10.52	10.52	10.52
	粗纤维/%	13.50	13.40	13.30	13.20	13.00

预混料可为每千克全价饲料提供铁 100 毫克、铜 100 毫克、锌 80 毫克、锰 30 毫克、镁 150 毫克、维生素 A4000 国际单位、维生素 $D_3$1000 国际单位、维生素 E50 毫克、胆碱 1 毫克、氯苯胍 80 毫克。

表 6-33　饲喂传统的肉兔品种效果

项目	配方 1	配方 2	配方 3	配方 4	配方 5
采食量/克	96.53	96.8	96.29	95.66	93.54
日增重/克	31.54	31.01	30.69	29.12	26.84

表 6-34　传统的肉兔品种快速育肥典型饲料配方 （Ⅱ）

原料	配方 1	配方 2	营养组成	配方 1	配方 2
大麦/%	12.50	5.20	干物质/%	89.90	89.50
小麦/%	5.00	5.00	粗灰分/%	8.05	8.10
小麦麸皮/%	26.30	17.20	粗蛋白质/%	15.10	15.90
玉米 DDGS/%	0.00	15.00	中洗可溶粗蛋白质/%	3.05	3.93
糖蜜/%	2.70	2.00	粗脂肪/%	4.30	4.90
甜菜粉/%	0.00	15.00	淀粉/%	15.90	10.80
大豆皮/%	5.00	5.40	总日粮纤维/%	39.60	42.40
葡萄籽/%	2.30	2.40	中性洗涤纤维/%	34.20	32.70
小麦秸/%	10.00	5.60	可溶纤维/%	5.40	9.70
苜蓿草粉/%	16.40	20.00	酸性洗涤纤维/%	18.50	18.00
向日葵粕/%	14.30	0.00	酸性洗涤木质素/%	5.20	4.50
豆粕/%	1.50	1.50	总能/(兆焦/千克)	1.64	1.64
菜籽粕/%	0.00	4.00	赖氨酸/%	0.70	0.71
油脂/%	1.10	0.00	蛋氨酸/%	0.34	0.33
碳酸钙/%	1.20	0.74	苏氨酸/%	0.60	0.59
食盐/%	0.54	0.54	钙/%	0.88	0.91

续表

原料	配方1	配方2	营养组成	配方1	配方2
磷酸氢钙/%	0.43	0.00	磷/%	0.52	0.53
氯化胆碱/%	0.04	0.04			
羟基蛋氨酸/%	0.05	0.00			
赖氨酸/%	0.25	0.02			
苏氨酸/%	0.03	0.00			
6%氯苯胍/%	0.10	0.10			
预混料/%	0.26	0.26			
合计/%	100.00	100.00			

预混料可为每千克全价料提供维生素 A11390 国际单位、维生素 D1360 国际单位、维生素 E47.6 国际单位、维生素 K1.7 毫克、硫胺素 1.7 毫克、核黄素 4.3 毫克、泛酸 13.6 毫克、维生素 B$_6$ 1.7 毫克、生物素 85 微克、叶酸 850 微克、维生素 B$_{12}$ 13.6 微克、铁 47.6 毫克、铜 17 毫克、锌 68 毫克、锰 22.7 毫克、钴 595 微克、硒 140 微克、碘 1.2 毫克。

3. 皮肉兼用兔品种快速育肥典型饲料配方

皮肉兼用兔品种快速育肥典型饲料配方见表 6-35、表 6-36。表 6-35 配方饲料饲喂 35 天獭兔日增重为 25～30 克。表 6-36 配方饲料饲喂獭兔效果见表 6-37。

表 6-35　皮肉兼用兔品种快速育肥典型饲料配方（Ⅰ）

原料	配方	营养组成	含量
苜蓿草粉/%	31.70	干物质/%	86.80
玉米/%	27.60	粗蛋白质/%	20.20
豆粕/%	17.80	中性洗涤纤维/%	31.80
小麦麸皮/%	20.00	粗脂肪/%	3.00
预混料/%	0.15	消化能/(兆焦/千克)	1.19
食盐/%	0.40	钙/%	1.04
石粉/%	0.39	磷/%	0.74
蛋氨酸/%	0.41	赖氨酸/%	0.98
赖氨酸/%	0.05	蛋氨酸/%	0.93
磷酸氢钙/%	1.30	组氨酸/%	0.92
组氨酸/%	0.20		

预混料可为每千克全价饲料提供维生素 A12000 国际单位、维

生素 D_3 2500 国际单位、维生素 E40 毫克、维生素 K2 毫克、维生素 B_1 2.0 毫克、维生素 B_2 4 毫克、维生素 B_6 2.0 毫克、维生素 B_{12} 0.01 毫克、生物素 0.06 毫克、尼克酸 50 毫克、叶酸 0.3 毫克、泛酸 10 毫克、胆碱 1000 毫克、锌 40 毫克、铜 10 毫克、锰 30 毫克、铁 50 毫克、碘 0.5 毫克、硒 0.2 毫克、钴 0.5 毫克。

表 6-36　皮肉兼用兔品种快速育肥典型饲料配方（Ⅱ）

原料及营养水平		配方 1 30～90 日龄	配方 2 20～35 日龄	配方 3 35～50 日龄	配方 4 50～90 日龄	配方 5 30～90 日龄
原料	玉米/%	23	25	22	25	24
	次粉/%	8	0	8	9	0
	麸皮/%	12	18	10	10	13
	豆粕/%	17	10	13	15	13
	酵母粉/%	3	0	3	3	2.4
	花生饼/%	0	7	3	0	7
	花生秧/%	11.8	13	12	11.5	14.45
	花生壳/%	10	12	14	11	12
	菊花粉/%	13	13.25	13.3	13.6	12
	石粉/%	0.5	0	0.1	0.3	0.2
	磷酸氢钙/%	0.65	0.7	0.6	0.6	0.8
	98.5%赖氨酸/%	0.1	0.15	0.1	0.1	0.2
	蛋氨酸/%	0.15	0.1	0.1	0.1	0.15
	食盐/%	0.3	0.3	0.3	0.3	0.3
	兔用预混料/%	0.25	0.5	0.25	0.25	0.25
	球净/%	0.25	0	0.25	0.25	0.25
	合计/%	100	100	100	100	100
营养水平	消化能/(兆焦/千克)	10.46	10	10	10.9	10
	粗蛋白质/%	16.83	15.27	16.27	16.18	17.02
	粗纤维/%	13.84	16.11	15.68	14.11	15.07
	钙/%	0.97	0.8	0.86	0.88	0.95
	总磷/%	0.51	0.51	0.48	0.48	0.52
	赖氨酸/%	0.82	0.74	0.75	0.78	0.83
	蛋氨酸＋胱氨酸/%	0.66	0.53	0.57	0.59	0.61

表 6-37　皮肉兼用兔品种快速育肥典型饲料配方（Ⅱ）饲喂獭兔增重效果

日龄	配方 1	配方 2	配方 3	配方 4	配方 5
20～35 日龄/(克/日)	31.9	29.1			31.7
35～50 日龄/(克/日)	27.5		24.6		24.5
50～90 日龄/(克/日)	29.7			26.9	28.1

第七章
肉兔快速育肥饲养管理技术

第一节　肉兔快速育肥日常管理技术

一、肉兔捕捉技术

在饲养管理快速育肥肉兔时，常要捕捉肉兔，捉兔的基本要求是不使兔子受惊、不伤人和兔子。正确提兔法是青年兔、成年兔应一只手抓住耳朵及颈皮提起，另一只手托住臀部（彩图43）；幼兔应一只手抓颈背部皮毛，一只手托住其腹部，注意保持兔体平衡（彩图44）；小仔兔最好是用手捧起来（彩图45）。

错误的操作一是抓兔的耳朵，兔耳部都是软骨，不能承受其全身体重，单拎兔耳时，兔感到疼痛而挣扎，易造成耳根损伤，导致耳朵下垂；二是抓腰部或背部皮肤，易使皮肤与肌肉脱开，同时会压迫和损伤内脏；三是捉后腿，捉兔时也不能单抓后腿倒提，兔的后腿发达，骨质清脆，善于跳跃，单提后腿时，兔会剧烈挣扎，极易造成骨折和后肢瘫痪，孕兔则易造成流产，肉兔也不习惯头部向下，倒提兔时其脑部充血，使头部血液循环发生障碍，严重时会导致兔子死亡。

二、肉兔年龄鉴定技术

肉兔快速育肥的年龄在兔场是按出生记录查得或从兔号上看出生的时间。在没有记录的情况下，可以根据脚爪的长短、颜色、弯曲度或牙齿的色泽、排列以及皮肤的厚薄等进行鉴定。

肉兔的门齿和爪随年龄的增长而增长，因此，门齿和爪是鉴别年龄的主要根据。青年兔的门齿洁白短小，排列整齐；老年兔的门齿黄暗、长而粗厚，排列不整齐，有时有破损。

从兔趾爪的颜色和形状来看，白色兔在仔幼兔阶段，爪呈肉红色，尖端略发白；1岁时爪的肉红色和白色长度几乎相等；1岁以下红色长于白色，1岁以上白色长于红色。有色肉兔快速育肥的年龄可根据爪的长度和弯曲情况来鉴别。青年兔趾爪较短且平直，隐在脚毛中，随着年龄的增长，爪逐渐露出于脚毛外，露出爪越长则年龄越大，同时，随着年龄的增长，趾爪也越弯曲。白色兔的爪与有色兔的相同，爪越长越弯曲则年龄越大。

兔的眼神和皮肤的松紧厚薄也可用作鉴别肉兔年龄的依据。青年兔的皮薄而紧，眼睛明亮有神，行动活泼；而老年兔则眼神发滞，行动迟缓，其皮厚而松、粗糙而松弛。

三、肉兔雌雄鉴别技术

初生仔兔主要根据阴部孔洞形状及与肛门之间的距离进行识别。母兔的阴部孔洞呈扁形而略大于肛门，且距离较近；公兔的阴部孔洞呈圆形而略小于肛门，且距离较远。应注意不要简单地以留大去小作为留母去公的依据，以免造成失误。由于初生仔兔弱小，操作不当，容易造成幼兔受伤，所以一般初生时不做鉴别。

开眼后仔兔的雌雄鉴别主要是直接检查外生殖器。方法是左手抓住仔兔耳颈部，右手食指和中指夹住尾巴，用大拇指轻轻向上推开生殖器孔，发现公兔局部呈"O"字形，并可翻起圆筒状突起；母兔则局部呈"V"字形，下端裂缝延至肛门，无明显突起（彩图46、彩图47）。

青年兔轻压阴部皮肤就可翻开生殖孔。公兔可看到有圆柱状突起；母兔有尖叶状裂缝延至肛门。成年兔的性别鉴定很容易，公兔的鼠鼷部有一对明显的睾丸下垂，母兔则无。

第二节　肉兔快速育肥饲养技术

一、饲养方式

肉兔快速育肥的饲养方式多种多样，尤其对家庭养兔者来说，饲养方式很难一致，各养兔场、户可根据自己养兔的品种、饲养目的、管理能力以及自然条件和社会经济条件等选用适宜的饲养方式。无论采用何种饲养方式，都应符合兔的生活习性、便于日常饲养管理和能获得较高的经济效益。肉兔快速育肥的饲养方式有笼养、放养、栅养和洞养四种，其中以笼养比较理想，适合规模化、精细化和机械化生产，而放养最为粗放，但适宜特色肉兔生产。栅养和洞养是较为原始的饲养方式，目前只有少数地方使用。

1. 笼养

笼养是将肉兔关在笼子里饲养，这是饲养方式中最好的一种。笼养适用于密闭式兔舍、开放式兔舍和半开放式兔舍。国内外的养兔场大多数都采用这种饲养方式。

笼养种类一是室外笼养，即把兔笼放在室外，笼顶设盖，笼内养兔。这种方式通风好，但防暑、防寒、防潮和防敌害等不及室内笼养。兔笼可以放在屋檐或走廊下，也可以放在庭院或树荫下搭的简易小棚内。此方式适于农村个体养兔户。二是室内笼养，即把兔笼放在兔舍内，以便于夏季防暑、冬季保暖、雨季防潮、平时挡兽害。此方式适于大、中型养兔场。

笼养按兔笼的组装排列形式可分为重叠式笼养和阶梯式笼养。重叠式笼养就是上下层兔笼完全重叠。这种方式单位面积饲养密度大，较经济，但底层及顶层操作困难，排除粪便不完全，故有害气体浓度高，须人工或机械辅助清粪和通风。阶梯式笼养又分全阶梯式笼养和半阶梯式笼养。全阶梯式笼养上下层笼体完全错开，粪尿直接落在粪坑内。这种方式通风透光好，室内通风设备投资不多，观察方便，但占地面积大，手工清扫粪便困难，适于机械清粪兔场。半阶梯式笼养上下层笼体之间有部分重叠，是介于全阶梯式和重叠式笼养之间的一种方式。这种方式占地相对较少，操作观察不方便，手工清理粪便困难，适用于机械化操作兔场（彩图48～彩图54）。

笼养的主要优点是笼子可以立体架放，能大大节省土地和建筑面积，特别是在强制通风的情况下，可以提高饲养密度，便于机械化与自动化生产；兔不接触地面，兔舍内空气中灰尘减少；兔的生活环境可人为加以控制，饲喂、繁殖和防疫等管理较为方便，有利于兔种的繁殖改良、生长发育，并能较好地预防疫病传染；有利于提高兔的生产性能和产品质量。笼养的缺点是造价较高，饲喂和清扫等较费工。笼养特别是室内笼养的建筑材料和投资较大，饲养管理也较费工。种兔一直养在笼子内，运动不足，影响繁殖。

2. 放养

放养就是把兔群放牧在草场上，任其自由活动、自由采食和自由交配繁殖。这种饲养方式最为粗放，主要用以饲养肉用兔。放养的优点在于节省人力、财力，家兔能自由采食到新鲜饲料，呼吸到新鲜空气，获得充足的阳光和运动，故生长迅速，繁殖也快。缺点是兔的交配无法控制，乱交乱配容易使品种退化；且易传染疾病，不便积肥；易使兔争饲，发生互斗而咬伤（彩图55、彩图56）。

放养以选用抵抗力强、繁殖能力高的品种为宜。放养场地的布置，可按当地实际而设计，一般是四周用砖石砌建围墙，墙高1米，上再接1米高的竹篱笆，以防止兔子跑出去和兽害侵入。墙基亦须深达1米，这是为了防止兔子打洞逃出。

围墙周围遍栽常绿树和落叶乔木，用以蔽荫，场地中央用土堆成小丘陵，其中用砖石砌成各式各样的兔穴，供兔群栖居。兔穴可开几个进出口，但要防雨水灌入。

场内可分区播种牧草，供兔采食。场内搭建草棚，供兔群避雨，棚内设置食槽、水盆、草架，以便在天然饲料不足时喂料。

放养兔的占用面积，一般以每兔所占面积为10平方米为宜。种公兔与种母兔的比例为1:20。青年公兔除选留一部分作种兔外，均去势后放养，达到标准屠宰重时一律屠宰，以节省场地饲料。

放养肉兔的饲养管理：夏秋季节牧草茂盛，能满足它的营养需要，所以不用另补饲，每天只需供饲清水，一周喂一次盐水即可。冬春季节根据牧草生长情况，适当补饲。放养的兔子一旦发生疾病，一时很难加以控制，因此需要经常加以检查。发现病兔，要立即剔出，隔离饲养，免得波及全群。

3. 栅养

栅养就是在室外或在室内就地筑起栅圈，将兔群放在圈内饲养，这是一种比较好的群养方式，与放养相比，已提高了一步。

栅养的优点是节省人力物力，容易管理，可以有计划地繁殖，也可使兔子获得充足的运动、新鲜空气和阳光，促进生长发育；缺点是定量喂饲较难掌握，疾病传染难以控制，易发生咬斗现象（彩图57）。

为了保持环境的清洁卫生，栅养要求场地每天清扫，室内每隔3～5天要换草一次，打扫干净，并定期进行消毒。

目前还无条件进行笼养的地区，可考虑采用这种饲养方式。为了改进兔群，提高产品质量，在采用此种饲养方式时应推行分圈饲养法，即将好品种公兔和妊娠母兔分圈饲养，其他各种兔也应公母兔分开饲养，这样可以控制交配，杜绝乱交。

4. 洞养

洞养就是把家兔养在地下窨洞里，洞养的方式不但可以大大节省基建材料和费用，提高饲养人员的定额指标，而且能适合家兔的原始挖土穴居的习性；还可避免或减少一般疾病的传染（彩图58）。

由于地下温度变化幅度较小，无论冬季还是夏季都能保持一定的温度，所以冬季可以避免仔兔冻死或哺乳母兔在哺乳时的"吊出仔兔"现象。但是在春季，窨里反潮发凉，不利于家兔产仔。

洞养的母兔，由于产仔于洞的深处，无法检查所产仔兔的数量和调整每只母兔所带的仔兔数。洞养在我国东北等高寒地区较为广泛，其他地区则少用。

二、饲喂方法

肉兔快速育肥的饲养方式多种多样，而饲喂方法与饲养方式相关联，因此饲喂方法也难以统一。不论采用何种饲喂方法，都应符合兔的生活习性，便于日常喂养并能获得较高的经济效益。概括起来，肉兔快速育肥的饲喂方法有以下三种。

1. 分次饲喂或限量饲喂

分次饲喂或限量饲喂就是定时定量地喂给肉兔快速育肥饲料，适于各种类型的饲养方式，也是目前我国多数肉兔快速育肥兔场采用的方法。这种方法可使肉兔养成良好的进食习惯，有规律地分泌消化液，以利于饲料的消化和营养物质的吸收。否则会打乱肉兔的进食规律，导致消化功能紊乱，引起消化不良而患胃肠病。特别是幼兔，比较贪食，一定要做到定时定量饲喂，防止发生消化道疾病。应根据肉兔快速育肥的品种、体形、吃食、季节、气候、粪便等情况来定时、定量饲喂。

2. 自由采食

在兔笼中经常备有饲料，让兔随便吃。自由采食通常采用颗粒饲料，这种方法省工、省料，环境卫生好，饲喂效果也好。在集约化养兔的情况下，多采用自由采食的饲喂方法。肉兔是比较贪食的，为了防止贪食，即使在自由采食的情况下，也应当掌握每天大致采食量和最大饲料供给量。饲料干物质供给量占体重的5%～10%（表7-1和表7-2）。

表7-1　成年兔建议饲料采食量

饲料种类	平均采食量/（克/天）	最大采食量/（克/天）
鲜青草	600	1000
干精料	120	200

表7-2　生长育肥兔青饲料建议采食量

体重/克	采食量/（克/天）	采食量占体重比/%
500	153	31
1000	216	22
1500	261	17
2000	293	15
2500	331	13
3000	360	12
3500	380	11
4000	411	10

3. 混合饲喂

混合饲喂是将肉兔快速育肥的饲料分成两部分，将精料、块根块茎类定量饲喂，青饲料、粗饲料采用自由采食的方法。我国农村养兔普遍采用混合饲喂的方法。在现代肉兔快速育肥生产中，不管采用何种饲喂方法，建议推广和普及全价颗粒饲料。

第三节　肉兔快速育肥方案与实例介绍

一、制定肉兔快速育肥方案的原则

1. 饲料合理搭配，以青粗饲料为主

家兔生长快、繁殖力高、代谢旺盛，需要充足的营养。家兔的日粮应由多种饲料组成，并根据饲料所含的养分，取长补短，合理搭配，这样既有利于生长发育，也有利于蛋白质的互补作用。在生产实践中，为了节省饲料蛋白质的消耗，经常采用多种饲料配合，使饲料之间的必需氨基酸互相补充，切忌饲喂单一的饲料。例如，禾本科籽实类一般含赖氨酸和色氨酸较低，而豆科籽实含赖氨酸及色氨酸较多，含蛋氨酸不足。故在组成家兔日粮时，以禾本科籽实及其副产品为主体，适当加入10％～20％豆饼、花生饼类饲料混合成日粮，就能提高整个日粮中蛋白质的作用和利用率。

兔为草食动物，应以青粗料为主，辅以精料。实践表明，兔不仅能利用植物茎叶（如青草、树叶）、块根（如土豆、胡萝卜、甜菜）、果菜（瓜类、果皮、青菜）等饲料，还能对植物中的粗纤维进行消化。其采食青粗饲料的能力，是体重的10％～30％。

2. 饲喂方法定时定量

家兔是比较贪食的，定时、定量就是喂兔要有一定的次数、分量和时间，以养成家兔良好的进食习惯，有规律地分泌消化液，促进饲料的消化吸收。

若不定时给料，就会打乱进食规律，引起消化功能紊乱，造成消化不良，易患胃肠病，使兔的生长发育迟滞，体质衰弱。特别是幼兔，当消化道发炎时，其肠壁成为可渗透的，容易引起中毒。所以要根据品种、体形、吃食情况、季节、气候、粪便情况来定时、定量给料和做好饲料的干湿搭配。

在生产实践中，幼兔消化力弱，食量少，生长发育快，就必须多喂几次，每次给的分量要少些，做到少量多次。

夏季中午炎热，兔的食欲降低；早晚凉爽，兔的胃口较好。给料时要掌握"早餐吃得早，中餐精而少，晚餐尽量饱"。

冬季夜长昼短，要掌握"晚餐精而饱，中午吃得少，早餐喂得早"。

秋季雨季水多湿度大，要多喂干料，适当喂些精料，以免引起腹泻。

粪便太干时，应多喂多汁饲料；粪便稀时，应多喂干料。

3. 饲料过渡逐渐进行

调换饲料逐渐增减。夏、秋季以青绿饲料为主，冬、春季以干草和根茎类、多汁饲料为主。饲料改变时，新换的饲料要逐渐增加，使兔的消化功能与新的饲料逐渐相适应。若饲料突然改变，容易引起家兔的胃肠病而使食量下降或绝食。

4. 切实注意饲料品质

不喂腐烂、霉臭、有毒的饲料，不饮污浊水。要喂新鲜、优质的饲料，饮清洁水。对怀孕母兔和仔兔尤应重视饲料品质，以防引起胃肠炎和母兔流产，要按照各种饲料的不同特点进行合理调制，做到洗净、切细、煮熟、调匀、晾干，以提高兔的食欲，促进消化，达到防病的目的。

5. 注意饮水

必须经常注意保证水分的供应，应将家兔的喂水列入日常的饲养管理规程。供水量根据家兔的年龄、生理状态、季节和饲料特点而定。幼龄兔处于生长发育旺期，饮水量要高于成年兔。高温季节，兔的需水量大，喂水不能间断；冬季在寒冷地区最好喂温水，因冰水易引起胃肠疾病。

6. 注意卫生、保持干燥

家兔体弱，抗病力差且爱干燥，每天须打扫兔笼，清除粪便，洗刷饲具，定期消毒，经常保持兔舍清洁、干燥，使病原微生物无法滋生繁殖，这是增强兔的体质、预防疾病的基本措施，也是饲养管理上一项经常化的管理程序。家兔怕热，舍温超过25℃即食欲下降，影响繁殖。天热时，应打开兔舍门窗，进行通风降温，兔舍周围宜植树、搭葡萄架、种南瓜或丝瓜等作物进行遮阴（彩图59、彩图60）。如气温过热，舍内温度超过30℃时，应在兔笼周围洒凉水降温。同时喂给清洁饮水，水内加少许食盐，以补充兔体内盐分的消耗。寒冷对家兔也有影响，舍温降至15℃以下即影响繁殖，因此冬季要防寒，要加强保温措施。雨季是家兔一年中发病率和死亡率高的季节，应特别注意舍内干燥，兔舍地面应勤扫，在地面上撒石灰或很干的焦泥灰，以吸湿气，保持干燥。

7. 要求安静，防止骚扰

兔胆小易惊、听觉灵敏。经常竖耳听声，倘有骚动，则惊慌失措，乱窜不安，尤其在分娩、哺乳和配种时影响更大，所以在管理上应轻巧、细致，保持安静。同时还要注意防御敌害，如狗、猫、鼬、鼠、蛇的侵袭。为了便于管理，有利于兔的健康，兔场所有兔群应按品种、生产方向、年龄、性别等，分成商品兔群、公兔群、母兔群、青年兔群、幼兔群等，进行分群分笼管理。

8. 适当运动

运动可增强体质。在条件许可的情况下，笼养的家兔也应给予适当的运动。一般可以每周放养1～2次，任其自由运动，运动时间以30～50分钟为宜。

二、肉兔快速育肥方案实例介绍

以下是肉兔从出生到出栏的快速育肥方案实例。

（1）母兔产后认真观察仔兔吃乳情况，如果5小时还没有吃到初乳，人工辅助强制吃奶。

（2）根据仔兔能否吃饱来调整单窝哺乳仔兔数。通过寄养或主动淘汰法将每窝哺育的仔兔数量控制在8只。

（3）观察仔兔哺乳情况，若有哺乳异常及时报告技术人员。根据技术人员的安排，及时调整仔兔数量，或者采取催乳措施。

（4）及时采取保温措施，防止仔兔冻伤。保持兔舍温度在15℃以上，冬季最低温度在10℃以上，产箱要保持较高温度，及时开启红外线灯照射加温。

（5）产后2周内注意观察，预防母兔食仔、踏仔和吊奶。

（6）仔兔出生后，利用过氧乙酸进行兔舍带畜消毒1次。天气晴朗时，开启门窗换气。

（7）仔兔 16 天开始补饲开食饲料。

（8）仔兔 28～35 日龄体重达到 500 克时，移走母兔进行断奶。

（9）公兔在 8～10 周龄进行去势。

（10）转换饲料要逐渐过渡，一般应有 1 周以上的过渡时间。

（11）每天饲喂 3 次，早上 8 点开始第一次饲喂，饲料喂量为全天总量的 30％，中午 2 点开始第二次饲喂，饲料喂量为全天总量的 20％，夜晚 8 点开始第三次饲喂，饲料喂量为全天总量的 50％。育肥期间饲料喂量见表 7-3。

表 7-3　生长育肥兔建议采食量

周龄/周	快大型肉兔/（克/天）	优质肉兔/（克/天）	獭兔/（克/天）
0～2	0	0	0
3	10±5	10±5	10±5
4	20±8	15±5	15±5
5	30±10	25±10	25±10
6	70±20	60±15	55±15
7	110±20	90±20	80±20
8	140±20	110±20	100±20
9	170±20	120±25	110±20
10	200±15	130±20	125±20
11	出栏	140±20	130±20
12		150±20	140±15
13		160±15	150±10
14 周以后		出栏	150±10
21 周			出栏

（12）兔舍内温度不得低于 10℃，湿度 55％～65％，密度 15～18 只/平方米。

（13）保证光照，能让肉兔看到食物和饮水。

（14）经常检查兔笼和肉兔的生长发育情况，一旦发现病兔，要及时取出并报告技术人员隔离治疗。

（15）严格执行疫病防治方案。饲喂药物预防肉兔的寄生虫病、消化道病、呼吸道疾病的发生，注射兔瘟等传染病的防疫针。

（16）肉兔体重达到 2.5 千克出栏，全进全出，对兔舍空舍消毒。

第四节　肉兔快速育肥配套技术

肉兔快速育肥生产是一项系统工作，只有把各项工作都做好了，才能取得良好的效益。肉兔快速育肥配套技术主要包括种公兔、种母兔、仔兔、幼兔和青年兔等几个阶段的饲养管理技术。

一、种公兔的饲养管理

1. 种公兔的饲养

（1）种公兔每次射精量为 $0.4\sim1.5$ 毫升，每毫升精液中的精子数为 1000 万～2000 万个，气温高时，兔的精液品质下降。在高温季节里，一些公兔的精液中往往无精子，或者是密度很稀和死精。种公兔的配种受精能力取决于精液品质，这与营养的供给有密切关系，特别是蛋白质、矿物质和维生素等营养物质对精液品质有着重要的影响。种公兔的饲料必须营养全面、体积小、适口性好、易于消化吸收。

（2）精液的质量与饲料中蛋白质的质量关系最大。动物性蛋白质对于精液的生成和品质有一定作用，饲粮中加入动物性饲料可使精子活力增加，并使受精率提高。精液品质不佳、配种能力不强的种兔，喂以鱼粉、豆饼、花生饼、豆科牧草等优质蛋白质饲料时，可以改善精液品质，提高配种能力。

（3）维生素对精液品质也有显著影响。饲粮中维生素缺乏时，精子的数目减少，异常精子增多。小公兔饲粮中的维生素含量不足，生殖器官发育不全，睾丸组织退化，性成熟推迟。青绿饲料中含有丰富的维生素，所以夏季一般不会缺乏。但冬季青绿饲料少，或长年喂颗粒饲料时，容易出现维生素缺乏症，特别是维生素 A 和维生素 E 缺乏时，会引起睾丸精细管上皮变性，精子生成过程受阻，精子密度下降，畸形精子增加。如补饲优质青绿多汁饲料或复合维生素，情况可以得到改变。

（4）矿物质元素对精液品质也有明显的影响。饲粮中缺钙会引起精子发育不全，活力降低，公兔四肢无力。饲粮中加入 2% 的骨粉或石粉、蛋壳粉、贝壳粉等，钙就不至于缺乏。磷为核酸形成的要素，亦为产生精液所必需的，饲粮中配有谷物和麦麸时，磷不至于缺乏。但应注意钙、磷的比例，钙、磷供给的比例应为（1.5～2）：1。锌对精子的成熟具有重要意义，缺锌时精子活力降低，畸形精子数增多。生产中可以通过在饲粮中添加微量元素添加剂的方法来满足公兔对微量元素的需要，以保证种公兔具有良好的精液品质。

（5）种公兔的营养供给要做到长期稳定。精子是由睾丸中的精细胞发育而成的，精细胞健全，才能产生活力旺盛的精子。而精细胞的发育过程需要较长的时间，故营养物质的供给也需要有一个长期稳定的过程。饲料对精液品质的影响较缓慢，用优质饲料来改善种公兔的精液品质时，需 20 天左右才能见效。因此，对一个时期集中使用的种公兔，应注意在 1 个月前调整饲粮配方，提高饲粮的营养水平。配种旺季要适当增加或补充动物性饲料，如鱼粉、蚕蛹、鸡蛋（每 5 只兔 1 个鸡蛋）等。配种次数增加，如达到每天 2 次时，日粮应增加 25%。

（6）后备种公兔，应注意饲料的品质，且不宜喂体积过大或水分过多的饲料。特别是幼年时期，如全喂青粗饲料，不仅兔的增重慢，成年时体重小，而且精液品质也差。如公兔腹部过大或种用性能差时，不宜作为种用。

（7）种公兔应实行限制饲养，防止过肥。过肥的公兔不仅配种能力差，性欲降低，而且精液品质也差。限制饲养的方法有两种，一种是对采食量进行限制，每只兔每天的饲喂量不超过 150 克；另一种是对采食时间进行限制，即料槽中一定时间有料，其余时间只给饮水，一般料槽中每天的有料时间不超过 5 小时。

2. 种公兔的管理

（1）对种公兔应自幼进行选育和培养，并加大淘汰强度，种公兔应选自优秀亲本后代，非留作种用的公兔要去势后育肥，适时出售、及时屠宰；留作种用的公兔和母兔要分笼饲养。

（2）公母兔 3 月龄时应分养，严防早交乱配。青年公兔应适时初配，过早过晚初配都会影响性欲，降低配种能力。一般大型品种兔的初配年龄是 8～10 月龄，中型兔为 5～7 月龄，小型兔为 4～5 月龄。

（3）种公兔要有较大的笼面积，以增加活动。也可将种公兔每天放出运动1～2小时，以增强体质。经常晒太阳对预防球虫病和软骨症都有良好作用。在夏季运动时，不要把兔放在直射的阳光下，直射阳光会引起过热，体温升高，容易造成昏厥、脑充血、日射病等，严重者会引起死亡。

（4）种公兔的笼舍应保持清洁干燥，并经常洗刷消毒。公兔笼是配种的场所，在配种时常常由于不清洁而引起一些生殖器官疾病。

（5）搞好初配调教。选择发情正常、性情温顺的母兔与初配公兔配种，使初配顺利完成。

（6）种公兔应一兔一笼，以防互相殴斗；公兔笼和母兔笼要保持较远的距离，避免由于异性刺激而影响公兔性欲。

（7）种公兔舍内最好能保持10～20℃为宜，过热过冷都对公兔性功能有不良影响。

（8）种公兔的使用要有一定的计划性，兔场应有科学的繁殖配种计划，严禁过度使用种公兔。一般每天使用2次，连续使用2～3天后休息1天。对初次参加配种的公兔，应每隔1天使用1次。如公兔出现消瘦现象，应停止配种，待其体力和精液品质恢复后再参加配种。长期不使用种公兔配种，也容易造成过肥，引起性欲降低，精液品质变差。

（9）做好配种记录，以便观察每只公兔的配种性能和后代品种，利于选种选配。

（10）种公兔吃料前后0.5小时之内、换毛期内、体质较差、种公兔健康状况欠佳时等暂停配种。

二、种母兔的饲养管理

1. 空怀母兔的饲养管理

（1）母兔的空怀期是指从仔兔断奶到重新配种妊娠的一段时期。母兔的空怀期长短取决于繁殖制度，在采用频密式繁殖和半频密式繁殖制度时，母兔的空怀期几乎不存在或者极短，一般不按空怀母兔对待，仍按哺乳母兔对待；而采用分散式繁殖制度的母兔，则有一定空怀期。空怀期的母兔，由于在哺乳期间消耗了大量养分，体质比较瘦弱，需要供给充足的营养物质来恢复体质，迎接下一个妊娠期。饲养管理的关键是加强补饲，使尽快复壮，通过日粮的调整，加强管理使母兔在上一个繁殖周期消耗的体力短时间恢复，以使母兔发情，进入下一个繁殖周期。

（2）保持空怀母兔七八成膘。如果母兔过肥，应减少或停止精料补充料的饲喂，只喂给青绿饲料或干草，否则会在卵巢结缔组织中沉积大量脂肪而阻碍卵细胞的正常发育并造成母兔不育；对过瘦母兔，应适当增加精料补充料的喂量，否则也会造成发情和排卵不正常，因为控制卵细胞生长发育的脑垂体在营养不良的情况下内分泌不正常，所以卵泡不能正常生长发育，影响母兔的正常发情和排卵，造成不孕。为了提高空怀母兔的营养供给，在配种前半个月左右就应按妊娠母兔的营养标准进行饲喂。

（3）注意维生素的补充。我国冬季和早春缺青季节，易缺乏维生素 A 和维生素 E，影响发情、受胎和泌乳，每天应供给 100 克左右的胡萝卜或黑麦草、大麦芽等，规模化兔场在日粮中添加复合维生素添加剂，以保证繁殖所需的维生素，促使母兔正常繁殖。

（4）注意兔舍的通风透光，冬季适当增加光照时间，使每天的光照时间达 14 小时左右，光照强度为每平方米 2 瓦左右，电灯高度 2 米左右，以利发情受胎。

2. 妊娠母兔的饲养管理

（1）母兔自配种怀胎到分娩的这一段时期称为妊娠期。母兔妊娠后，除维持本身的生命活动外，子宫的增长、胎儿的生长和乳腺的发育等均需消耗大量的营养物质。在饲养管理上要供给全价营养，保证胎儿的正常生长发育。母兔配种后 8～10 天进行妊娠检查，确定妊娠后要加强护理，防止流产。

（2）为了不失时机地让母兔繁殖，母兔经交配或输精后，一定要及时检查怀孕情况，以免影响生产效率。兔的孕检方法有摸胎法、称重法和复配法，以摸胎法最准。

摸胎法是母兔交配或输精后 10 天左右，左手抓住兔耳颈皮肉，使其固定于孕检台上（桌子）上，头朝向检查者胸部，右手以"八"字形在腹中后部靠背侧的肾区和骨盆腔前口附近探摸（彩图61）。若摸到像花生米大小能滑动的，且有一定弹性的肉球，确定

怀孕。注意与粪球区别，粪球较硬，无弹性，三个指头（拇指、食指和中指）能将粪球捏住，稍用力可捏扁，而胎儿捏不住，有弹性和滑动感。

称重法是对初配母兔和断奶后再次配种的母兔于配种后 10 天称重，体重增加 180～250 克，可能怀孕，结合摸胎进一步确定。血配母兔增重不明显，主要靠摸胎来确定。

复配法是母兔配种后 5～7 天，放入公兔笼内试情，如拒绝交配，并发出"咕咕"叫声，可能受胎，于配种后 10 天左右摸胎确定。部分肉用兔只要与公兔放在一起，便发出"咕咕"叫声，且拒绝交配，这一现象应引起注意。

（3）母兔在妊娠期间尤其是妊娠后期能否获得全价的营养物质，对胎儿的正常发育、母体的健康和产后的泌乳能力等都有直接关系。妊娠母兔所需的营养物质以蛋白质、维生素和矿物质最为重要。蛋白质是构成胎儿的重要营养成分，矿物质中的钙和磷是胎儿骨骼生长所必需的物质。饲料中蛋白质含量不足，则会引起仔兔死胎增多，初生重降低，生活力减弱；维生素缺乏，则会导致畸形、死胎与流产；矿物质缺乏，会使仔兔体质瘦弱，死亡率增加。

（4）妊娠母兔的妊娠前期，因胎儿生长迅速，需要营养物质较多，故饲养水平应比空怀母兔高 1～1.5 倍。据试验测定，一只活重 3 千克的母兔，在妊娠期间胎儿和胎盘的总重达 660 克，占活重的 20%。其中水分为 78.5%，蛋白质为 10.5%，脂肪为 4.3%，矿物质为 2%。新西兰兔 16 天胎儿体重为 0.5～1 克，20 天时不足 5 克，初生重则达 64 克，为 20 天重量的 10 多倍。不同时期胎儿的蛋白质也有很大变化，如在 21 天为 8.5%，27 天为 10.2%，出生时为 12.6%。因此，为妊娠期母兔，特别是妊娠后期母兔提供丰富的营养是非常重要的。

（5）妊娠母兔特别是在妊娠后期获得的营养充分，则母体健康，泌乳力强，所产仔兔发育良好，生活力亦强；反之，则母体消瘦，泌乳力低，所产仔兔生活力亦差。母兔在妊娠期应给予营养价值较高的饲料，其中富含蛋白质、维生素和矿物质，并逐渐增加饲喂量，直到临产前 3 天才减少精料量，但要多喂优质青饲料。在实际生产中，针对不同的母兔状况，一是膘情较好的母兔采用先青后精饲喂法，即妊娠前期以青绿饲料为主，妊娠后期适当增加精料喂量；二是膘情较差的母兔逐日加料饲养法，即怀孕 15 天开始增加饲料喂量；三是产前产后调整法，即产前 3 天减少精料喂量，产后 3 天精料减少到最低或不喂精料，此法可以减少乳腺炎和消化不良等疾病的发生。

（6）加强护理，防止流产。母兔流产一般在妊娠后 15～25 天内发生。引起母兔流产的原因有营养性、机械性和疾病性三种。其中营养性流产多因营养不全，或突然改变饲料，或饲喂发霉变质饲料等引起；机械性流产多因捕捉、惊吓、挤压、摸胎方法不当等引起；疾病性流产多因巴氏杆菌病、沙门菌病、密螺旋体病及其他生殖器官病等引起。为了防止母兔流产，在护理上应做到以下几点。

① 不无故捕捉妊娠母兔，特别在妊娠后期更应加倍小心。当捕捉时，一定要轻柔，要保持安静，不使兔体受到冲击，轻捉轻放。

② 保持舍内安静和清洁干燥。家兔在妊娠期，要保持舍内安静，不使之惊扰，禁止突然声响。防止由于突然的惊扰而引起母兔恐慌不安，在笼内跑跳。保持舍内清洁干燥，防止潮湿污秽。因为潮湿污秽会引发各种疾病，对妊娠母兔极为不利。

③ 严禁喂给发霉变质饲料和有毒青草等。家兔对这些饲料非常敏感，最易造成流产。

④ 冬季最好饮温水。水太凉会刺激子宫急剧收缩，易引起流产。

⑤ 摸胎时动作要轻柔，不能粗暴。已断定受胎后，就不要再触动其腹部。

（7）做好产前准备工作。为了便于管理，最好是做到母兔集中配种，然后将母兔集中到相近的笼位产仔。产前 3～4 天准备好产仔箱，清洗消毒后铺一层晒干柔软的干草，然后将产仔箱放入母兔笼内，让母兔熟悉环境并拉毛做巢。产仔箱事先要清洗消毒，消除异味。产期要设专人值班，冬季要注意保温，夏季要注意防暑。供水充足，水中加些食盐和红糖。母兔分娩时保持兔舍及周围的安静，以免母兔由于受惊而中断产仔或食仔。产后 3 天内，可酌情给母兔投喂药物，以防乳腺炎发生。

3. 哺乳母兔的饲养管理

(1) 从母兔分娩至仔兔断奶这段时期为哺乳期。哺乳母兔的饲养水平要高于空怀母兔和妊娠母兔，特别是要保证足够的蛋白质、无机盐和维生素。此时不仅要满足母兔自身的营养需要还要满足分泌足够的乳汁的营养需要。据测定，母兔每天可分泌乳汁 60～150 毫升，高产母兔可达 200～300 毫升。兔奶中除乳糖含量较低外，蛋白质含量为 10%～12%、脂肪含量为 12%～13%，无机盐含量为 2%～2.2%，分别比牛奶高 3.1、3.5 和 2.9 倍。母兔的乳汁黏稠，干物质含量为 24.6%，相当于牛、羊的 2 倍；兔乳的能量为 6981～7691 千焦/千克，比标准牛奶的能量高 1 倍多。母兔在产后第 1 周泌乳量较低，2 周后泌乳量逐渐增加，3 周时达到高峰，3 周后泌乳量又逐渐减少。

(2) 哺乳母兔为了维持生命活动和分泌乳汁哺育仔兔，每天都要消耗大量的营养物质，这些营养物质必须通过饲料来获取。因此要给哺乳母兔饲喂营养全面、新鲜优质、适口性好、易于消化吸收的饲料，在充分喂给优质精料的同时，还需喂给优质青饲料。哺乳母兔的饲料喂量要随着仔兔的生长发育不断增加，并充分供给饮水，以满足泌乳的需要。直至仔兔断奶前 1 周左右，开始逐渐给母兔减料。哺乳母兔的饲料喂量不足或品质低劣，会导致母兔的营养供给不足，从而大量消耗体内储存的营养，使母兔很快消瘦。这不仅影响母兔的健康，而且泌乳量也会下降，进而影响仔兔的生长发育。仔兔在哺乳期的生长速度和成活率，主要取决于母兔的泌乳量。如果母兔在哺乳期能保证丰富的营养，产后头 20 天哺乳母兔的体重不减，20 天以后仔兔就能够从巢中爬出，开始打搅母兔，影响母兔的休息，并能将母乳全部吃光，从而使母兔体重下降。母兔的泌乳量还和窝仔数呈正相关，窝仔数越多，母兔乳汁的利用率就越高。保证母兔充足的营养，是提高母兔泌乳力和仔兔成活率的关键。要使仔兔能够充分利用母乳，就能提高仔兔成活率。

(3) 泌乳母兔的饲养效果可以根据仔兔的生长和粪便情况辨别。如泌乳旺盛时，仔兔吃饱后腹部胀圆，肤色红润光亮，安睡不动；泌乳不足时，仔兔吃奶后腹部空瘪，肤色灰暗无光，乱爬乱抓，经常发出"吱、吱"叫声。饲喂正常时，产仔箱内清洁干燥，很少有仔兔粪尿；哺乳不正常时，可能出现产仔箱内积留尿液过多、粪便过于干燥、仔兔消化不良或下痢等现象。

（4）做好产后护理工作。做好产后护理工作包括产后母兔应立即饮水，最好是饮用红糖水、小米粥等；冬季要饮用温水；刚产下仔兔要清点数量，挑出死亡兔和湿污毛兔，并做好记录等。产房应专人负责，并注意冬季保温防寒，夏季防暑防蚊。

（5）引起母兔乳腺炎的主要原因一是母乳太充盈，仔兔太少而造成乳汁过剩，可采用寄养法减少乳房乳汁充盈度；二是母乳不足，仔兔多，采食时咬伤乳头。这种情况应实施催奶措施，常用催乳方法有催乳片催乳法，每只母兔每天 2～4 片，这种方法仅适用体况良好的母兔；黄豆、豆浆催乳法，每天用黄豆 20～30 克煮熟（或打浆后煮熟），连喂 5～7 天。此外，饮用红糖水、米汤，经常食用蒲公英、苦荬菜等，均可提高母兔产乳量。

（6）及时检查乳房，看是否排空乳汁、有无硬块，通过按摩可使硬块变软；发现乳头有破裂时需及时涂擦碘酊或内服消炎药；经常检查笼底底板及巢箱的安全状态，以防损伤乳房或乳头。对已患乳腺炎的母兔应立即停止哺乳，仔兔采取寄养方法；血配的优良母兔，其仔兔亦可采用这种办法。

（7）母兔产后要及时清理巢箱，清除被污染的垫草和毛以及残剩的胎盘和死胎。以后每天要清理笼舍，每周清理兔笼并更换垫草。每次饲喂前要刷洗饲喂用具，保持其清洁卫生。当母兔哺乳时，应保持安静，不要惊扰和吵嚷以防产生吊乳和影响哺乳。

（8）及时淘汰母性差的母兔。在良好的饲养管理下，对泌乳力低、连续 3 次吞食仔兔的母兔应淘汰。

三、仔兔的饲养管理

1. 睡眠期仔兔的饲养管理

（1）仔兔从出生至开眼的时期为睡眠期，即从出生至 12 日龄左右这段时期。睡眠期仔兔体无毛，眼睛紧闭，耳孔闭塞，体温调节能力差，如果护理不当极易死亡，而且很少活动，除吃奶外几乎整天都在睡觉。

（2）家兔的抗体传递是在胎内通过胎盘实现的。因此初乳对家兔来说没有反刍动物、马、猪那样重要。但由于初乳营养丰富，是仔兔初生时生长发育所需营养物质的直接来源，又能帮助排泄胎粪，因此应保证仔兔早吃奶、吃足奶，尤其要及时吃到初乳，这样才能有利于仔兔的生长发育，确保体质健壮，生命力强。反之如果仔兔出生后未能及时吃到初乳，或者是处于饥饿状态，不仅不利于其生长发育，而且很容易发病而造成死亡。在仔兔生后6小时要检查母兔的哺乳情况，如发现仔兔未吃到奶，要及时让母兔喂奶。

仔兔生下后就会吃奶，母性好的母兔，会很快哺喂仔兔。而且仔兔的代谢作用很旺盛，吃下的乳汁大部分被消化吸收，很少有粪便排出来。因此睡眠期的仔兔只要能吃饱、睡好，就能正常生长发育。但在生产实践中，初生仔兔吃不到奶的现象常会发生。这时必须查明原因，针对具体情况，采取有效措施。

（3）有些母性不强的母兔，特别是初产母兔，产仔后不会照顾仔兔，甚至不给仔兔哺乳，以至仔兔缺奶挨饿，如不及时采取措施，就会导致仔兔死亡。这种情况下，必须进行强制哺乳。具体方法是将母兔固定在产仔箱内，使其保持安静，将仔兔分别放置在母兔的每个乳头旁，嘴顶母兔乳头，让其自由吮乳，每天强制哺乳4～6次，连续3～5天，多数母兔便会自动哺乳。

（4）生产实践中母兔产仔数量不均。产仔数过多时，母乳供不应求，仔兔营养供给不足，发育迟缓，体质虚弱，易患病死亡；产仔数少时，仔兔吮乳过量，往往引起消化不良，同时母兔也易发生乳腺炎。在这种情况下，可采用调整寄养部分仔兔的方法。

（5）需调整或寄养的仔兔找不到母兔代养时，可采用人工哺乳的方法。人工哺乳的工具可用玻璃滴管、注射器、塑料眼药水瓶等，在管端接一段乳胶管或自行车气门芯即可。使用前先煮沸消毒。可喂鲜牛奶、羊奶或炼乳（按说明稀释）。奶的浓度不宜过大，以防消化不良。喂前要水浴消毒，待奶温降到37～38℃时喂给，每天喂3～4次。喂时要耐心，滴喂的速度要与仔兔的吸吮动作合拍，不能滴得太快，一般是呈滴流而不是线流，以免误入气管而呛死。喂量以吃饱为限。

（6）母兔在哺乳时突然跳出产仔箱并将仔兔带出的现象称为吊乳。吊乳的主要原因是母乳不足或者母乳多仔兔也多时，仔兔吃不饱，吸着奶头不放；或者母兔在哺乳时受到惊吓而突然跳出产仔箱。被吊出的仔兔如不及时送回产仔箱内，则很容易被冻死、踩死或饿死，在管理上应特别小心。发现仔兔被吊出时，要尽快将其送回产仔箱内，同时查明原因，采取措施。如因母乳不足而引起，应调整母兔的饲粮，提高饲粮的营养水平，适当增加饲料喂量，同时多喂些青绿多汁饲料，以促进母乳的分泌，满足仔兔的营养需要；对于乳多仔兔也多的情况可以调整或寄养仔兔；如因管理不当所致，则应设法为母兔创造适宜的生活环境，确保母兔不受到惊扰。如被吊出的仔兔已受冻发凉，则应尽快为其取暖。可将仔兔握在人手中或放入人怀里取暖；也可把受冻仔兔放入如 40～45℃ 温水中，露出口鼻并慢慢摆动；还可把受冻仔兔放入巢箱，箱顶离兔体 10厘米左右吊灯泡或红外线灯，照射取暖。只要抢救及时，措施得当，大约 10 分钟后仔兔即可复活，此时可见仔兔皮肤红润，活动有力、自如。如被吊出的仔兔已出现窒息而还有一定温度时，可尽快进行人工呼吸。人工呼吸的方法是，将仔兔放在人手掌上，头向指尖，腹部朝上，约 3 秒时间屈伸一次手指，重复七八次后，仔兔就有可能恢复呼吸，此时将其头部略放低，仔兔就能有节律地自行深呼吸。被救活的仔兔，要尽快放回产仔箱内，以便恢复体温。约经半小时后，被救仔兔的肤色转为红润，呼吸亦趋向正常。此时应尽快使之吃到母乳，以便恢复正常。实行母仔分养、定时哺乳的方法，可以防止吊乳，全面观察哺乳情况，有利于仔兔成活和发育。具体做法是仔兔产出后吃乳时，将产箱取出，每天定时哺乳 1～2次（早、晚各 1 次），每次 10～15 分钟，20 日龄后可每天 1 次。

（7）仔兔出生后体表无毛，体温调节能力极差，体温随着外界环境温度的变化而变化。因此，首先要注意仔兔的保温。冬季和春季气温偏低，特别是北方各省兔舍内要进行增温保温，要求兔舍的温度在 15～25℃ 范围内；南方各省，可关闭门窗，挂草帘，堵风洞，以防贼风吹袭，提高室内温度，但要注意定时通风换气。产仔箱内放置干燥松软的垫草或铺盖保暖的兔毛，保持箱内干燥温暖。产箱内垫草和盖兔毛数量，视天气而定，冬季天冷可以适当多些，夏季天热可适当少放些。若有条件，最好设立仔兔哺育笼，使母仔分开，按时让母兔哺乳，母仔之间有小洞相通，洞口设有插板，能够开启，这样仔兔在哺育室内安全、保温。笼外安装笼门，检查方便。也可设仔兔室，母仔分离，定时哺乳。

（8）夏季气温较高，阴雨天较多，蚊蝇猖獗，仔兔生后无毛，易被蚊蝇叮咬。产仔箱内垫草可少放一些，但不能不放，将其放置在比较安全的地方，用纱布遮盖，并注明母兔号码，定时送入母兔笼内哺乳；同时要做好室内通风、降温工作。

（9）睡眠期内的仔兔最易遭受鼠害，因为这个时期的仔兔没有御敌能力，老鼠一旦进入兔舍，就会把全窝仔兔咬死甚至吃掉；而且在兔舍内灭鼠相当困难。有效的办法是处理好地面和下水道等。也可用母仔分养、定时哺乳的方法，减少鼠害的损失，即哺乳时把产仔箱放入母兔笼内，哺乳后再移到安全的地方。

（10）出生后 1 周内的仔兔容易发生黄尿病。其原因是仔兔吃了患乳腺炎的母兔乳汁，患乳腺炎的母兔乳汁中含有葡萄球菌，仔兔吃后便发生急性肠炎，尿液呈黄色。并排出腥臭而黄色的稀便，沾污后躯。患兔体弱无力，皮肤灰白，无光泽，很快死亡。防止此病的方法主要是保证母兔健康无病。喂给母兔清洁卫生的饲料，笼内通风干燥，经常检查母兔的乳房和仔兔的排泄情况。如发现母兔患乳腺炎时，应立即采取治疗措施，并对其仔兔进行调整和寄养。若发现仔兔精神不振，粪便异常，也要立即采取防治措施。

（11）防止感染球虫病。吃进球虫卵囊的仔兔，表现消化不良、腹泻、贫血、消瘦，死亡率很高。预防感染球虫病是提高仔兔成活率的关键措施之一。预防的方法主要是，注意笼内清洁卫生，及时清理粪便，经常清洗或更换笼底板，并用日光暴晒等方法杀死虫卵，同时保持舍内通风，使球虫卵囊没有适宜条件孵化成熟，平时在饲料中经常添加一些抗球虫药。

（12）保持产箱内干燥卫生。仔兔在开眼前，排粪排尿都在产箱内，时间一长箱内空气便会污浊，垫毛潮湿，并会滋生大量致病菌，引起仔兔患病。所以认真搞好产仔箱内的清洁卫生，保持垫料的干燥，也是提高仔兔成活率的措施之一。平时可在阳光下暴晒垫料，除去异味，经常更换干燥清洁的垫料。

2. 开眼期仔兔的饲养管理

（1）仔兔一般在 11～12 天眼睛会自动睁开。如仔兔 14 日龄仍未开眼，应先用棉花蘸清洁水涂抹软化，抹去眼边分泌物，帮助开眼。切忌用手强行拨开，以免导致仔兔失明。开眼期仔兔要历经出巢、补料、断奶等阶段，是养好仔兔的关键时期。

（2）仔兔开眼后，生长发育很快，而母乳分泌在 20 天左右开始逐渐减少，已满足不了仔兔的营养需要，故需要及时补料。补料时间以仔兔出巢寻找食物时开始为宜，一般在 15～16 日龄开始补料。仔兔的补料方法有两种。一种是提高母兔的饲料量或质量，增加饲料槽。由于母仔同笼饲养，共同采食，因此最好采用长形饲槽，以免由于采食时拥挤，体格弱小的兔吃不到饲料。另一种是补给仔兔优质饲料。要求补给仔兔的饲料容易消化、富有营养、清洁卫生、适口性好、加工细致，但不宜喂给仔兔含水分高的青绿饲料，仔兔开食后粪便增多并开始采食软粪，高水分的青绿饲料易引起腹泻、胀肚而死亡。同时在饲料中拌入矿物质、维生素、抗生素、洋葱、大蒜、橘叶等消炎、杀菌、健胃等药物，以增强体质，减少疾病发生。仔兔胃小，消化力弱，但生长发育快，需要营养多，根据这一特点，在喂料时要少喂多餐，均匀饲喂，逐渐增加。一般每天应喂 5～6 次。在开食初期以吃母乳为主、补料为辅，到 30 日龄时，则逐渐过渡到以补料为主、母乳为辅，直到断奶。这一过程逐渐进行，使仔兔逐渐适应，这样才能获得良好的效果。补给仔兔优质饲料时，最好采用离母补喂的方法，以免母兔抢食仔兔饲料。

（3）养兔生产实际中，仔兔断奶时间和体重有一定差别，断奶时间范围在 30～50 天，体重 600～750 克，因生产方向和品种不同而异，一般肉兔 30 日龄左右断奶。若断奶过早，仔兔消化系统还没发育成熟，对饲料的消化能力较差，生长发育会受到影响。一般情况下，断奶越早，仔兔的死亡率越高。断奶过晚，仔兔长期依靠母兔乳汁营养，影响消化道中各种酶的形成，也会导致仔兔生长缓慢，同时对母兔的健康和每年繁殖的胎次也有直接影响。根据仔兔生长发育、母兔体况、母兔是否已经血配、仔兔是否留种等因素综合考虑仔兔断奶时间。农村养兔，断奶时间可适当晚些，一般为 35～40 日龄；而规模化兔场，断奶时间一般为 30 日龄，留种仔兔断奶时间可适当延长 1 周左右；已经血配母兔、仔兔应在 28 日龄左右断奶，断奶后仔兔应采用人工乳继续哺乳 7～10 天。

（4）仔兔的断奶方法，要根据全窝仔兔体质的强弱而定。若全窝仔兔生长发育均匀，体质强壮，可采取一次断奶法，即在同一天将母兔和仔兔分开饲养。如果全窝仔兔体质强弱不一，生长发育不均匀，可采用分期分批断奶法，即先将体质强壮的仔兔断奶，体质弱的仔兔继续哺乳，几天后看情况再进行断奶。断奶母兔在 2～3 天内只喂给青粗饲料，停喂精料，以使其停奶。无论采用哪种方法，断奶时将仔兔留在原窝，将母兔移走，此法称为原窝断奶法。原窝断奶法较"仔兔移走法"可提高成活率和生长速度 5％～10％。同时尽量做到饲料、环境、管理三不变，以防发生各种不利的应激。

（5）仔兔刚开始采食时，味觉很差，常常会误食母兔的粪便，同时饲料中往往也存在各种致病微生物和寄生虫，因此，仔兔很容易感染上球虫病和消化道疾病，最好实行母仔分养。经常检查仔兔的健康状况，如有腹泻或黄尿病情况发生，查明原因，及时采取措施。通过观察仔兔的耳色，可判断出仔兔的营养状况。耳色桃红表明营养良好；耳色暗淡或苍白，则说明营养不良。耳温也是仔兔健康状况的标志，耳温过高或过低，均属病态，应及时进行诊治。

四、幼兔的饲养管理

幼兔是指断奶后到 3 月龄这一阶段的小兔。由于幼兔刚刚断奶，脱离了母兔，完全靠人工喂养，自己开始了独立生活，环境条件发生了极大变化，这种变化对幼兔是一个重要的适应过程。幼兔生长发育快，对饲料条件要求高，但抗病力差，如果饲养管理不当，不仅降低成活率和生长发育，而且还关系到良种特性与性能能否充分表现和兔群能否巩固提高。幼兔阶段是饲料报酬高、经济效益最大的阶段，如果饲养条件跟不上，也将会降低经济效益，推迟有效的经济利用时期。幼兔阶段是养兔生产难度最大、问题最多的时期。一般兔场此阶段兔的死亡率为 10％～20％，而一些饲养管理条件较差的兔场，兔的死亡率可达 50％以上。因此，应特别注意加强饲养管理和疾病防治工作，提高成活率。

（1）喂给幼兔的饲料必须体积要小，营养价值高，易消化，富含蛋白质、维生素和矿物质，而且粗纤维必须达到要求，否则会发生软便和腹泻并导致死亡。饲料一定要清洁、新鲜，一次喂量不宜过大，应掌握少量多次的原则，饲喂量随年龄的增长逐渐增加，防止饲料量突然增加或饲料品种突然改变。

（2）搞好管理。幼兔应按体质强弱、日龄大小进行分群，笼养时每笼以 4～5 只为宜，太多会因拥挤而影响发育，群养时可 8～10 只组成小群。断奶时要进行第一次鉴定、打耳号、称重、分群等工作，并登记在幼兔生长发育卡上。

（3）幼兔可集群放养，以增强体质。放养的幼兔体形大小应基本接近，体弱兔可单独饲养。放养时，除刮风下雨天外，春秋季节可早晨放出，傍晚归笼；冬季在中午暖和时放出；夏季在早、晚凉爽时放出，如有凉棚或其他遮阳条件，也可整天放养，傍晚收回笼中。幼兔放养时，要有专人管理，防止互斗、兽害和逃跑。如有病兔应立即隔离并治疗。如遇天气突变，要尽快收回兔笼。

（4）为了防止感染球虫病，应在断奶转群时，在饲料中投放一些防治球虫病的药物。慎用马杜拉霉素、盐霉素，以防中毒。断奶后进行一次粪便检查，查到球虫卵囊后，立即采取治疗措施。无化验条件时应加强观察，如发现幼兔粪便不成粒状，眼球呈淡红色或淡紫色，腹部膨大时，即可疑为球虫病，再进行治疗。及时注射各种疫苗、菌苗，包括兔瘟苗、巴氏杆菌苗、大肠杆菌病、波氏菌苗、产气荚膜梭菌苗等。

（5）定期称重便于及时掌握兔群的生长情况。生长发育一直很好，可留作后备兔；如体重增加缓慢，则应单独饲养。发育良好的兔在 3 月龄可转入种兔群，发育差的兔可转入繁殖群和生产群。

（6）搞好环境卫生。保持兔舍内干燥、通风，定期进行消毒。要经常观察兔群健康情况，发现病兔，应及时采取措施，进行隔离观察和治疗。

（7）影响幼兔成活率的因素主要有断奶时体况差、日粮配合不合理、饲喂不当、防疫制度不健全、管理措施不利等。

五、青年兔的饲养管理

青年兔是指 3 月龄到初次配种这一时期的兔，又称育成兔或后备兔。其抗病力已大大增强，死亡率降低，是一生中较容易饲养的阶段。青年兔时期采食量增多，生长发育快，对蛋白质、矿物质、维生素需求多。生产中往往出现对后备兔饲养管理非常粗放的情况，结果是生长缓慢，到了配种年龄发育差，达不到标准体重，勉强配种，所生仔兔发育也差，母兔瘦弱。在生产中不能忽视对青年兔的饲养管理。

（1）营养上要保证有充足的蛋白质、无机盐和维生素。因为青年兔吃得多，生长快，且以肌肉和骨骼增长为主，饲料应以青绿饲料为主，适当补喂精料。一般在4月龄之内喂料不限量，使之吃饱吃好，5月龄以后，适当控制精料，防止过肥。

（2）管理方面重点是及时做好公、母分群，以防早配和乱配。从3月龄开始要公、母分开饲养，尽量做到1兔1笼。3月龄以后的公、母兔生殖器官开始发育，逐渐有了配种要求，但尚未达到体成熟年龄，若早配则影响其生长发育。对4月龄以上的公、母兔进行一次综合鉴定，重点是外形特征、生长发育、产毛性能、健康状况等指标。把鉴定选种后的兔子分别归入不同的群体中，如种兔群应是生长发育优良、健康无病、符合种用要求的兔子。生产群中不留作种用的一律淘汰，用于育肥。从6月龄开始训练公兔进行配种，一般每周交配1次，以提高早熟性和增强公兔性欲。

第八章

肉兔快速育肥场建设

❀❀ 第一节　场址选择与布局 ❀❀

一、场址选择

肉兔快速育肥场场址的选择要有周密考虑、通盘安排和比较长远的规划。必须与农牧业发展规划、农田基本建设规划以及新修建住宅等规划结合起来，必须适应肉兔快速育肥的需要。所选场址，要有发展的余地。

肉兔快速育肥场应建在地势高燥、背风向阳、地下水位较低，具有缓坡的北高南低、总体平坦的地方。切不可建在低凹处、风口处，以免排水困难，汛期积水及冬季防寒困难。

肉兔快速育肥场土质以沙壤土为好。土质松软，透水性强，雨水、尿液不易积聚，雨后没有硬结、有利于兔舍及运动场的清洁卫生与干燥，有利于防止蹄病及其他疾病的发生。

育肥场周边要有充足的合乎卫生要求的水源，保证生产生活及人畜饮水。水质良好，不含任何不符合养殖标准的物质，确保人畜安全和健康。

育肥场周边有丰富草料来源，肉兔快速育肥所需的饲料特别是粗饲料需要量大，运输成本高。育肥场应距秸秆和干草饲料资源较近，以保证草料供应，减少运费，降低成本。保证大量粪便及废弃物通过处理后还田。

育肥场周边应交通方便，有利于商品兔和大批饲草饲料的运输。肉兔快速育肥场运输量很大，来往频繁，有些运输要求风雨无阻，应建在离公路或铁路较近、交通方便的地方，但又不能太靠近交通要道与工厂、住宅区，以利防疫和环境卫生。

育肥场离主要交通要道、村镇工厂 500 米以外，一般交通道路 200 米以外。还要避开对肉兔快速育肥场污染的屠宰、加工和工矿企业，特别是化工类企业。符合兽医卫生和环境卫生的要求，周围无传染源。

育肥场要远离地方病高发区，人畜地方病多因土壤、水质缺乏或过多含有某种元素而引起。地方病对肉兔快速育肥速度、健康和肉质影响很大，虽可防治，但势必会增加成本，同时所生产的产品达不到优质产品要求，选场时应尽可能避免选在这些地区。

兔场用地一要考虑未来发展，二要考虑饲料来源，若采用"颗粒料＋青饲料"的日粮结构，应配备足够的饲料用地。参照山东省《种兔场建设标准（DB37/T 309—2002）》和江苏省《种兔场建设规范（DB32/T 816—2005）》等地方标准，建议一只基础母兔规划占地 6～12 平方米，建筑面积 1.2～2.4 平方米。南方土地资源缺乏地区，通常以每只基础母兔及其仔兔占 0.6 平方米建筑面积计算，育肥肉兔每只占 0.2～0.3 平方米，兔场建筑系数为 15%。生产区内，建筑面积约占 50%。在洛阳鑫泰农牧科技有限公司，每 100 只兔配套有 1 亩植物用地，以适应肉兔产生的废弃物的消纳，特别有利于环境优美和生态友好。

肉兔的生物学特性是相对耐寒而不耐热。肉兔比较适宜的环境温度为 13～20℃，最佳生产区温度为 10～15℃。当气温为 24℃，采食量开始下降，在同等温度条件下，相对湿度越高，采食量下降越大。

我国地域辽阔，南北温度、湿度等气候条件差异很大，各地在建筑兔舍时要因地制宜。例如，南方的特点主要是夏季高温、高湿，因此南方的兔舍首先应考虑防暑降温和减少湿度，而在北方部分地区又要注意冬季的防寒保温。

兔场地势过低、地下水位太高，极易造成环境潮湿，影响肉兔的健康，同时蚊蝇也多。而地势过高，又容易招致寒风的侵袭，同样有害于肉兔的健康，且增加交通运输困难。育肥肉兔舍宜修建在地势高燥、背风向阳、空气流通、土质坚实、以沙壤土为好、地下水位低于 2 米以下，具有缓坡的北高南低的平坦地方（彩图 62）。

　　饲料加工、饲喂以及清粪等都需要电力，因此，兔场要设在供电方便的地方。同时，兔场用水量很大，要有充足、良好的水源，以保证生活、生产及人畜饮水。通常以井水、泉水为好。在勘察水源时要对水质进行物理、化学及生物学分析，特别要注意水中微量元素成分与含量，以确保人畜安全和健康，符合肉兔快速育肥的生产要求。

二、肉兔场规划

1. 饲养品种

　　在选择家兔饲养品种时需针对各品种生产性能特点、国内外市场行情、当地的区域规划和资源条件以及传统的饲养习惯进行分析，结合已定的经营方向和饲养方式，就经济效益进行总体比较后，再作决定。按经济用途，肉兔品种可分为三类，即快大型肉用品种、优质地方品种、皮肉兼用品种。如河南省有饲养肉兔的传统习惯，并具有一批兔肉加工出口龙头企业作为依靠，多饲养快大型肉用品种（伊拉肉兔）、皮肉兼用品种（獭兔）和少量优质地方品种（豫丰黄兔）；四川省是我国肉兔消费第一大省，已形成了一种饮食习惯，各种兔肉菜肴和产品市场上随处可见，饲养地方肉兔可就地消费，受国外市场行情波动的影响较小；宁波地区借助皮毛加工优势，獭兔生产稳中有进。

2. 生产规模

　　选定拟饲养品种后，合理定位兔场的生产规模。我国兔产品的销售正向"稳定国际市场，开拓国内市场"的新经营模式转变。与其他畜种相比，兔产品的社会产量、价格波动幅度较大，极易导致市场生产不稳定，做好生产规模规划尤为重要。生产规模主要取决于投资实力和疫病防控与环境承载能力，遵循"先做好，再做大"的原则，逐步扩大生产规模。

　　兔场规模，除种兔场外，至今没有严格意义的区分，通常依据兔场定位、饲养品种、存栏繁殖母兔数量和年提供商品兔数量界定。我国兔场大多种兔生产和商品兔生产同时进行，也增加了兔场规模界定的难度。国家《种畜禽生产经营许可证管理办法》中规定了种兔场的生产群体规模，单品种一级基础母兔500只。生产中通常将繁殖母兔200只以下的称作小型兔场，1000只以上的称作大型兔场，介于两者之间的称为中型兔场。为降低疾病风险，建议同一场地肉兔的饲养规模不宜太大。兔场配套足够的土地和环境空间来容纳兔场排放的粪尿、处理污水及可能需要的家兔青饲料用地。

生产规模的大小，要因人因地综合考虑，在市场经济的指导下，权衡市场需求和资金投入进行效益分析，根据技术水平、管理水平、生产设备等实际情况而定。从养兔场的自身条件出发，能获得最佳经济效益的规模，便是家兔商品生产的适宜规模。多数情况下，获得相同的效益，快大型肉兔品种所要求的规模要大于优质地方品种和皮肉兼用品种；但在同样规模的情况下，优质地方品种和皮肉兼用品种养殖场的管理难度要大于肉兔养殖场。生产规模大小并非固定不变，应随着社会的发展、科技的进步、技术和管理水平的提高、服务体系的完善等，适时加以调整，规划工程要有发展空间。

3. 生产模式

肉兔生产模式依据分类方法不同，可以分为多种类型。如按照饲养品种特点可以分为快大型肉兔生产模式、优质肉兔生产模式和獭兔生产模式；按照生产水平可分为传统生产模式、半集约化生产模式和集约化生产模式；按照圈养特点可分为笼养模式和散养模式；按照饲养肉兔的类型可分为单一肉兔育肥模式和种兔-育肥兔综合生产模式等。但总的来看，我国家兔生产正在由传统的单一农户生产方式向规模化、专业化、集约化方向转变。

4. 生产工艺流程

生产工艺的合理性决定了生产效率和经济效益，是兔场建设的设计依据。我国兔场大多采用自繁自养，种兔生产和商品兔生产同时进行。生产中通常按照繁殖过程安排生产工艺，包括配种、妊娠、分娩、仔兔、幼兔、商品育肥兔、后备兔几个过程。通常兔群可分为种公兔群、繁殖母兔群、幼兔群、后备兔群和商品育肥兔群，其中繁殖母兔群又可分为待配母兔群、妊娠母兔群、哺乳母兔群和后备母兔群。种母兔和种公兔可饲养在同一幢种兔舍，亦可分舍饲养。种母兔配种前进入繁殖兔舍，采用自由交配或人工授精方式繁殖，直至仔兔断奶。仔兔断奶后一段时间，进入育成兔舍，经性能测定，一部分成为后备兔，回到种兔舍；另一部分作商品生产。不同兔舍其兔笼位的大小不一。综合考虑气候因素的影响，做好繁殖计划、兔群周转计划，保证全年有计划地均衡生产，全进全出。

三、肉兔场布局

1. 肉兔场布局的基本原则

养兔场一般分成生产区、管理区、生活区、辅助区四大块。在兔场场址选定之后，特别是集约化兔场，要根据兔群的组成，饲养工艺要求，喂料、清粪等生产流程，当地的地形、自然环境和交通运输条件等进行兔场总体布局。总体布局是否合理，对兔场基建投资，特别是对以后长期的经营费用影响极大，搞不好还会造成生产管理紊乱，兔场环境污染和人力、物力、财力的浪费。兔场总体布局与其他畜牧场总体布局一样，都有分区、布局、朝向、间距、道路、流线等问题。总体布局的原则都是有利于生产和防疫，价值高的生产环节布局在重要的位置。

2. 生产区布局

生产区是养兔场的核心部分，包括种兔舍、繁殖舍、育成舍、育肥舍和幼兔舍等。其排列方向应面对这个地区的长年风向。为了防止生产区的气味影响生活区，生产区应与生活区并列排列并处偏下风位置。生产区内部应按核心群种兔舍—繁殖兔舍—育成兔舍—幼兔舍—育肥舍的顺序排列，种兔舍应置于环境最佳的位置，育肥舍和幼兔舍应靠近兔场一侧的出口处，以便于出售，并尽可能避免运料路线与运粪路线的交叉。

3. 后勤供应区布局

主要包括饲料仓库、饲料加工车间、干草库、水电房等。应单独成区，与生产区隔开，但为了缩短管线和道路长度，应与生产区保持较短的距离。这些建筑都应设置在上风向和地势较高处，干草棚要远离围墙，以利于防火。

4. 兽医隔离区布局

兽医隔离区包括兽医试验室、病兔隔离室、尸体处理室等。这些建筑都应设置在下风向和地势较低处，与其他区特别是生产区保持一定距离，以免传播疾病。

5. 管理区布局

管理区是办公和接待来往人员的地方，通常由办公室、接待室、陈列室和培训教室组成。其位置应尽可能靠近大门口，使对外交流更加方便，也减少对生产区的直接干扰。

6. 生活区布局

生活区主要包括职工宿舍、食堂等生活设施。其位置可以与生产区平行，但必须在生产区的上风。为了防疫，应与生产区分开，并在两者入口连接处设置消毒设施。

7. 建筑朝向

兔舍建筑朝向的选择与当地的地理纬度、地段环境、局部气候特征及建筑用地条件等因素有关。适宜的朝向一方面可以合理地利用太阳辐射能，避免夏季过多的热量进入舍内，而冬季则最大限度地允许太阳辐射能进入舍内以提高舍温；另一方面，可以合理利用主导风向，改善通风条件，从而为获得良好的畜舍环境提供可能。兔舍布置一般采取坐北向南，亦可南北向偏东或偏西，但不宜超过 15°。

8. 建筑间距

养兔场的生产区内都有一定数量不同用途的兔舍。排列时兔舍与兔舍之间均有一定的距离要求。若距离过大，则会造成占地太多、浪费土地，而且会增加道路、管线等基础设施长度，增加投资，管理也不方便。但若距离过小，会加大各舍间的干扰，对兔舍采光、通风防疫、防火等不利。根据自然通风再回到原来的自然状态进行流动，兔舍间距为 9～10 米。

9. 兔场的道路

兔场的道路应分清洁道和污物道，也称净道和粪道。其中清洁道是运送饲料的道路（彩图 63），污物道是运送粪便和污物的道路，两者不可混用和交叉。在总体布局中要将道路以最短路线合理安排，有利防疫，方便生产。兔场应重视防疫设施建设，场界是兔场的第一道防线，应有较高的围墙或有天然防疫屏障；兔场的大门及各区域入口处，特别是生产区入口处以及各兔舍的门口处，应有相应的消毒设施，便于进出场内的车辆和人员的消毒。

第二节　肉兔场建设

一、兔舍设计的原则

养兔规模、饲养目的、生产方式、地域差别、资金投入等，由此而形成的兔舍设计与建筑形式多种多样，但不管怎样，在兔舍设计与建筑时都必须遵循一些基本原则。

1. 最大限度地适应肉兔的生物学特性

兔舍设计必须首先"以兔为本"，充分考虑肉兔的生物学特性，尤其是生活习性。家兔喜欢干燥，在场址选择时就应考虑；肉兔怕热耐寒在确定兔舍朝向、结构及设计通风设施时就要注重防暑；肉兔喜啃硬物，建造兔舍时，在笼门边框、产仔箱边缘等处，凡是能被肉兔啃咬到的地方，都要采取必要的加固措施或选用合适的、耐啃咬的材料。

2. 有利于提高劳动生产效率

兔舍既是肉兔的生活环境，又是饲养人员对肉兔日常管理和操作的工作环境。兔舍设计不合理，一方面会加大饲养人员的劳动强度，另一方面也会影响饲养人员的工作情绪，最终会影响劳动生产效率。兔舍设计与建筑要便于饲养人员的日常管理和操作。假如将多层式兔笼设计得过高或层数过多，对饲养人员来说，顶层操作肯定比较困难，既费时间，又给日常观察兔群状况带来不便，势必影响工作效率和质量。

3. 满足肉兔快速育肥生产流程的需要

肉兔快速育肥的生产流程是由肉兔的生产特点所决定的，它由许多环节组成，受多种因素影响。兔舍设计应满足相应的生产流程的需要。如种兔场，以生产种兔为目的，就需要按种兔生产流程设计建造相应的种兔舍、测定兔舍、后备兔舍等；商品兔场，则需要设计建造种兔舍、育肥兔舍等。各种类型兔舍、兔笼的结构要合理，数量要配套。

4. 经济实用，科学合理

兔舍设计必须因地制宜，全面权衡、讲究实效，注重整体的合理、协调，努力提高兔舍建筑的投入产出比。兔舍设计还应结合生产经营者的发展规划和设想，为以后的长期发展留有余地。

二、兔舍的环境要求

1. 温度

适于肉兔生长的等热区（适宜温度）为 15～25℃。肉兔在等热区内，其生产力、饲料利用率和抗病力均较强，具有较好的经济效益。兔舍的温度要求保持在 15～25℃，刚出生的仔兔要求窝中心温度达到 30～32℃。

2. 湿度

湿度表示空气中水汽量的多少。肉兔喜干燥，厌潮湿，潮湿的环境肉兔易患病，肉兔适宜的相对湿度是 60%～65%，不要超过 80%，也不要低于 55%。

3. 光照

光照是兔舍小气候的重要因素之一，具有直接促进肉兔各种生理活动的功能。肉兔是弱光动物，对光照的要求不高，在强光下会使健康受到影响。光照分为自然光照和人工光照。当前国内兔舍多采用自然光照，兔舍门窗的采光面积占地面面积的 15%，光线入射角一般不低于 30°，窗户间距离小，以保证舍内采光的均匀度。在实践中有采用通长窗，即兔舍一侧墙壁设一长形窗户，这种窗采光和通风效果都好。封闭式兔舍多采用人工光照。繁殖母兔日照 8～10 小时，为促进繁殖性能可增加光照（最多 16 小时）。繁殖母兔光照应提高到 30～40 勒克斯，公兔每日光照以不超过 12 小时为宜。育成兔一般为 8 小时，每平方米兔舍面积可利用的光照强度为 15～25 勒克斯，以 20 勒克斯为宜。育肥兔以黑暗或微弱的光照比长光照和强光照有利。在采用人工光照时，要注意光照强弱均匀，避免某些部位过亮或过暗。注意肉兔与光源的距离，在多层笼兔舍内设置光源时，应以下层笼的光照强度为标准。国内兔舍常用25～40瓦灯泡或40瓦荧光管，光源离地面2米左右，光源之间距离为其高度的1.5倍。

4. 通风

通风可以更新兔舍内空气，排除过多的水分、热量和有害气体。兔舍的通风有自然通风和动力通风两种。自然通风多为开放式兔舍所采用。主要依靠活门装置、天窗和气窗进行风量的调节。排气孔面积为地面面积的2%～3%，进气孔面积为地面面积的3%～5%。按饲养肉兔活重计，在肉兔的载荷量每平方米不超过30千克时，使用自然通风，换气量可达每千克活重每小时4立方米。动力通风适用于集约化生产兔舍和封闭式兔舍，主要依靠动力来进行。有正压通风和负压通风两种。正压通风是用风机将风强制送入舍内，使舍内气压高于舍外，以排除污浊空气和水汽。鼓风机和排气口应相对而设。如鼓风机安装在兔舍一侧墙上部，排气孔则设在另一侧墙下部。用屋顶排气孔，鼓风机则可安装在此墙的下部。正压通风的通风量为每秒1立方米。在向舍内送风时，需进行空气预热、冷却或过滤。在炎热地区可采用此法，但造价高，管理费用大，要求高，技术复杂。负压通风是用风机抽出兔舍内空气而使舍外空气流入的方式，多用于兔舍跨度小于10米的建筑物。由于负压通风成本低，安装较简便，在我国南、北方的肉兔生产中采用较普遍。

目前肉兔舍换气的比率是每只兔活重1千克时应为1～3立方米/小时，冬天气温低，应为1～2立方米/小时；夏季气温高，应为2～3立方米/小时。肉兔对空气的流动很敏感，当气温为28℃时，风速由每秒15厘米增到24厘米，肉兔的呼吸频率则由每分钟118次减到91次，皮温由32.5℃下降到29.1℃。

一般吹向肉兔的空气，其速度夏季不应超过50厘米/秒，冬季应为20厘米/秒。特别注意通风时要防止冬季引入兔舍内空气强弱不均而出现死角；要防止贼风的侵入，使肉兔引起关节炎；要避免直接吹风入兔笼，使肉兔发生感冒和肺炎。

5. 有害气体

兔舍的空气由于受肉兔呼吸、生产过程及有机物质的分解等因素影响，使化学成分比较稳定的自然界空气发生变化，其中增加了一些对人畜都有害的气体，如氨、硫化氢、二氧化碳等。这些有害气体对肉兔健康影响大，空气中含氨量达 0.05% 时，可使肉兔呼吸频率减慢，当二氧化碳浓度为 2% 时，肉兔的气体代谢和能量代谢下降。这些有害气体是在肉兔呼吸及舍内有机物质分解过程中产生的。一只 35 日龄的仔兔，每小时每千克体重呼出的二氧化碳为 1.393 升，肉兔呼出的气体二氧化碳占 2.7%～3.4%，比空气中的含量高 67.5～113 倍；氨、硫化氢等有害气体是由兔舍内含氮和含硫有机物质分解产生。由于这些有害气体产生于地面，又主要分布于肉兔所接触的范围内，越接近地面，浓度越高。兔舍内各种有害气体的限量是氨应少于 0.03%；硫化氢应少于 0.01%；二氧化碳应少于 0.35%。

6. 噪声

环境中不协调的声音为噪声。表示声音强度的单位为分贝（dB）。由于肉兔胆小怕惊，兔场环境要尽量减少噪声。大的噪声或突然的噪声对肉兔的听觉、大脑垂体等都有影响，在生产实践中常出现肉兔受惊后而流产、吃掉仔兔等。有关兔舍噪声标准在我国尚未规定，但实践和有关资料表明，噪声应控制在 85 分贝以下，最好在 40～45 分贝。为了减少兔舍内的噪声，一是可在室内安装消声器，二是可在室外植树。

7. 灰尘

兔舍内的灰尘含量可用重量法测定，即以每立方米空气中所含灰尘的毫克数表示；也可用密度法表示，即每立方米空气中所含灰尘粒数。兔舍内的灰尘除由大气带进一部分外，主要由饲养工作引起，一般属于有机性的，特别是细毛、皮屑等。这些灰尘，尤其是 5 微米以下的粒子具有很强的吸附能力，很多有害气体等就是以这样的微粒烟尘为"载体"被吸入肉兔肺泡，而造成严重危害的，所以兔舍内的灰尘要少。从卫生角度来考察，一般限量在 10^{10} 粒／米^3，灰尘多的兔舍肉兔易患呼吸道疾病。

三、兔舍的建筑要求

1. 屋顶

屋顶的作用是防止自然因素（如风、霜、雨、雪等）的侵袭，吸收或散发热量，通过屋顶传入或传出舍内外的热量约占舍内热量的40%。寒冷地区建造兔舍应在兔舍屋顶上铺设保温层，采用加气混凝土板、玻璃板等建筑材料，填入保温层中。农村也可采用在草屋或瓦屋顶上加设天棚或辅加木屑、炉渣等保温材料。炎热地区由于夏季高温，加上强烈的太阳辐射，屋顶温度可高达60～70℃，热带和亚热带地区建造兔舍应注意屋顶隔热，可采用多层组合结构建筑，屋顶设三层，屋顶外层传导热系数大的材料，中层用蓄热系数大的材料，下层用导热系数小的材料。屋顶隔热以设置通风间屋的效果好，屋顶坡度一般不应低于25%为宜。

2. 墙壁

墙壁是兔舍结构的主要部分，墙体材料用砖较多，在寒冷地区兔舍墙体采用空心或空心砖墙体均可提高热阻，有助于提高保温能力。热带或亚热带地区兔舍，其西墙应加隔热设施。若建敞开式兔舍，其墙体用一砖或半砖即可。墙体接近地面处应开设进气孔，接近屋顶处应开设排气孔，均需设置活门开关和防兽进入的设施。在墙体表面应粉刷白色涂料。

3. 门窗

门窗设计要与通风、采光、防兽害同时考虑，配套设计。门要求结实、保温和防兽害，方便人和车辆出入；门一般设计为双向门，窗主要用于通风和采光，面积越大越好。

4. 地面

兔舍地面要求平整、光滑、无缝，能抗消毒剂的腐蚀，还要有利于清洁和防潮、散热。排粪沟和排水沟均应低于地面，以利清洁。地面的铺砌形式有水泥地面、砖地面、土地面等。兔舍的空间与密度，参考值种公兔为0.4～0.5立方米/只，带仔母兔为0.35～0.45立方米/只，后备兔为0.23立方米/只，育肥兔为12～20只/立方米。

四、兔舍的建筑形式

我国地域辽阔，各地气候条件不同，经济基础各异，兔舍建筑形式也各不相同。主要介绍以笼养为前提的几种常见建筑形式。

1. 室外兔笼结构

兔笼舍正面朝南，采用砖混结构，为单坡式屋顶，前高后低，屋檐前长后短，屋顶采用水泥预制板或波形石棉瓦（彩图 64）。后壁用砖砌成，并留有出粪口，承粪板为水泥预制板。为了适应露天条件，兔舍地基宜高些，兔舍前后最好要有树木遮阳。这种兔舍优点是造价低，通风条件好，光照充足；缺点是不易挡风挡雨，冬季繁殖小兔有困难。

2. 室内单列式兔舍

这种兔舍四周有墙，南北墙有采光通风窗，屋顶形式不限（单坡、双坡、平顶、拱形、钟楼、半钟楼均可），兔笼列于兔舍内的北面，笼门朝南，兔笼与南墙之间为工作走道，兔笼与北墙之间为清粪道，南北墙距地面 20 厘米处留对应的通风孔。这种兔舍优点是冬暖夏凉，通风良好，光线充足，缺点是兔舍利用率低（彩图 65）。

3. 室内双列式兔舍

这种兔舍分为两种形式，一种是两列兔笼背靠背排列在兔舍中间，两列兔笼之间为清粪沟，靠近南北墙各一条工作走道；另一种是两列兔笼面对面排列在兔舍两侧，两列兔笼之间为工作走道，靠近南北墙各有一条清粪沟（彩图 66）。屋顶为双坡式、钟楼式或半钟楼式。同室内单列式兔舍一样，南北墙有采光通风窗，接近地面处留有通风孔。这种兔舍室内温度易于控制，通风透光良好，但朝北的一列兔笼光照、保暖条件较差。由于空间利用率高，饲养密度大，在冬季门窗紧闭时有害气体浓度也较大。

4. 室内多列式兔舍

室内多列式兔舍有多种形式，如四列三层式、四列阶梯式、四列单层式（彩图 67）、六列单层式（彩图 68）、八列单层式（彩图 69）等。屋顶为双坡式，其他结构与室内双列式兔舍大致相同，只是兔舍的跨度加大，一般为8～12米。这类兔舍的最大特点是空间利用率高，缺点是通风条件差，室内有害气体浓度高，湿度比较大，需要采用机械通风换气。

5. 单列笼舍一体结构

这种兔舍实际上既是兔舍又是兔笼，是兔舍与兔笼的直接结合。因此，既要达到兔舍建筑的一般要求，又要符合兔笼的设计需要。兔笼舍正面朝南，采用砖混结构，为单坡式屋顶，前高后低，屋檐前长后短，屋顶采用水泥预制板或波形石棉瓦。后壁用砖砌成，并留有出粪口，承粪板为水泥预制板。为了适应露天条件，兔舍地基宜高些，兔舍前后最好要有树木遮阳。这种兔舍优点是造价低，通风条件好，光照充足；缺点是不易挡风挡雨，冬季繁殖小兔有困难。

6. 双列笼舍一体结构

这种兔舍为两排兔笼面对面而列，两列兔笼的后壁就是兔舍的两面墙体，两列兔笼之间为工作走道，粪沟在兔舍的两面外侧，屋顶为单坡式（彩图70）、双坡式或钟楼式。兔笼结构与室外单列式兔舍基本相同。与室外单列式兔舍相比，这种兔舍保暖性能较好，饲养人员可在室内操作，但缺少光照。

7. 塑料大棚兔舍

随着塑料大棚建造技术的提高，各地也开始利用塑料大棚作为兔舍。塑料大棚兔舍廉价，便于组装，适合工厂化建设，但是使用塑料大棚兔舍要注意通风透气、防寒保暖（彩图71，彩图72）。

第三节　肉兔快速育肥场配套设施

一、兔笼结构及设计要求

1. 设计要求

兔笼设计一般应符合肉兔的生物学特性，造价低廉、经久耐用、便于操作管理。兔笼规格、兔笼大小，应按肉兔的品种、品系、性别、年龄等的不同而定。一般以种兔体长为尺度，笼长为体长的 1.5～2.0 倍，笼宽为体长的 1.3～1.5 倍，笼高为体长的 0.8～1.2 倍。大小应以保证肉兔能在笼内自由活动，便于操作管理为原则。

2. 兔笼结构

兔笼的结构虽然多种多样，但其组件主要包括笼门、笼壁、笼底板和承粪板（彩图 73）。笼门要求启闭方便，能防兽害、防啃咬。可用竹片、打眼铁皮、镀锌冷拔钢丝等制成。一般以右侧安转轴，向右侧开门为宜。为提高工效，草架、食槽、饮水器等均可挂在笼门上，以增加笼内实用面积，减少开门次数。

笼壁一般用水泥板或砖、石等砌成，也可用竹片或金属网钉成，要求笼壁保持平滑、坚固防啃，以免损伤兔体和钩脱兔毛。如用砖砌或水泥预制件，需预留承粪板和笼底板的搁肩（3～5 厘米）；如用竹木栅条或金属网条，则以条宽 1.5～3.0 厘米、间距 1.5～2.0 厘米为宜。

笼底板一般用塑料、竹片或镀锌冷拔钢丝制成，要求平而不滑，坚固而有一定弹性，宜设计成活动式，以利清洗、消毒或维修（彩图 74、彩图 75）。如用竹片钉成，要求条宽 2.5～3.0 厘米、厚 0.8～1.0 厘米、间距 1.0～1.2 厘米。

承粪板宜用水泥预制件，厚度为 2.0～2.5 厘米，要求防漏防腐，便于清理消毒。在多层兔笼中，上层承粪板即为下层的笼顶。为避免上层兔笼的粪尿、冲刷污水溅污下层兔笼，承粪板应向笼体前伸 3～5 厘米，后延 5～10 厘米，前后倾斜角度为 10%～15%，以便粪尿经板面自动落入粪沟，并利于清扫。

3. 笼层高度

目前国内常用的多层兔笼，一般由 3 层组装排列而成。为便于操作管理和维修，兔笼以 3 层为宜，总高度应控制在 2 米以下。最底层兔笼的离地高度应在 25 厘米以上，以利通风、防潮，使底层兔亦有较好的生活环境。

二、常见兔笼类型

各地因生态条件、经济水平、养兔习惯及生产规模的不同，建造兔笼的构件材料亦各不相同。根据构件材料可把兔笼分为水泥预制件兔笼、砖（石）制兔笼、竹（木）制兔笼、金属网兔笼、全塑型兔笼。

1. 水泥预制件兔笼

我国南方各地多采用水泥预制件兔笼，这类兔笼的侧壁、后墙和承粪板都采用水泥预制件组装，配以竹片笼底板和金属或木制笼门（彩图 76、彩图 77）。主要优点是耐腐蚀、耐啃咬，适于多种消毒方法，坚固耐用，造价低廉；缺点是通风隔热性能较差，移动困难。

2. 砖（石）制兔笼

采用砖、石、水泥或石灰砌成，是我国南方各地室外养兔普遍采用的一种，起到了笼、舍结合的作用，一般建造 2～3 层（彩图 78、彩图 79）。主要优点是取材方便，造价低廉，耐腐蚀，耐啃咬，防兽害，保温、隔热性较好；缺点是通风性能差，不易彻底消毒。

3. 竹（木）制兔笼

在山区竹木用材较为方便，兔子饲养量较少的情况下，可采用竹木制兔笼（彩图 80）。主要优点是可就地取材，价格低廉，使用方便，移动性强，且有利于通风、防潮、维修，隔热性能较好；缺点是容易腐烂，不耐啃咬，难以彻底消毒，不宜长久使用。

4. 金属网兔笼

一般采用镀锌冷拔钢丝焊接而成，适用于工厂化养兔和种兔生产。主要优点是通风透光，耐啃咬，易消毒，使用方便（彩图 81、彩图 82）；缺点是容易锈蚀，造价较高，如无镀锌层其锈蚀更为严重，又易引起脚皮炎，只适宜于室内养兔或比较温暖的地区使用。

5. 全塑型兔笼

采用工程塑料零件组装而成，也可一次压模成型（彩图 83）。主要优点是结构合理、拆装方便，便于清洗和消毒，耐腐蚀性能较好，脚皮炎发生率较低；缺点是造价较高，不耐啃咬，塑料容易老化，且只能采用消毒液消毒，因而使用还不普遍。

三、兔笼摆放形式

兔笼摆放形式按状态、层数及排列方式等可分为平列式、重叠式、阶梯式、活动式和立柱式等。目前我国养兔以重叠式固定兔笼为主。

1. 平列式兔笼

兔笼均为单层，一般为砖砌兔笼、竹木或镀锌冷拔钢丝制成（彩图84），又可分单列活动式和双列活动式两种。主要优点是有利于饲养管理和通风换气，环境舒适，有害气体浓度较低；缺点是饲养密度较低，仅适用于饲养繁殖母兔。

2. 重叠式兔笼

这类兔笼在肉兔生产中使用广泛，多采用水泥预制件或砖结构组建而成，一般上下叠放2～4层笼体，层间设承粪板（彩图85）。主要优点是通风采光良好，占地面积小；缺点是清扫粪便困难，有害气体浓度较高。

3. 阶梯式兔笼

这类兔笼一般由镀锌冷拔钢丝焊接而成，在组装排列时，上下层笼体完全错开，不设承粪板，粪尿直接落在粪沟内（彩图86）。主要优点是饲养密度较大，通风透光良好；缺点是占地面积较大，手工清扫粪便困难，适于机械清粪兔场应用。

4. 活动式兔笼

一般由竹木或镀锌冷拔钢丝等轻体材料制成，根据构造特点可分为单层活动式、双联单层活动式、单层重叠式、双联重叠式和室外单间移动式等多种（彩图87）。主要优点是移动方便，构造简单，易保持兔笼清洁和控制疾病等；缺点是饲养规模较小，仅适用于家庭小规模饲养。

5. 立柱式兔笼

这类兔笼由长臂立柱架和兔笼组装而成，一般为3层，所有兔笼都置于双向立柱架的长臂上。主要优点是同一层兔笼的承粪板全部相连，中间无任何阻隔，便于清扫；缺点是由于饲养密度较大，故有害气体浓度较高。

6. 运输用兔笼

这类兔笼为单层，笼上盖中间设门，大小为长 100～120 厘米、宽 50～60 厘米、高 18～20 厘米（彩图 88～彩图 91）。

四、附属设备

附属设备有产仔箱、食槽、饮水器等。

1. 产仔箱

产仔箱供母兔产仔用，也是仔兔出生后未能走动时的生活场所（彩图 92～彩图 95）。可用木板、金属板、塑料板制成。目前我国多数地区是用 1 厘米厚的木板定制，箱底钻几个小孔，便于尿液流出，周壁内外刨光，使母兔出入和仔兔活动时不受擦伤。产仔箱的规格一般为长 45 厘米×宽 35 厘米×深 28 厘米，前方留一个月牙形缺口，可以竖起和横倒使用，分娩时把产仔箱横倒，分娩后把产仔箱竖起，使仔兔不易爬出。

2. 食槽

食槽又称饲槽或料槽。食槽有简易食槽，也有自动食槽（彩图 96～彩图 98）。按制作材料的不同又分为竹制、陶制、水泥制、铁皮制及塑料制等多种食槽。简易食槽制作简单、成本低，适合盛放各种类型的饲料，但喂料时工作量大，饲料易被污染，极易造成肉兔扒料浪费。自动食槽容量较大，安置在兔笼前壁上，适合盛放颗粒饲料，从笼外添加饲料，喂料省时省力，饲料不易污染，浪费少，但制作复杂，成本也高。群养兔通常使用长食槽，笼养兔通常采用铁皮制食槽，也有陶制、转动式、抽屉式或自动食槽。无论哪种食槽，均要结实、牢固，不易破碎或翻倒，同时还应便于清洗和消毒。幼兔食槽一般可用粗竹竿劈开，挖去中节，两端各钉上木板，使之不易翻倒，或用小方瓷盘喂料。仔兔补食槽用铁皮食槽，也有用水泥或陶瓷制作的食槽，口呈环形，以防仔兔玩耍，其尺寸根据兔的大小做成系列食槽。成年兔的食槽种类很多，有铁皮制作的半月形食槽，有陶瓷、水泥制作的食槽等，上口小，下底大，壁厚 1 厘米，槽内面光滑，以便于清洗。

3. 草架

草架分为两种，一种是笼养用的，挂在笼门前，有单独的，也有食槽和草架合二为一的（彩图 99～彩图 103）。关键是草架的钢丝间隙，为 2.5 厘米左右。另一种是散养或圈养用的，用木条、竹片或钢筋做成"V"字形。群养兔可钉成长 100 厘米、高 50 厘米、上口宽 40 厘米的草架，木条或竹片之间的间隙为 3～4 厘米，草架两端底部分别钉上一块横向木块，用以固定草架，以便平稳地放置在地面上，供散养兔或圈养兔食草用。

4. 饮水器

可用罐头瓶、瓷盆、水泥盆等作水槽（彩图 104～彩图 108）。自动供水槽可用普通酒瓶和水槽制作，饮水清洁卫生，也可以将一个倒置的玻璃瓶固定在笼外瓶口上，接一条硬质绿皮管通入笼内距笼底 8～10 厘米处，供兔饮水。这种饮水器不占笼内面积，水质不被污染，也不会弄湿笼子，肉兔随时可饮到清水，是较适用的一种饮水器。一般笼养兔可用储水式饮水器，即将盛水玻璃瓶或塑料瓶倒置固定在笼壁上，瓶口上接一橡皮管通过笼前网伸入笼门，利用空气压力控制水从瓶内流出，任肉兔自由饮用。大型兔场可采用乳头式自动饮水器，每幢兔舍装有储水箱，通过塑料管或橡皮管连至每层兔笼，然后再由乳胶管通向每个笼位。这种饮水器的优点是能防止污染，又可节约用水，缺点是投资成本较大，对水质要求较高，容易堵塞和漏水。

5. 各种附件在兔笼的挂配

各种附件在兔笼的挂配见彩图 109、彩图 110。

第九章

肉兔快速育肥中的疾病防治

第一节　肉兔快速育肥疫病防控

一、日常保健

1. 定期检疫

除了对新引进的种兔严格检疫和隔离观察以外，兔群应有重点地定期检疫。如每半年用0.25%～0.5%的煌绿溶液滴鼻1次对巴氏杆菌病检测，每季度对全群进行疥癣病检疫和对皮肤病检查，每2个月进行1次伪结核的检查等。每2周对幼兔球虫进行检测，种兔配种前对生殖系统进行梅毒、外阴炎、睾丸炎和子宫炎检查，母兔产仔后5天以内每天检查1次，此后每周进行1次乳房检查等。

2. 驱虫保健

肉兔的体外寄生虫病主要有疥癣病、兔虱病；体内寄生虫病主要有球虫病、囊尾蚴病、栓尾线虫病等。而疥癣病和球虫病是预防的重点，其他寄生虫病在个别兔场零星发生，也应引起注意。在没有发生疥癣病的兔场，每年定期驱虫1～2次即可，而曾经发生过疥癣病的兔场，应每季度驱虫1次。无论是什么样的饲养方式，球虫病必须预防，尤其是6～8月是预防的重点，近年来有全年化的发生趋势；囊尾蚴病的传染途径主要是犬和猫等动物粪便对饲料和饮水的污染，控制养犬、养猫，或对其定期驱虫，防止其粪便污染即可降低囊尾蚴的感染率；线虫病每年春、秋季2次进行普查驱虫，使用广谱驱虫药物（如苯丙咪唑、伊维菌素或阿维菌素），可同时驱除线虫、绦虫、绦虫蚴及吸虫。

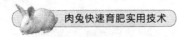

3. 计划免疫

免疫接种是通过给健康兔接种某种抗原物质，激发机体产生特异性抵抗力，使易感兔转化为不易感染的一种手段。免疫分为平时性预防接种和发生疫情时的紧急预防接种。平时性预防接种是平时在经常发生某些传染病的地区或传染病潜在地区或受威胁的地区，有计划地给健康兔进行免疫接种。常讲的免疫接种，主要是指平时的预防接种。兔场应根据《中华人民共和国动物防疫法》及其配套法规的要求进行免疫接种。

3. 卫生消毒

消毒是综合防治措施中的重要环节，其目的是杀灭环境中的病原微生物，以彻底切断传染途径，防止疫病的发生和蔓延。选择消毒药物和消毒方法，必须考虑病原菌的特点和被消毒物体的种类以及经济价值等。如对于木制用具，可用开水或 2% 的火碱溶液烫洗；金属用具，可用火焰喷灯或浸在开水中浸泡 10～15 分钟；地面和运动场可用 10%～20% 的石灰水或 5% 的漂白粉溶液喷洒，土地面可先将表土铲除 10 厘米以上，并喷洒 10%～20% 的石灰水或 5% 的漂白粉溶液，然后换上一层新土夯实，再喷洒药液；食具和饮具等，可浸泡于开水中或在煮沸的 2%～5% 的碱水中浸泡 10～15 分钟；毛皮可用 1% 的石炭酸溶液浸湿，或用福尔马林熏蒸；工作服可放在紫外灯消毒室内消毒或在 1%～2% 的肥皂水内煮沸消毒；粪便进行堆积，生物发酵消毒。

4. 药物预防

有些疾病目前还没有合适的疫苗，有针对性地进行药物预防是搞好防疫的有效措施之一。特别是在某些疫病的流行季节到来之前或流行初期，选用高效、安全、廉价的药物，添加在饲料中或饮水用药，可在较短的时间内发挥作用，对全群进行有效地预防。或对肉兔的特殊时期（如母兔的产仔期）单独用药预防，可收到明显效果。药物预防的主要疾病为细菌性疾病和寄生虫病，如大肠杆菌病、沙门菌病、巴氏杆菌病、波氏菌病、葡萄球菌病、球虫病和疥癣病等。药物预防应注意药物的选择和用药程序。要有针对性地选择药物，最好做药敏试验，当使用某种药物效果不理想时应及时更换药物或采取其他方案，用药要科学，按疗程进行，既不可盲目大量用药，也不可长期用药和用药时间过短。每次用药都要有详细的记录，如记载药物名称、批号、剂量、方法、疗程、效果，对出现的异常现象和处理结果更应如实记录。药物预防一定要按照规定在出栏前进行停药。

5. 隔离和封锁

在发生传染病时，对兔群进行封锁，并对不同肉兔采取不同的处理措施。病兔在彻底消毒的情况下，把有明显症状的兔只单独或集中隔离在原来的场所，由专人饲养，严加看护，不准越出隔离场所。饲养人员不准相互串门，工具固定使用，入口处设消毒池。当查明为少数患兔时，最好捕杀。可疑病兔症状不明显，但与病兔及污染的环境有接触的肉兔，有可能处在潜伏期，并有排毒的危险，应在消毒后另地看管，限制其活动，认真观察。可进行预防性治疗，出现病症时按病兔处理，如果 2 周内没有发病，可取消限制。假健群兔只无任何症状，没有与上面两种兔有明显的接触，应分开饲养，必要时转移场地饲养。在整个隔离期间，禁止向场内运进和向场外运出肉兔、饲料和用具，禁止场外人员进入，也禁止场内人员外出。当传染病被扑灭 2 周，不再发生病兔后，解除封锁。

6. 抗病育种

将抗病力作为育种的主要目标之一，从根本上解决肉兔对某些疾病的抗性问题，是今后育种的方向和重点。简单而实用的方法是在发病的兔群选择不发病的个体作为种用。发病的兔群里，每只兔所受到的病原微生物感染的机会理论上讲是同等的，有些兔只的抗性低而发病，有些兔只的抗性强而保持健康，这种抗性如果是遗传所造成的，那么就能将这种品质遗传给后代，使个体品质变成群体品质。如果用现代育种方法，测定控制肉兔对某些疾病有抗性的基因或将具有抗性的基因片段导入肉兔的染色体内，就可培育出对某些疾病有抗性的兔群。

7. 控制日粮营养与卫生

全价的日粮及平衡的营养是避免营养不良和实现繁育计划的重要保证。配制日粮既要有好的配方，又要有优质的饲料原料；饲料原料多样化能防止某些营养物质的过量或缺乏；对饲料原料进行科学的加工调制，能有效地保证日粮营养水平和提高饲料转化率，能够较好地预防消化道疾病的发生。

8. 优化生产环境

规模化兔场饲养密度大，粪尿产出量大，有害气体、微生物、尘埃多，保持兔舍内外良好的环境卫生非常重要。应尽量采用地下管道排污，防止交叉感染。舍外空地杂草要定期清除。舍内每天要打扫卫生一次，保持清洁干燥，不得有蜘蛛网、剩余霉料。粪沟内不得有积粪，兔笼底要经常清扫，不得残留污毛。室内卫生可以分解成若干小项目，与工作人员的岗位奖金挂钩，及时检查，经常监督。冬季要做好防寒保温工作，但不能为了保温而紧闭门窗，必须保证有适量的通风换气，必要时使用换气扇。

9. 控制病原传播途径

老鼠、蚊、蝇等都是病原体的宿主和携带者，能传播多种传染病和寄生虫病。肉兔快速育肥规模化兔场要每年 2 次定期灭鼠。应当清除兔舍周围杂物、垃圾及乱草堆等，填平死水坑，并采取杀虫、灭鼠和灭蝇措施。

此外，生产中还应实行空弃药瓶、废弃扫把等生产废物回收登记制度，及时将药棉、废纸、污毛等生产垃圾集中无害化处理，这对净化兔场生产环境大有好处。

二、综合防控体系建设

1. 建立兔场综合防控体系

（1）建立相对稳定的人才体系。一切生产任务的体现都是在科学技术的指导下靠人才去实现，要充分体现以人为本的观念，注重兔场人才的培养，保持防疫、技术、管理人员的相对稳定性。

（2）建立全体员工共同协作体系。疾病控制和防疫工作，不单单是饲养员、技术员和兽医的事情，应该多方位人员密切配合。引种、饲料采购、饲料加工、饲料运输、产品销售、产品运输、后勤保障、接待等各个方面都要以防疫为主，共同协作，全力保障兔场安全生产。

（3）建立干净整洁的环境体系。干净整洁的环境体系是安全防疫的一个重要环节，在干净整洁的环境下病原微生物、蚊蝇不易滋生，可以大大减少疫病发生风险。

（4）建立完整彻底的消毒制度。坚持常规消毒和紧急消毒相结合，对人员、车辆、圈舍、物品、环境、器械、病料、粪便等各个环节务求彻底消毒，并形成消毒制度，严格执行。

（5）建立高效运行的兽医实验室。实验室检测和监测是疫病防治的有效手段，准确的疫病诊断，才能对防疫提供有力的科学依据。实验室要具备免疫抗体水平的监测能力，正确指导免疫程序和制定免疫计划；根据细菌检验和药物敏感性实验，正确指导药物的合理有效使用；开展特定病原检测和监测，以便于疾病的净化。

（6）加强饲养管理。实行定时巡视、记录、汇报制度，及时掌握兔群状况、毛色、粪便、姿态、饮食等情况，有针对性地调整日粮水平，改善通风条件，使群体保持良好的生理状态，提高自身抗病力，减少患病危险。

（7）建立预防为主的防疫方针。对兔群进行疫苗的接种是保障兔场安全生产的基础。

（8）建立兔疫情应急处理体系。兔场要建立重大兔疫情应急处理体系，出现疫情后，要快速启动应急体系，及时扑灭疫情。

2. 兔场综合防控措施

（1）疫病筛检。运用快速简便的实验检查或其他手段，自表面健康的兔群中去发现那些未被识别的可疑兔只。筛检试验不是诊断试验，仅是一个初步检查，对筛检试验阳性和可疑阳性的兔只必须进行确诊检查，对确诊后的兔只进行治疗。

（2）对感染场控制措施。旨在清除病原，将病原体快速控制在感染场内，包括扑杀、隔离、消毒、追踪、追溯活动。

（3）对无疫场控制措施。旨在保护无疫群，并证实病原尚未侵入其中，包括对这个群体引进兔的控制，对所有可能携带感染性病原的所有物体的控制。

（4）治疗措施。指应用各种药物治疗发病兔。

（5）化学预防。指应用各种药物制剂来防范疫病发生，通常用于不能通过免疫预防的疫病。

(6) 免疫。指使用疫苗产生免疫保护的预防免疫和发病后的紧急免疫。

三、疫情扑灭

1. 传染病检疫

检疫是动物防疫监督机构的检疫人员按照国家标准、农业部行业标准和有关规定对动物及动物产品进行的是否感染特定疫病或是否有传染这些疫病危险的检查以及检查定性后的处理。购兔时一定要从非疫区采购，经当地检疫部门检疫，签发检疫证明，且车辆及畜体消毒后才能入场；在隔离舍观察 15 天后，确认健康无疾病后再并群饲喂。每年春、秋季各进行 1 次检疫，检出阳性或有可疑反应的兔只要及时按规定处置。检疫结束后，及时对兔舍内外及用具进行彻底消毒。

2. 疫苗的紧急接种

紧急接种是指在发生兔传染病时，为了迅速控制和扑灭兔传染病的流行，而对疫区或受威胁区尚未发病的兔进行的应急性免疫接种。紧急接种从理论上讲应使用免疫血清，或先注射血清，2 周后再接种疫（菌）苗，即所谓共同接种较为安全有效。但因免疫血清使用量大，价格高，免疫期短，且在大批兔急需接种时常常供不应求，因此在防疫中很少应用，只用于种畜场、良种场等。在疫区和受威胁区使用某些疫（菌）苗是可行而有效的。应用疫（菌）苗进行紧急接种时，必须先对兔群逐只地进行详细的临床检查，只能对无任何临床症状的兔进行紧急接种，对患病兔和处于潜伏期的兔，不能接种疫（菌）苗。在临床检查中，必然有部分潜伏期的兔，再接种疫（菌）苗后不仅得不到保护，反而促进其发病，造成一定的损失，这是一种正常的不可避免的现象。

3. 疫情扑灭技术

兔场饲养员和技术员要经常检查兔的健康情况，发现异常，必须按照"早、快、严、小"的原则，及早诊断和扑灭。兔场一旦发生了传染病，病兔或带菌兔应及时隔离观察治疗，专人管理。兔场、兔舍、兔笼要严格消毒，并把疫情立即报告给当地有关部门，通知周围兔场采取紧急预防措施，防止疫情扩大。经有关专家的检验、确诊后，根据疾病种类采取相应的防治措施。对兔病毒性出血症采取紧急预防接种、严格消毒、饮用增强体质药，对健康兔皮下注射兔病毒性出血症灭活疫苗或兔病毒性出血症-多杀性巴氏杆菌病二联灭活疫苗。对周围环境进行严格消毒5天，每天1次。同时给兔饮用抗应激水和在饲料内添加清瘟败毒散饲喂，连用3～5天。暴发球虫病按治疗球虫病的方法进行治疗。死兔和病兔废弃物等集中起来深埋或焚烧。停止对外出售兔，待病情控制20天后方可解除封锁。

四、药物使用

1. 给药技术

（1）肌内注射。通常在兔大腿外侧中上部进行。助手按正确的抓兔方法将兔抓起，臀部朝向持针者，持针者将注射部位用70％～75％酒精棉球消毒，左手固定注射部位，右手持注射器将针头迅速刺入适当深度，左手拇指与食指固定针头，缓慢注入药液。刺入针头时，要避免伤及大血管、神经和骨骼。拔针后再一次给注射部位进行消毒（彩图111）。

（2）皮下注射。通常在兔颈背侧和腹股沟部附近，助手将兔固定于注射台上，持针者将注射部位消毒，左手拇指和食指提起皮肤，右手持注射器把针头刺入皮下2～3厘米，左手的拇指与食指固定针头，将药液缓慢注入，拔针后对注射部位再次消毒（彩图112）。

（3）灌药。兔没有食欲和饮欲的情况下进行的一种给药方式。包括胃导管灌药和经口灌药两种。无论哪种灌药方法，一定要防止伤及口咽黏膜和把药误灌于气管内。

2. 给药注意事项

（1）正确的诊断是用药的基础。随着养兔业的发展，优良品种的引进和改良，兔病也越来越多，临床用药种类也越来越多，关键是要正确诊断疾病，同时还要严格遵照配伍，否则就不能达到理想的用药效果。

（2）用药浓度和疗程。药物浓度和连续用药是防病治病的保证，诊疗用药一定要达到一定的药物浓度和疗程，才能足以杀灭病原体。

（3）药物来源要确实可靠。应在国家正规的兽药生产厂家或兽药经销点购买，以防假劣兽药。

（4）药物的协同作用和拮抗作用。两种或两种以上的药物，对病原体有协同作用和拮抗作用。有拮抗作用的药物不可同时使用。

（5）增强兔的体质。药物是外因，体质是内因，如何增加兔群的抗病力是关键，只有为兔创造优越的环境条件，才能获得药物的最佳疗效。

（6）正确选用抗生素。兔是草食动物，抗生素不宜长期大量口服，以免杀死肠道中的有效菌群而发生疾病。

（7）群体给药。预防兔群的传染病、寄生虫病、营养代谢性疾病的发生，常对兔群全面用药，根据疫病特征和药物特性采用不同的给药方法。

（8）重视药物的选择与应用。药物是治疗和预防兔病必不可少的物质条件，为了能合理用药，提高治疗效果，创造经济效益，兔场兽医技术人员应重视药物的选择与应用技术。

（9）器具卫生。注射器、针头、手术镊子等要煮沸消毒15分钟或高压灭菌器消毒。免疫接种时，最好一只兔一个针头，或一个注射器一个针头，每注射一只兔，针头都要用75%的酒精棉球消毒1次。注射时一定要排净针管内的空气，疫苗不要到处乱喷，用完的疫苗瓶收集深埋或焚烧。

3. 药物防病技术

根据各类型兔的发病规律，把预防兔病工作形成一种制度，不管兔群发病与否，只要严格按照防病制度执行，兔群就很少发病，一般药物防病方法如下。

（1）3日龄滴服复方小檗碱或氯霉素2～3滴/兔，预防仔兔黄尿病。

（2）15～16日龄滴服痢菌净3～5滴/兔，每天1次，连用2天，预防仔兔胃肠炎。

（3）25～90日龄选用抗球虫药，配伍抗菌药。连续用药3～4个疗程，每个疗程5～7天，停药15天，再开始下一个疗程，预防兔球虫病及细菌性疾病。

（4）仔兔补料阶段，注意预防肚胀、拉稀、消化不良、胃肠炎等疾病。

（5）60～70 日龄内服丙硫苯咪唑 25 毫克/兔（彩图 113），连续用药 3 次，每次间隔 3 天。或皮下注射伊力佳 0.5 毫升/兔（彩图 114），1 次即可，预防寄生虫病。

（6）每年的 6～8 月，每兔每次内服复方磺胺甲噁唑片 1/4 片（彩图 115），吗啉胍 1/2 片（彩图 116），维生素 B_1 和维生素 B_2 各 1 片（彩图 117）。成年兔加倍，每天 1 次，连用 3～5 天。每个月用药 1 个疗程，预防传染性口炎。在此期间气温在 30℃ 以上，饲料中添加清瘟败毒散（彩图 118）或饮用抗热应激药液。

（7）基础兔每 3 个月驱虫 1 次。每年的 7～8 月皮下注射伊力佳 1 毫升/兔，隔 10 天再注射 1 次，预防疥螨病。同时对护场犬也要定期驱虫，且不能让犬进入兔场，以免粪便污染兔用饲料和饮水，预防兔患豆状囊尾蚴病。

（8）母兔产仔前后，内服复方新诺明 1 片/兔，每天 1 次，连用 3～5 天，或饮用葡萄糖 2500 克、含碘食盐 450 克、电解多维 30 克、抗菌药 20 克，对水 50 千克的混合液 300 毫升/兔，每天 1 次，连用 3～5 天。预防乳腺炎、子宫炎、阴道炎和仔兔黄尿病。

（9）基础兔每月饮用抗球虫药配伍抗菌药 5～7 天，预防球虫病和细菌性病。

（10）凡遇天气突变、调运、转群等应激情况下，饮用葡萄糖盐水 1～2 次，增加兔体抗病力。所有出栏兔，出栏前 15 天停用任何药物。

4. 常发病的日常防控技术

肉兔快速育肥生产中常发病的日常防控技术见表 9-1。

表 9-1　常发病的日常防控技术

疾病	防控措施
球虫病的预防	25～90 日龄仔兔、幼兔的饲料中每千克添加 150 毫克氯苯胍，或 1 毫克地克珠利，可有效预防兔球虫病的发生。治疗剂量加倍。注意交替用药，交替期为 2～3 个月。对本病必须实施全年预防

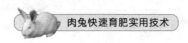

续表

疾病	防控措施
母兔乳腺炎和仔兔黄尿病的预防	产前3天和产后3天的母兔,每天每只喂穿心莲1~2粒,复方新诺明片1片,可预防母兔乳腺炎和仔兔黄尿病的发生。对于乳腺炎、仔兔黄尿病、脓肿发生率较高的兔群,除改变饲料配方,控制产前、产后饲喂量外,繁殖母兔每年应注射2次葡萄球菌病灭活疫苗
兔瘟的预防	30~35日龄首次注射兔病毒性出血症-巴氏杆菌二联苗,60~70日龄时加强皮下注射兔病毒性出血症-巴氏杆菌二联苗
呼吸道疾病的预防	保持兔舍通风、干燥、温度相对稳定。兔群注射兔巴氏杆菌-波氏杆菌二联苗,每4个月免疫1次。饲料中添加预防兔呼吸道添加剂或药物。预防波氏杆菌的药物主要有复方新诺明、庆大霉素和氟苯尼考。预防克雷伯氏菌病的药物主要有庆大霉素、左氧沙星、阿米卡星、环丙沙星和诺氟沙星等。对兔群中有鼻炎、打喷嚏、呼吸困难、斜颈、结膜炎的兔进行坚决淘汰,净化兔群
魏氏梭菌病的预防	每4个月免疫接种1次魏氏梭菌疫苗
毛癣病的预防	引种必须从健康兔群中选购,引种后必须隔离观察至第一胎仔兔断奶时,如果出生的仔兔无本病发生,才可以混入原兔群。严禁商贩进入兔舍。对初生仔兔全身涂抹克霉唑制剂,可有效预防仔兔感染毛癣菌
霉菌中毒病的预防	以草粉霉变为主,对使用的草粉进行全面、细致的检查,一旦发现饲料有结块、发黑、发绿、有霉味、含土量大、有塑料薄膜等,应坚决废弃不用
消化道疾病的预防	饲料配方要合理,粗纤维要有一定水平,粗饲料粒度不宜过大,饲料原料的质量要可靠;饲喂要遵循"定时、定量、定质"的原则。饲料配方、原料改变要逐步进行,应有10~14天的过渡期。兔舍温度要保持相对稳定。春秋季节要注意当地的天气预报,一旦有突然降温预告,要及时采取保温措施,保障兔舍温度相对恒定。减少其他应激
大肠杆菌病的预防	大肠杆菌病预防除用庆大霉素等药物外,注射兔大肠杆菌多价灭活菌苗也有一定的效果
繁殖障碍类疾病的预防	饲料营养要全面,保持兔舍温度、湿度恒定,对生殖系统疾病要及时确诊,患子宫内膜炎等疾病要及时淘汰
驱虫	每3个月对兔群进行1次驱虫,内服丙硫咪唑,皮下注射伊力佳,对预防绦虫、线虫、吸虫和螨病均有效果

五、疫苗使用

1. 兔场常用疫苗

兔场常用疫苗、所防疾病、免疫方法及保护时间见表9-2。

表 9-2 肉兔快速育肥场推荐免疫程序

疫苗名称	预防疾病	免疫技术	备注
组织灭活苗	病毒性出血症（兔瘟）	颈部皮下注射 1～2 毫升，7 天左右产生免疫力。35～40 日龄首免，55～60 日龄加强免疫。此后每年免疫 3 次	免疫期 4～6 个月
巴氏杆菌灭活苗	巴氏杆菌病	肌内注射或皮下注射 1 毫升，7 天左右产生免疫力。30 日龄首免，间隔 2 周加强免疫，此后每年免疫 2～3 次	免疫期 4～6 个月
支气管败血波氏菌灭活苗	兔波氏菌病	肌内注射或皮下注射 1 周后产生免疫力。母兔怀孕后 1 周，仔兔断乳前 1 周注射，其他兔每年注射 2～3 次	免疫期 4～6 个月
兔产气荚膜梭菌灭活苗	兔产气荚膜梭菌病	皮下注射或肌内注射 1 毫升，7 天产生免疫力。30 日龄以上兔每只注射 1 毫升，2 周后加强免疫。其他肉兔每年注射 2～3 次	免疫期 4～6 个月
兔伪结核耶尔森杆菌多价灭活苗	兔伪结核病	肌内注射或皮下注射，7 天后产生免疫力。仔兔断乳前 1 周注射，其他肉兔每年注射 2 次，每次 1 毫升	免疫期 6 个月
兔沙门杆菌灭活苗	兔沙门杆菌病	皮下注射或肌内注射，7 天后产生免疫力。断乳前 1 周的仔兔、怀孕初期的母兔及其他青年兔，每只兔每次注射 1 毫升。每年注射 2 次	免疫期 6 个月
兔大肠杆菌灭活苗	兔大肠杆菌病	肌内注射，7 天后产生免疫力。仔兔 20～30 日龄时注射 1 毫升	免疫期 4 个月
兔肺炎克雷伯菌灭活苗	兔肺炎克雷伯菌病	皮下注射，7 天产生免疫力。仔兔断乳时注射 1 毫升	免疫期 4～6 个月

2. 免疫程序

（1）30 日龄左右皮下注射兔病毒性出血症-多杀性巴氏杆菌病二联灭活疫苗 2 毫升/兔（彩图 119）。预防兔病毒性出血症（兔瘟）和多杀性巴氏杆菌病。

（2）60 日龄左右二次皮下注射兔病毒性出血症-多杀性巴氏杆菌病二联灭活疫苗 2 毫升/兔。加强预防病毒性出血症及多杀性巴氏杆菌病。

（3）基础兔每 5 个月接种免疫 1 次。每次防疫皮下注射病毒性出血症-多杀性巴氏杆菌病二联灭活疫苗 2 毫升/兔；大肠杆菌多价灭活疫苗 2 毫升/兔（彩图 120）；产气荚膜梭菌病灭活疫苗 2 毫升

/兔（彩图 121）。每注射一种疫苗需间隔 7～10 天。

（4）对易患波氏杆菌病、葡萄球菌病、伪结核病、沙门杆菌病的兔场根据情况进行免疫接种。

六、消毒

（1）每天清扫兔舍卫生 1 次，将兔粪清扫至排粪沟内，定期清除粪沟内的积粪。注意防蚊、蝇、鼠害等。

（2）每 15 天对兔舍、兔笼选用百毒杀（彩图 122）、碘消净（彩图 123）、金碘（彩图 124）、狂杀（彩图 125）、百毒威（彩图 126）、新华威复合粉（彩图 127）和甲醛溶液（彩图 128）等消毒剂。带兔喷雾消毒 1 次，每次消毒要连续进行 2 天。

（3）每 60 天彻底打扫兔场所有设施。对地面和不与兔接触的部位选用 2％～3％火碱水喷雾消毒；对墙壁用 10％～20％鲜石灰水喷洒消毒；对金属部分用火焰消毒；对饮具、饲具、产仔箱、笼底箅等用 3％～5％来苏儿或 0.1％苯扎溴铵水溶液浸泡消毒；工作服用 1％～2％肥皂水煮沸消毒。

（4）兔场门口设紫外线消毒室，对过往人员进行消毒。兔舍门口设火碱消毒池，饲养人员进入兔舍前进行消毒。

第二节　兔病临床诊断技术

一、外貌检查诊断

外貌是肉兔体质的外在表现，可以反映肉兔生长发育、健康状况及生产性能。外貌检查使管理人员一眼就能看到肉兔的健康状况。

1. 体质膘情检查

体质良好的肉兔，体躯各部发育匀称，肌肉结实丰满，富有弹性，被毛光亮，不显骨突。发育不良的肉兔则表现躯体矮小，结构不匀称，幼兔发育迟缓，被毛粗乱无光，骨突外露消瘦，棘突突出似算盘珠。这类兔可能患有寄生虫或慢性消耗性疾病，如球虫病、豆状囊尾蚴病、肝片吸虫病、结核病、慢性巴氏杆菌病等。

2. 姿态神情检查

健康兔姿势自然，动作灵活而协调。蹲伏时前肢伸直平行，后肢合适地置于体下。走动时轻快敏捷。休息时完全觉醒，呼吸动作明显。假眠时眼睛半闭，呼吸动作轻微，稍有动静，马上睁眼。完全睡眠时双眼全闭，呼吸微弱。如出现异常姿势，则反映了骨骼、肌肉、内脏和神经系统的疾患或机能障碍。如歪头，可能是中耳炎或巴氏杆菌病；如转圈运动，可能是李氏杆菌病；如行走蹲卧异常，可能是骨折；如回头顾腹，可能是腹痛、便秘、肠套叠、肠痉挛等。

3. 皮毛检查

健康兔被毛匀整顺眼，光亮洁净，不黏结，不脱毛（彩图129），皮肤富有弹性，皮温 33.5～36℃。若被毛粗糙蓬乱，暗淡无光，污浊不洁（彩图130），脱毛掉毛，均为病态，可能患慢性消耗性疾病、腹泻、寄生虫病、体表真菌病等。

4. 精神状态检查

健康兔双眼圆瞪明亮，活泼有神，结膜红润，眼角洁净。患病兔眼裂变小，眼睑干燥，半张半闭，反应迟钝。如结膜潮红，有脓性分泌物（彩图131），精神萎靡，多为急性传染病、结膜炎等；如结膜苍白，多为营养不良或贫血；如结膜发黄，多为肝炎或黄疸病。

5. 耳温耳色检查

健康兔耳色红润，耳温正常。如耳色呈灰白色说明体虚血亏；如耳色过红，手感发烫，说明发烧；如耳色青紫，耳温过低，则有重症可疑；耳郭内有黄褐色结痂积垢，可能是中耳炎；如耳廓皮肤脱毛，有皮屑且有溃烂结痂，可能是耳癣（彩图132）。

6. 口鼻检查

健康兔的口、鼻干燥洁净。如流鼻涕、打喷嚏、咳嗽，鼻孔周围结鼻痂（彩图133），可能是鼻炎、咽炎、巴氏杆菌病、波氏杆菌病、气管炎和肺炎等；口腔黏膜潮红，流口水，下颌及胸前被毛湿脏，可能是口腔炎、传染性口炎或是中毒性疾病等。

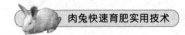

7. 肛门外阴检查

健康兔的肛门和外阴部洁净无污物。如肛门附有粪便、泥土或脏湿（彩图 134），可能是肠炎；公兔阴囊皮肤有糠麸样皮屑，肛门周围及外生殖器皮肤有结痂，可能是梅毒病；母兔外阴除发情和分娩前是湿润外，大都是洁净的，如有湿润、皮屑、肿胀等均为病态。

8. 腹部检查

除大量采食和妊娠外，如腹部容积增大（彩图 135），可能是胃膨胀、肠臌气、大肠便秘、小肠套叠、大肠杆菌病、魏氏梭菌病和流行性腹胀病等。当患营养不良性、慢性消耗性疾病及长期处于饥饿状态时，则腹部塌陷。

二、采食与排粪状况的检查

1. 采食状况检查

肉兔对经常采食的饲料，嗅后立即采食，如果变换一种新的料或草时，先要嗅一阵子，若没异味，便开始少量采食，并逐渐加大采食量。健康兔食欲旺盛，咀嚼食物有清脆声。对正常喂量的饲料，在 15～30 分钟吃完。食欲缺乏、食欲减退、食欲废绝是许多疾病的共同症状，也是疾病最早出现的症状之一。

2. 饮水状况检查

以青绿饲料为主的肉兔，饮水量较少，但以颗粒饲料为主，肉兔饮水量较大。兔患传染病、毛球病和喂过量食盐，往往饮水量增加。

3. 排尿排粪检查

一般来说，每日排尿量为 50～75 毫升，比重为 1.003～1.036，幼兔尿液无色和无沉淀物。青年兔尿液多呈柠檬色、稻草色、琥珀色或红棕色，呈碱性，pH 值为 8.2 左右。成年兔的尿液呈蛋白尿阳性反应。

正常兔粪呈豌豆大小的圆球形或椭圆形，内含草纤维，表面光滑匀整，色泽多呈褐色、黑色或草黄色。如粪便干硬细小、排量减少或停止排粪，可能是便秘或毛球病；如粪便呈长条形、堆状或水样，是消化道炎症；如粪球呈两头尖且有纤维串连，为胃肠炎、兔瘟的初期表现；如粪便湿烂、味臭，为伤食；粪便稀薄带透明胶状物且有臭味，为大肠杆菌病；粪便水样或呈牛粪堆状且臭味较大，为魏氏梭菌病（彩图136）。

三、生理状态的检查诊断技术

1. 肉兔的正常生理

肉兔的常规生理指标包括体温、呼吸、心率、血压、血细胞含量等，常规生理指标见表9-3所示。

表9-3　肉兔的常规生理指标

项目		平均值	范围
体温/℃		39	38.5～39.5
呼吸频率/(次/分)		50	46～60(成年兔20～40;幼兔40～60)
心率/(次/分)		115	80～160(成年兔80～100;幼兔100～160)
血量/(毫升/100克)		5.4	4.5～8.1
血压	收缩压/(毫米汞柱)	110	95～130
	舒张压/(毫米汞柱)	80	60～90
血红蛋白/(克/毫升)		11.9	8～15
血细胞压积容量/%		41.5	33～50
血红细胞/(百万个/毫米³)		5.4	4.5～7.0
血沉降率/(毫米/小时)		2	1～3
血白细胞/(千个/毫米³)		8.9	5.2～12.0
血嗜中性白细胞/(千个/毫米³)		4.1	2.5～6.0
血嗜酸性粒细胞/(千个/毫米³)		0.18	0.1～0.4
血嗜碱性粒细胞/(千个/毫米³)		0.45	0.15～0.75
血淋巴细胞/(千个/毫米³)		3.5	2.0～5.6
血单核细胞/(千个/毫米³)		0.72	0.3～1.3
血小板/(万个/毫米³)		533	170～1120
血液pH值		7.35	7.24～7.57

2. 体温检查技术

将兔抱住，把体温表放在兔前腿或后腿窝夹住，停3分钟后取出、读数；也可用手将兔固定，或用布袋装住，使其臀尾部露出，将兽用体温表水银柱甩至35℃以下，再涂上润滑油，缓慢插入肛门内5～8厘米，停3～5分钟取出，读数后，用酒精棉球消毒。

3. 呼吸检查技术

当患有心、肺、胃、肠、肝、脑病时，呼吸频率可能减少或增加。当患有肺炎、传染病、中毒病时，呼吸困难。兔发生鼻炎、喉炎、气管炎、肺炎时，除有鼻液外，尚可能有咳嗽症状。患支气管炎、肺炎时，肺部听诊常有杂音。

4. 脉搏检查技术

脉搏检查位置在兔左前肢腋下，用食指和中指稍微触摸即可体会到，查每分钟跳动次数。健康成年兔的脉搏为80～100次/分钟，强弱中等；幼兔的脉搏为100～160次/分钟，脉力较强；老年兔的脉搏为70～90次/分钟，脉力较弱。患急性传染病时，脉搏次数增加；患慢性疾病时，脉搏次数减慢；热天比冷天稍快，运动及捕捉时增快。

四、分系统检查诊断

1. 消化系统检查

肉兔消化系统疾病在养兔生产中占疾病的发生率60％左右，检查的内容有口腔黏膜是否有炎症、有无流口水、唇周围颜面部是否洁净、采食姿势和食欲是否正常、腹围是否增大、俯卧姿势是否异常、粪便性状和颜色是否正常等。健康肉兔口腔黏膜粉红色，唇周围颜面部洁净，粪便形状呈球形或椭圆形。若有流口水，可能是口炎、中暑、中毒等疾病；若腹围增大，呼吸困难，可能是胃肠臌气、流行性腹胀病、毛球病、便秘等疾病；若粪便时大时小，有时破碎，被毛粗乱，体况消瘦，可能是球虫病、豆状囊尾蚴病及其他寄生虫病；若粪便干、小、发黏，有时呈串珠状，可能饲料粗纤维质量和含量有问题；若粪便中有黏液，可能是大肠杆菌病；若粪便呈水样，盲肠拉空，可能是急性胃肠炎、魏氏梭菌病、沙门杆菌病等；若粪便内有消化不全的物质，与饲料颜色一样，可能是消化不良或伤食；若粪便呈绿色，可能是铜绿假单胞菌病。

2. 呼吸系统检查技术

肉兔呼吸系统的疾病在养兔生产中占疾病发生率的20％左右，

检查的内容有鼻孔周围是否洁净、呼吸次数和呼吸方式是否正常、胸部有无异常等。健康肉兔鼻孔周围洁净，呼吸规律，用力均匀平稳，50～60次/分钟，胸腹式呼吸。如鼻孔周围不洁，被分泌物污染，肯定患有呼吸道疾病。若分泌物清亮，可能是感冒；若分泌物发黄浓稠，可能是肺炎；当腹部有病时，如腹膜炎、胃膨胀等，常会出现胸式呼吸；当胸部有病时，如胸膜炎、肺水肿等，常会出现腹式呼吸。当肉兔出现慢性鼻炎时，可引起上呼吸道狭窄而出现吸气性困难；当患肺气肿时，可见呼气性困难；当患胸膜炎时，吸气和呼气都会困难，叫作混合性呼吸困难。如果胸部一侧患病，如肋骨骨折时，患侧的胸部起伏运动就会显著减弱或停止，而造成呼吸不均。

3. 泌尿生殖系统检查技术

尿液检查是诊断泌尿器官的有效方法，正常尿液为黄褐色或蛋白色，一旦出现异常就要考虑是否泌尿系统的疾患。如频频排少量尿液，可能是膀胱炎和阴道炎；在急性肾炎、下痢、热性病或饮水减少时，则排尿次数减少。有时给服某些药物也能影响尿色，如口服小檗碱或呋喃唑酮后尿液呈黄色。

生殖器官检查时，公兔检查睾丸、阴茎及包皮；母兔检查外阴部。如果发现外生殖器的皮肤和黏膜发生水疱性炎症、结节和粉红色溃疡，可能是密螺旋体病；如阴囊水肿，包皮、尿道、阴唇出现丘疹，可能是兔痘；患李氏杆菌病时可见母兔流产，并从阴道内流出红褐色的分泌物；患葡萄球菌病和巴氏杆菌病时，也会有生殖器官感染炎症或流产。

4. 神经系统的检查

肉兔中枢神经系统功能扰乱，会使兴奋与抑制的动态平衡遭到破坏，表现兴奋不安或沉郁、昏迷。兴奋表现为狂躁、不安、惊恐、蹦跳或作圆圈运动，偏颈痉挛，如中耳炎、急性病毒性出血症、中毒病、寄生虫病等，都可以出现神经症状。精神抑制是指肉兔对外界的刺激的反应性减弱或消失，按其表现程度不同分为沉郁、昏睡和昏迷等。健康肉兔应经常保持运动的协调性。一旦中枢神经受损，即可出现共济失调，运动麻痹，痉挛，肌肉不能随意收

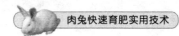

缩，痉挛涉及广大肌肉群抽搐；全身阵发性痉挛伴有意识消失称为癫痫。

五、常见症状与疾病

1. 外部感官症状与可能发生的疾病关系（表9-4）。

表9-4　兔常见病的外部特征对比表

部位	外部感官症状	可能发生的疾病
头部	头颈向一侧偏斜	巴氏杆菌病、中耳炎、链球菌病
	头偏向一边	脑炎、原虫病
	做转圈运动	李氏杆菌病
体表	被毛呈斑块状脱毛、形成丘疹结痂	霉菌病
	体表无毛或毛较短的部位脱毛且有皮屑	疥螨病
	体表下出现转移性化脓	葡萄球菌病、巴氏杆菌病
	体表结肿大	野兔热
	体表皮下高度肿胀	黏液瘤病
	腹胀如球状	球虫病、鼓胀病、流行性腹胀病
眼结膜	眼结膜呈黄染状	球虫病、黄疸、肝炎
	眼结膜呈苍白色	伪结核病、结核病、贫血
	眼结膜肿胀、发红、化脓	巴氏杆菌病、结膜炎
口鼻	鼻腔内有黏性或脓性分泌物	巴氏杆菌病、波氏杆菌病
	口鼻流出血沫	兔瘟
	口周围、上颈与颈部皮肤坏死并有恶臭味	坏死杆菌病
肛门	拉稀粪并带有黏液血丝	黏液性肠炎
	间断性腹泻	球虫病及其他寄生虫病
	排粪便次数多且粪便呈水样	腹泻、大肠杆菌病、魏氏梭菌病
	粪便带酸臭味或呈条状	消化不良
	粪便干硬且少	便秘
	粪便中含有兔毛	毛球病
生殖器	外生殖器皮肤、黏膜红肿并形成结节、溃疡、结痂	兔梅毒
	阴道流出脓性分泌物	沙门菌病、李氏杆菌病
体态	高度兴奋而死	兔瘟、魏氏梭菌病
	呼吸急促	肺炎、传染性鼻炎、妊娠毒血症等
	食欲减退或废绝	肺炎、传染性鼻炎、传染性口炎、感冒、腹泻、消化不良、毛球病、臌胀病、便秘
体温	升高	感冒、肺炎、中暑、黏性肠炎、链球菌病

2. 内部器官剖检特征与可能发生的疾病关系（表9-5）

表9-5　兔常见病内部器官剖检特征对比表

部位	剖检特征	可能发生的疾病
胃肠	胃肠黏膜有充血、出血及炎症变化	巴氏杆菌病
	胃肠黏膜有蚯蚓状和圆囊状灰白色小结节或肿大	伪结核、球虫病
	小肠黏膜有许多灰白色结节	球虫病
	盲肠、回肠后段和结肠前段黏膜充血、水肿或坏死	泰泽氏病
脾	脾脏肿大，有大小不一、数量不等的灰白色结节，结节切面呈脓状或干酪状	伪结核病
肾	肾脏一端或两端有突出表面的灰白色或暗红色、质地较硬、大小不一的肿块，或皮质部有粟粒大至黄豆大的囊包	肿瘤或先天性囊肿
肝	有淡黄色、大小不一、形态不规则、不突出表面的脓性结节	肝球虫病
	表面有针头大小的灰白色小结节	沙门菌病、泰泽氏病、李氏杆菌病、巴氏杆菌病
	肝脏表面有脓肿	巴氏杆菌病、波氏杆菌病
心肺	肺部有大小不等的出血斑点，心脏外膜出血，血管充血怒张呈树枝状	兔瘟

第三节　肉兔快速育肥常见病的防治

一、主要传染性疾病的防治

1. 兔病毒性出血症

（1）病原。兔病毒性出血症俗称"兔瘟"，是由兔病毒性出血症病毒引起的一种急性、高度接触性传染病。兔病毒性出血症病毒对氯仿和乙醚不敏感，对紫外线和干燥等不良环境的抵抗力较强。用1%氢氧化钠处理4小时、1%～2%甲醛处理2小时、1%漂白粉处理3小时才被灭活。生石灰和草木灰对这种病毒几乎无作用。

（2）流行病学。本病发生于肉兔和野兔，各种品种和不同性别的兔都可感染发病，60日龄以上的青年兔和成年兔的易感性高于2

月龄以内的仔兔，未断乳的幼兔很少发病。病兔和带毒的兔是主要的传染源，通过粪便、皮肤、呼吸和生殖道排毒，污染环境及用具，消化道是主要的传染途径。本病在新疫区多呈暴发性流行。60日龄以上的兔发病率和病死率高达90%～95%，甚至100%。一般疫区的病死率为78%～85%。本病一年四季都可发生，北方一般以冬、春寒冷季节多发。

（3）症状。主要症状是鼻孔、鼻腔、喉头和气管黏膜充血和出血（彩图137），气管和支气管内有泡沫状血液。皮下有出血点。肺有不同程度充血，一侧或两侧有数量不等的粟粒至绿豆大的出血斑点（彩图138），切开肺叶流出红色泡沫状液体。肝瘀血、肿大、质脆、实质坏死，表面呈淡黄色或灰白色条纹，切面粗糙，流出暗红色血液。胆囊胀大，充满稀薄胆汁。肾皮质有散在的针尖状出血点。胸腺肿大，常出现水肿，有散在性针尖至粟粒大出血点。胃肠多充盈，胃黏膜脱落，脾呈蓝紫色。小肠黏膜充血、出血。肠系膜淋巴结水样肿大。诊断要点是根据呼吸系统出血、肝坏死、实质脏器水肿、瘀血及出血性变化等特征，在疫区结合流行特点及典型临诊症状，一般可以作出诊断。在新疫区要确诊可进行病原学检查和血清学试验。

（4）防制措施。有效的预防措施是定期注射兔病毒性出血症灭活疫苗或兔病毒性出血症-多杀性巴氏杆菌二联灭活疫苗。注射后7～10天产生免疫力，保护力可靠。30日龄左右首免，60日龄左右加强免疫1次，成年兔每5个月免疫1次。平时坚持自繁自养，认真执行卫生防疫措施，定期消毒，禁止外人进入兔场。新引进的兔需要隔离饲养观察至少4周，无病时方可入群饲养。兔群一旦发生疫情时，立即封锁疫区，采取综合防治措施，尽快控制疫情蔓延。紧急注射兔病毒性出血症灭活疫苗或兔病毒性出血症-多杀性巴氏杆菌病二联灭活疫苗，90日龄以上5毫升/兔，仔、幼兔2～4毫升/兔，疑似病例或病兔酌情接种。对兔笼、兔舍、场区等选用消毒药进行严格消毒，每天1次，连用5天。同时饲料中添加清瘟败毒散，连续饲喂5天；连续饮用葡萄糖盐水3～5天。

2. 传染性口炎

（1）病原。兔传染性口炎是由水疱性口炎病毒引起的一种急性传染病，其特征是以口腔黏膜水疱性炎症为主，并伴有大量流涎，故又名"流涎病"。这种病毒属于弹状病毒科水疱性病毒属，具有高度传染性，在低温环境下能长期存活，在 4℃ 时能活 30 天，−20℃ 时能较长期存活，−70℃ ～ −50℃ 能无限期存活。高温 60℃ 或在阳光的作用下这种病毒很快失去毒力，一般消毒药物也很容易将其杀死。

（2）流行病学。病毒的来源包括患病肉兔的唾液、渗出液、破裂水疱的上皮细胞、节肢动物、蚊虫等带毒者以及被污染的土壤和植物。病毒是通过上皮或损伤的黏膜路径感染传播，主要存在于病兔的水疱液、水疱皮及局部淋巴结内。本病多发生于夏、秋两季，厮蝇、虻、斑蚊、白蛉、库蚊、埃及伊蚊等昆虫较多时，偶尔也可通过非接触传播。饲养不当、饲喂霉烂饲料、异物损伤口腔等都是本病的诱发因素。自然感染的主要途径是消化道，主要侵害 30～90 日龄的幼兔，青年兔和成年兔较少发生。

（3）症状。病初兔唇、舌和口腔黏膜潮红、充血，继而出现粟粒大至扁豆大的水疱和小脓疱，水疱内充满大量纤维素性液体和灰白色的小脓包，水疱和脓疱破溃，发生烂斑，形成大面积的溃疡面（彩图 139），同时有大量唾液沿口角流出，浸湿口周围被毛，造成脱毛（彩图 140）。若病兔继发感染坏死杆菌，则可引起患部黏膜坏死，并伴有恶臭。由于流口水，使唇外周围、颌下、颈部、胸部和前爪的被毛湿成一片，局部皮肤常发生炎症和脱毛。病兔精神沉郁，食欲减退或废绝，不能正常采食，继发消化不良，并常发生腹泻，日渐消瘦，一般病后 5～10 天衰竭而死亡，死前侧卧瘫痪。幼兔死亡率常在 50% 以上。

（4）防制措施。预防措施是加强饲养管理，不喂霉烂变质的饲料。笼壁平整，以防尖锐物损伤口腔黏膜。不引进病兔，夏、秋两季做好卫生防疫工作。每年的夏季，选用磺胺嘧啶 0.2～0.5 克，吗啉胍 0.2 克，维生素 B_1、维生素 B_2 每只兔各 1 片，放在一起研磨成粉末拌料或拌草喂给。每个月用药 5～7 天，有很好地预防效果。治疗方法是隔离病兔，加强饲养管理。兔舍、兔笼及用具等用 20% 火碱溶液、20% 热草木灰水或 0.5% 过氧乙酸消毒。用消毒防腐药液（2% 硼酸溶液、2% 明矾溶液、0.1% 高锰酸钾溶液、1% 盐水等）冲洗口腔，然后涂擦碘或甘油。用磺胺二甲基嘧啶 0.1 克/千克体重口服，每天 1 次，连服数天，并用小苏打水作饮水。用磺胺嘧啶 0.2～0.5 克，吗啉胍 0.2 克，维生素 B_1、维生素 B_2 各 1 片，放在一起研磨成粉末，取适量水配成混悬剂，用注射器或吸管吸入药液，挤入病兔口腔，使其咽下，每天 2 次，连用 2～3 天。

3. 兔传染性黏液瘤病

（1）病原。兔传染性黏液瘤病是指肉兔的高度触染性和致死性疾病，由痘病毒科中的黏液瘤病毒引起。兔发病后 7～15 天死亡，也有局部只呈现黏液瘤而最后痊愈的。1896 年首次在南美洲乌拉圭发现，以后在北美洲、欧洲以及澳大利亚三大疫区中流行，每个流行区都有各自的特殊病毒，对养兔业几乎造成毁灭性打击，我国也有发病的报道。

（2）流行病学。各种年龄的兔都可感染发病。在自然条件下，本病只能侵害野兔，新生野兔可引起全身感染和致死性感染。肉兔、欧洲肉兔、欧洲野兔、高山野兔、巴西白尾灰兔、丛林白尾灰兔和佛罗里达白尾灰兔均易感。本病的主要传播方式是直接与病兔以及排泄物接触或与污染有病毒的饲料、饮水和用具等接触。本病一年四季均可发生。细菌病、肠寄生虫病的侵袭以及应激条件和环境温度低，均能加重病变的程度，死亡率也提高。

（3）症状。最突出的变化是皮肤肿瘤，尤其是颜面和天然孔周围显著水肿。患病部位的皮下组织聚集多量微黄色、清朗的胶冻样液体，常使组织分开。液体中除有许多嗜伊红性白细胞外，还有部分正在分裂的组织细胞即黏液瘤细胞。皮肤可出现出血，胃肠道的浆膜下有瘀点和瘀斑，加利福尼亚毒株所引起的尤为常见。某些毒株还能引起脾脏肿大和淋巴结肿大出血，卡他性肺炎伴以上呼吸道黏膜急性发炎。

（4）防制措施。预防措施是严禁从有兔黏液瘤病发生的国家进口种兔和未经消毒的兔皮、兔毛以及其他产品，以防本病的传入。从国外进口种兔和兔产品及原料时必须进行严格的港口检疫，隔离观察 1 个月以上。兔群一旦发生此病，除采取捕杀、消毒、烧毁等措施之外，还应立即进行紧急预防注射，邻近的兔群更应注射疫苗。目前对本病没有可靠治疗办法，以预防措施为主。

4. 巴氏杆菌病

(1) 病原。兔巴氏杆菌病是由多杀性巴氏杆菌引起的一种急性、热性传染病，也是多种兔病的总称，以败血症和出血性炎症为主要特征，又称兔出血性败血症。肉兔对多杀性巴氏杆菌十分敏感，常常引起大批发病和死亡。由于巴氏杆菌的毒力、感染途径以及病程长短不同，其临床症状和病理变化也不相同。主要表现为鼻炎型、肺炎型、败血症型、中耳炎型、结膜炎型、脓肿、子宫炎及睾丸炎型。

(2) 流行病学。多数肉兔上呼吸道黏膜和扁桃体带有巴氏杆菌，但无症状。当各种因素使兔体抵抗力降低时，体内的巴氏杆菌大量繁殖，其毒力增强，从而引起发病。本病一年四季均可发生，春、秋两季及多雨闷热潮湿的季节较为多见，呈散发性或地方性流行，病兔和带菌兔是主要的传染源，呼吸道和消化道是主要的传播途径，也可经皮肤黏膜的破损伤口感染。潜伏期长短不一，一般从几小时到 5 天。

(3) 症状。鼻炎型是常见的一种，在兔群中常呈慢流行，病程可达数月，主要为呼吸道炎症。发病初期病兔流出浆液性鼻液，而后转为黏液性及黏脓性鼻液，病兔打喷嚏、咳嗽，常用前爪抓搔鼻部，鼻孔周围皮毛潮湿、缠结或脱毛；上唇及鼻孔红肿、发炎，而后鼻液变得更多、更稠，鼻孔被堵塞而使呼吸困难，发生喘气或打鼾声（彩图 141、彩图 142）。

(4) 防制措施。预防措施是加强饲养管理，减少应激，注意舍内通风和饮水清洁，保持兔舍清洁干燥，定期消毒。皮下注射兔巴氏杆菌氢氧化铝菌苗或禽巴氏杆菌菌苗，或兔病毒性出血症-兔巴氏杆菌二联苗 2 毫升/兔，每 4～5 个月免疫 1 次。治疗可用链霉素10 万～20 万国际单位/兔、青霉素 5 万～10 万国际单位/兔，混合一次肌内注射，每天 2 次，连用 3 天；庆大霉素 4 万国际单位/兔，一次肌内注射，每天 2 次，连用 3 天；优良种兔可用抗巴氏杆菌高免单价或多价血清，按 3～5 毫升/千克，皮下注射，8～10 小时后再重复 1 次。

5. 魏氏梭菌病

(1) 病原。兔魏氏梭菌病又称魏氏梭菌性肠炎，是由 A 型魏氏梭菌及其外毒素引起的一种死亡率极高的急性胃肠道疾病。以泻出大量黑色水样粪便或带血的胶冻样粪便、盲肠浆膜有出血斑和胃黏膜出血、溃疡为主要特征。

（2）流行病学。本病的主要传染源是病兔。魏氏梭菌广泛存在于土壤、粪便和消化道中，寒冷、饲养不当特别是当饲喂过多精料时可诱发本病。各品种、年龄和性别的兔皆可感染，尤以幼兔和青年兔发病率较高。膘情好、食欲旺盛的兔以及纯种毛兔和皮兔更易感染。本病一年四季均可发生，以冬、春季节最为常见。兔舍卫生条件不良、过热、拥挤，以及使用磺胺类药物均可诱发本病。

（3）症状。病兔精神沉郁，食欲废绝，急性下痢，粪便带血或呈黑色胶冻状，有腥臭味。肛门周围、后肢及尾部被毛潮湿，并沾有稀粪（彩图 143）。兔体严重脱水、消瘦，多在出现症状后 12～48 小时死亡，少数病兔可拖至 7 天或更长时间，最终死亡。病兔体温通常不高。养兔生产中发现成年基础兔第一天精神良好，食欲正常，晚上供给的饲料吃干净，但严重拉出像稀牛粪一样的一大堆粪便（彩图 144），第二天早上喂兔时发现兔已死在笼内，剖检发现盲肠内容物排空，盲肠壁浆膜下呈严重出血斑。

（4）防制措施。预防主要是平时加强饲养管理，搞好环境卫生，少喂高蛋白质饲料，兔舍内避免拥挤，注意灭鼠灭蝇，发生疫情后，立即隔离或淘汰病兔。兔笼、兔舍用 5％热碱水消毒，病兔分泌物、排泄物等一律焚烧深埋。及时进行预防接种。繁殖母兔于春、秋季各注射 1 次 A 型魏氏梭菌氢氧化铝灭活苗。仔兔断奶后立即注射疫苗。兔群一旦发生此病，首先紧急接种疫苗，每兔皮下注射 5 毫升；同时对兔场、兔舍、兔笼彻底打扫卫生，连续消毒 5天；饲料中添加清瘟败毒散和适量食母生或胃蛋白酶，连续饲喂 5天；饮用葡萄糖盐水中添加适量乳酸环丙沙星或恩诺沙星，连续饮水 5 天。

6. 大肠杆菌病

（1）病原。兔大肠杆菌病又称黏液性肠炎，是由不同血清型的致病性大肠杆菌及其毒素引起的一种急性、暴发性、死亡率极高的仔、幼兔肠道传染病。

（2）流行病学。大肠杆菌在自然界分布很广，又是兔肠道内的常在菌，在正常情况下不引起发病，当兔舍环境卫生条件差时，病原菌大量繁殖，此时如果饲养管理不善、气候环境突变等各种应激因素作用可导致机体抵抗力降低而引起发病。病兔体内排出的大肠杆菌污染了饲料、饮水等，又经消化道感染健康兔，可引起流行，造成大批兔死亡。这种病一年四季均可发生。各种年龄和性别的兔均有易感性，尤其以 20 日龄及断乳前后即 1~4 月龄的仔兔和幼兔最易感，发病率、死亡率都较高。

（3）症状。兔感染大肠杆菌在临床上主要表现为腹泻，分最急性型、急性型和亚急性型三种病型。最急性型常未见明显症状即突发死亡。急性型病程短，常在 1~2 天内死亡。亚急性型一般经过 7~8 天死亡。发病初期病兔体温正常或稍低，精神不振、食欲减退、被毛粗乱、腹部膨胀，常常有大量明胶样黏液排出（彩图 145）。有的病兔发病初期排出细小、呈串、外包有透明胶冻样黏液粪便或呈两头尖的干粪，稍后出现剧烈腹泻，排出稀薄的黄色乃至灰褐色、黑色、棕色水样粪便，沾污肛门周围和后肢被毛。有的病兔肛门周围干净，但用手挤压会挤出少量黏液。病兔流涎、磨牙、四肢发凉。由于严重脱水，体重迅速减轻、消瘦，最后发生中毒性休克，很快死亡。

（4）防制措施。预防措施是加强饲养管理，搞好兔舍卫生，兔舍和笼具定期消毒，注意通风换气，尽量保持室内清洁干燥和空气新鲜。常发本病的兔场，可用从本病兔中分离出的大肠杆菌制成灭活疫苗，每年进行 2~3 次预防接种。治疗方法是紧急接种疫苗，每兔皮下注射 3~5 毫升；对兔场、兔舍、兔笼彻底打扫卫生，连续消毒 5 天；饲料中添加清瘟败毒散和适量食母生或胃蛋白酶，连续饲喂 5 天；饮用葡萄糖盐水中添加适量乳酸环丙沙星或恩诺沙星，连续饮水 5 天。

7. 葡萄球菌病

（1）病原。本病病原是金黄色葡萄球菌，为革兰氏阳性球菌，具有溶血性，广泛分布于自然界（如饮水中、土壤中、灰尘中、物体表面），在肉兔的皮肤、黏膜、肠道、扁桃体和乳房等处常有这种菌寄生。这种菌对外界环境因素的抵抗力较强，但对龙胆紫、结晶紫很敏感。葡萄球菌能从原发病灶进入血流，在急性败血症的情況下，还能在血流内繁殖，并进入其他部位。

（2）流行病学。各种肉兔对本病都有易感性，但育肥肉兔最敏感，各年龄段的兔都可感染，在抵抗力降低时更易发病。本菌可通过各种不同途径感染，常经皮肤、伤口感染，也可通过呼吸道、消化道等途径感染，哺乳母兔的乳头是本菌进入机体的重要门户。

（3）症状。葡萄球菌感染的潜伏期为2～5天。由于兔的年龄、抵抗力不同，病原侵入的部位和在体内继续扩散的情况就不同。其特征是致死性败血症和各器官的化脓性炎症。当发生菌血症时，可引起败血症，并可转移至内脏，引起脓毒血症；成年兔和大体形兔易引起脚皮炎；繁殖母兔引起乳腺炎和外生殖器炎症；初生兔引起仔兔黄尿病（彩图146、彩图147）。

（4）防制措施。预防措施是保持兔笼、产箱与运动场的清洁卫生。清除所有的锋利物品（如钉子、铁丝头、木屑尖刺等），以免引起兔的创伤。笼养不能拥挤，喜欢咬斗的兔要分开饲养。一旦发现皮肤损伤，及时用5%碘酊或5%龙胆紫酒精涂擦，防止葡萄球菌感染。治疗方法是肌内注射卡那霉素，每千克体重15毫克，每天2次，连用4天；静脉注射红霉素，每千克体重4～8毫克，用5%葡萄糖溶液稀释，每天2次；乳腺炎患兔可肌内注射青霉素，每天2次，每次10万单位；严重患兔可用2%普鲁卡因2毫升、青霉素20万单位，加注射用水8毫升，乳房基部分点注射；仔兔口腔内滴注庆大霉素、氯霉素、黄连素等2～3滴，每天2～3次。

8. 波氏杆菌病

（1）病原。兔波氏杆菌病又称支气管败血波氏杆菌病，是由支气管败血波氏杆菌引起的一种以慢性鼻炎、支气管炎及咽炎为特征的呼吸道疾病。

（2）流行病学。本病多发于气候易变化的春、秋两季，主要经呼吸道感染。病菌常存在于肉兔的呼吸道中，因气候突变，感冒、寄生虫病等因素影响而使仔兔感染，或母兔本身患有此病而传染。或其他诱因（如灰尘、强烈刺激性气体）刺激上呼吸道黏膜时，都易引发此病。鼻炎型常呈地方性流行，而支气管肺炎型多呈散发性流行。成年兔常为慢性，仔兔与青年兔多为急性。本病也可和巴氏杆菌病或李氏杆菌病并发。

（3）症状。多数病例鼻腔流出浆液性或黏液性分泌物，通常不变为脓性，发病诱因消除后，症状可很快消失，但常出现鼻中隔萎缩。仔兔多呈急性经过，初期刚见鼻炎症状后，即表现呼吸困难，迅速死亡，病程 2～3 天。解剖鼻黏膜潮红，附有浆液性或黏液性分泌物，鼻孔周围被分泌物污染（彩图 148）。

（4）防制措施。预防措施是坚持自繁自养，建立无波氏杆菌病的兔群。从外地引种时，应隔离观察 1 个月以上，确认无病后再混群饲养；加强饲养管理，消除外界刺激因素；定期进行消毒，保持兔舍清洁。治疗方法是肌内注射卡那霉素，每次 20～40 毫克/千克体重；或庆大霉素，每次 1 万～2 万国际单位/千克体重；或链霉素，每次 1 万～2 万国际单位/千克体重，每天 2 次。

9. 沙门杆菌病

（1）病原。兔沙门菌病又称兔副伤寒，由鼠伤寒沙门菌和肠炎沙门菌引起，主要侵害幼兔和怀孕母兔，以发生败血症、急性死亡、腹泻和流产为特征。

（2）流行病学。本病一年四季均可发生，各种年龄的肉兔均可感染，但以断奶幼兔和怀孕 25 天后的母兔最易发病。病兔和带菌兔是主要的传染源。主要传播途径是消化道，幼兔也可经母兔子宫内膜及脐带感染。健康兔常因食用被污染的饲料和饮水而发病。

（3）症状。少数兔发病呈最急性型，不出现症状而突然死亡。一般表现为急性型和慢性型，主要特征为幼兔腹泻和败血症死亡，怀孕母兔主要表现为流产。突然死亡的病兔呈败血症病变，多数病兔内脏器官充血或有出血斑，胸、腹腔有大量积液和纤维素性渗出物。病程较长的，可见气管黏膜充血和出血、有红色泡沫，肺水肿，脾肿大呈暗红色，肾肿大，肝表面有灰黄色坏死灶（彩图149），部分兔胆囊外表呈乳白色，较坚硬，内为干酪样坏死组织。胃黏膜出血，肠黏膜充血、出血。圆小囊和蚓突有弥漫性针尖状至粟粒状大小灰白色坏死病灶，肠系膜淋巴结充血、水肿，局部坏死形成溃疡，溃疡表面附着淡黄色纤维素坏死物。流产病兔的子宫粗大，子宫腔内有脓性渗出物，子宫壁增厚（彩图150），黏膜充血，有溃疡，其表面附着纤维素坏死物。未流产病兔的子宫内有木乃伊或液化的胎儿。阴道黏膜充血，表面有脓性分泌物。

（4）防制措施。预防措施是搞好日常环境卫生，做好灭蝇、灭鼠工作，定期消毒，防止孕兔及幼兔与传染源接触；定期用鼠伤寒沙门杆菌诊断试剂盒普查兔群，检出的阳性兔隔离治疗；孕前与孕初母兔皮下注射或肌内注射鼠伤寒沙门杆菌灭活菌苗，每只兔2毫升；疫区兔场注射这种菌苗，每只兔每年2～3次。治疗方法是肌内注射卡那霉素20～40毫克/千克体重；或庆大霉素10毫克/千克体重；或链霉素3万～5万国际单位/千克体重，每天2次，连用3～5天。

10. 李斯特杆菌病

（1）病原。兔李斯特菌病是由李氏杆菌引起的一种散发性传染病。由于病兔的单核细胞增多，又称为单核细胞增多症。主要表现为幼兔突然发病、死亡，母兔流产、出血性子宫炎和结膜炎等症状。

（2）流行病学。患病和带菌肉兔是主要的传染源，污染的水和饲料是主要传播媒介。可通过消化道、呼吸道、眼结膜和破损的皮肤感染，冬季缺乏青饲料，天气骤变，内寄生虫等均可成为致病因素。各种肉兔均可感染，兔的易感性较高。本病多为散发，有时呈地方流行性。

（3）症状。急性型多见于幼兔，体温可达40℃以上，精神沉郁，食欲废绝。鼻黏膜发炎，流出浆液性、黏液性、脓性分泌物，几个小时或1～2天内死亡。亚急性型主要表现脑膜炎症状。精神不振，食欲废绝，呼吸加快，中枢神经功能障碍，作转圈运动，头颈偏向一侧，全身震颤，运动失调。孕兔流产，胎儿皮肤出血（彩图151），一般4～7天死亡。慢性型病兔主要表现为子宫炎，分娩前2～3天发病。精神沉郁，拒食，流产，并从阴道内流出红色或棕褐色分泌物。慢性型子宫内可见有脓性渗出物或暗红色液体，子宫壁增厚并有坏死灶，有时在子宫内可见变性胎儿或灰白色凝块。

（4）防制措施。预防措施是严格执行卫生防疫制度，搞好环境卫生，消灭老鼠及其他啮齿类动物。定期消毒，淘汰病兔，管好饲草、水源，防止污染；病兔肉及其产品应作无害化处理。有关工作人员应注意个人防护，以防感染。治疗方法是肌内注射青霉素10

万～20 万国际单位/兔，或青霉素 10 万国际单位/兔和庆大霉素 4
万国际单位/兔，每天 2 次，连用 4 天。

11. 兔流行性腹胀病

(1) 病因。兔流行性腹胀病是兔消化道疾病的一种常见症状，
多种因素均可引起，可造成大批死亡。主要是饲料质量差、饲料原
料不稳定、环境条件差、饲养管理不到位、乱用药物防病、患有其
他疾病等诱发此病。

(2) 流行病学。本病一年四季均可发生，季节交换时多发。这
种病发病率在 30% 左右，死亡率在 80% 以上，有的兔场可达
100%。30～90 日龄兔易发，有的兔场也波及 120 日龄兔。

(3) 症状。全群仔兔、幼兔一切正常，突然在某一笼或几笼内
有一只或几只精神不佳，扎堆不吃食，但有饮欲，继而发病兔只数
不断增加。起初粪便有一定的变化，继而拉黄色、白色胶冻样黏液
(彩图 152)，随后肚胀如鼓（彩图 153），一点粪便不拉。触摸其腹
部，手指用适当力度紧捏盲肠，感到有粪块，肚皮胀感明显。摇动
兔体有响水音，磨牙声明显。病兔体温并不升高，死前下降至
38℃以下。病程一般 3～5 天，绝大部分肚胀如鼓，呼吸困难，衰
竭而死亡。耐过 7 天不死的，排出少量粪便后，又开始吃料和草，
2 天后基本恢复正常。

(4) 防制措施。预防措施是在保证饲料原料质量好、配比准
确、营养平衡全面，控制饲喂次数和用量，供给清洁饮水的基础
上，进行合理用药预防。治疗方法是选用胀必 100 克，拌料 200 千
克，从 30～90 日龄期间，每 20 天用药 7 天。发病期间胀必 100
克，拌料 100 千克，连用 7 天，隔 7 天再用 7 天。或选用复方新诺
明原粉 100 克，拌料 100 千克，用药时间同前。

12. 附红细胞体病

(1) 病原。兔附红细胞体病是由附红细胞体引起的人畜共患传
染病。附红细胞体是一种多形态微生物，多数为环形、球形和卵圆
形，少数为顿号形和杆状。附红细胞体对干燥和化学药物比较敏
感，常用的消毒药可在几分钟内将其杀死。

(2) 流行特点。本病可经直接接触传播。如通过注射、打耳

号、人工授精等经血源传播，或经子宫感染垂直传播。吸血昆虫（如扁虱、刺蝌、蚊、蝉等）以及小型啮齿动物是本病的传播媒介。各种年龄、各种品种的肉兔都有易感性。本病一年四季均可发生，但以吸血昆虫大量繁殖的夏、秋季多见。兔舍与环境严重污染、兔体表患寄生虫病、吸血昆虫滋生等条件下，可促使本病的发生与流行。

（3）症状。病兔精神不振，食欲减退，体温升高，结膜淡黄，贫血消瘦，全身无力，不愿活动，俯卧。呼吸加快，心力衰弱，尿黄，粪便时干时稀。有的病兔出现神经症状。病死兔的血液稀薄，结膜苍白，腹膜腔积水，脾肿大，胸膜脂肪和肝黄染，胆囊胀满。

（4）防治措施。预防措施是加强饲养管理，搞好环境卫生，定期消毒，清除污水、污物及杂草，使吸血昆虫无滋生之地。消除各种应激因素，夏、秋季节可对兔体喷洒药物，防止昆虫叮咬，并内服抗生素药物，进行药物预防。饲养管理人员接触病兔时，注意自身防护，以免感染本病。治疗方法是静脉缓慢注射新砷凡纳明40～60毫克/千克体重，以 5%葡萄糖溶液溶解成 10%注射液，每天 1 次，隔 3～6 天重复用药 1 次；肌内注射四环素 40 毫克/千克体重，或土霉素 40 毫克/千克体重，每天 2 次，连用 7 天。

13. 球虫病

（1）病原。兔球虫病是一种或多种球虫寄生于兔肝、胆管和肠黏膜上皮的最常见的寄生虫病。寄生于兔的艾美耳球虫有 16 种。除斯氏艾美耳球虫寄生于胆管上皮之外，其余各种球虫均寄生于肠黏膜上皮。致病性较强的是肠艾美耳球虫、黄艾美耳球虫和斯氏艾美耳球虫。

（2）流行病学。各种品种、性别和年龄的兔均可感染球虫，但以 30～90 日龄的幼兔感染率、发病率和死亡率最高，死亡率可达 70%，耐过的病兔生长发育和生产性能受到严重影响。成年兔为带虫者，对幼兔危害严重。感染途径主要是采食或饮水引起感染，仔兔主要是哺乳引起感染，多流行于温暖多雨季节。

（3）症状。按球虫的种类和寄生部位的不同，可将兔球虫病的症状分为肠型、肝型和混合型，但临床所见则多为混合型。其典型症状是被毛粗乱，食欲减退或废绝，精神沉郁，动作迟缓，伏卧不动，眼、鼻分泌物增多，口腔周围被毛潮湿，腹泻或腹泻与便秘交替。病兔由于肠臌胀、膀胱积尿和肝脏肿大而呈现腹围增大，肝区触诊有痛感，病兔虚弱消瘦，结膜苍白，可视黏膜轻度黄染；在病后期，幼兔常出现神经症状，四肢痉挛、麻痹，多因极度衰弱而死亡（彩图154）。肝球虫病，肝表面和实质内有许多白色或淡黄色结节，呈圆形，如粟粒至豌豆大（彩图155）。

（4）防制措施。预防措施是经常打扫兔舍卫生，定期消毒，保持兔舍清洁、干燥。选用适宜本场的有效抗球虫药，按说明加大一定剂量拌料和饮水，幼兔每15天喂药料和饮药水5～7天。后备兔和成年兔每30天喂药料和饮药水5～7天。治疗方法是球速杀50克，配伍乳酸环丙沙星20克，对水50千克，连续饮水7天，或地克珠利配伍抗菌药按比例饮水或喂料，结合加强饲养管理，能很好地控制球虫病；磺胺二甲氧嘧啶具有较强的抗球虫作用，常用于治疗暴发性球虫病，按0.1％浓度混饲，连用5～7天，停10天后再用一个疗程；磺胺二甲基嘧啶治疗按0.5％浓度混饲，连用7天。

14. 兔豆状囊尾蚴病

（1）病原。豆状囊尾蚴病是由豆状带绦虫的中绦期幼虫寄生于兔的肝脏、肠系膜和腹腔内引起的疾病。本病虽很少引起患兔死亡，但可使兔生长发育缓慢和抵抗力减弱。本病是豆状带绦虫的中绦期豆状囊尾蚴寄生于兔的肝脏、肠系膜和腹腔内引起的，其成虫寄生于犬科肉兔的小肠内。

（2）流行病学。本病呈世界性分布，我国各地均有发生。兔为豆状带绦虫的中间宿主，犬、猫等动物为终末宿主，随着养兔业的发展和猫、狗等宠物的增多，形成了家养宠物和兔之间的循环流行。

（3）症状。豆状囊尾蚴少量寄生时常无明显症状，仅表现为生长发育缓慢；大量感染时则出现肝炎症状，急性发作时可骤然死亡。慢性病例主要表现为消化紊乱，食欲不良，口渴，腹围增大，精神沉郁，逐渐消瘦，体力衰竭，最终死亡。主要病变是肝肿大，表面有大小不等的虫体结节和形成的疤痕条纹（彩图156），后期实变、硬化。在肠壁、肠系膜、胃网膜等处有多少不一的豆状囊尾蚴（彩图157），引起肠壁纤维素性渗出和出血。有时囊尾蚴可多达数十个或数百个，状似葡萄串。

（4）防制措施。本病应以预防为主。加强管理，防止犬、猫粪便污染兔饲料、饮水，不用有豆状囊尾蚴的兔内脏和肉尸喂犬，兔场最好不养犬。定期对兔群和护场犬进行驱虫。治疗方法是皮下注射吡喹酮 25 毫克/千克体重，每天 1 次，连用 5 天。内服甲苯达唑 50 毫克/兔，或丙硫苯咪唑 50 毫克/兔，每天 1 次，连用 5 天。

15. 螨病

（1）病原。兔螨病是各种螨虫寄生于兔的皮肤所引起的慢性皮肤病。较为常见的有疥螨科和痒螨科。疥螨是兔的一种慢性皮肤病，由疥螨和痒螨寄生而引起。本病可致皮肤发炎、剧痒、脱毛等症状，严重时可造成死亡。兔疥螨虫体呈圆球形，外观呈龟形，浅黄白色，背部隆起，腹面扁平（彩图 158）。

（2）流行病学。疥螨病是由于健康兔接触了病兔或通过有疥螨的兔舍和接触用具而感染。工作人员的衣服和手等也可以成为疥螨的传播工具。疥螨离开兔体后在兔舍内、墙壁和各种工具上的存活期限随温度、湿度及阳光照射的强度等多种因素的变化而有显著的差异，一般能存活 3 周左右。疥螨病多发于冬季和秋末春初。

（3）症状。兔疥螨主要寄生于头部、脚趾和躯体皮肤。一般先由嘴、鼻孔、眼周围和脚爪部发病（彩图 159、彩图 160），患部奇痒，病兔不停用脚爪搔抓嘴、鼻、眼等处或用嘴啃咬脚部，继而引起炎症，皮肤表面出现脱毛、龟裂、疱疹，严重时可出现用前后脚抓地现象。病变部皮肤增厚，结痂，使患部变硬。并可向鼻梁、眼圈等处蔓延，严重者形成"石灰头"。足部则产生灰白色痂块，并向周围蔓延，呈现"石灰足"。病兔迅速消瘦，常衰弱死亡。

兔痒螨主要寄生于外耳道及耳郭内面（彩图 161），引起严重的外耳道炎，渗出物干燥后形成黄色痂皮塞满耳道如卷纸样。耳根出血肿胀，耳朵变重下垂，兔不断摇头和用脚搔抓耳朵。由于耳道被痂皮堵塞听觉不灵，严重者可造成耳朵缺损，病兔出现烦躁不安，严重时蔓延至筛骨和脑部，引起神经症状而死亡。

（4）防制措施。预防措施是要搞好兔舍卫生，保持清洁干燥，通风良好。多喂一些维生素含量高的饲料。兔群每年预防注射伊维菌素 2 次。治疗方法是兔场兔舍彻底打扫卫生，火焰消毒多次。全群兔普遍皮下注射伊维菌素 0.02～0.04 毫克/千克体重，8 天后再用药 1 次，患部涂擦 2% 敌百虫水溶液。

二、主要普通疾病的防治

1. 异食癖

（1）病因。在某些营养代谢障碍的情况下，兔除了正常的采食以外，还出现咬食其他物体，如食仔兔、食毛、食土等，这些现象多为营养代谢病，称之为异食癖。

（2）症状。主要症状是采食异物，常见的有食仔癖、食毛癖、食足癖、食土癖、食木癖等。

（3）防制措施。预防措施是保证营养、提供充足的饮水、日粮中添加 0.5% 的食盐，保持环境安静和防止异味刺激等。母兔在没有达到配种年龄和配种体重时，不要提前交配。对于有食仔经历的母兔，应实行人工催产，并在人工看护下哺乳。一般来说，经过 1 周的时间，不会再发生食仔现象。为了预防食足癖，应保证笼底算竹条平整，间隙适中，防止兔脚卡在间隙里造成骨折损伤，预防脚皮炎和脚癣。平时在兔笼的草架里放些嫩树枝或剪掉的果树枝，让其自由采食，既可预防异食，又可提供营养。治疗方法是，对于有食毛癖的肉兔，应及时将患兔隔离，减少密度，并在饲料中补充 0.1%～0.2% 含硫氨基酸，添加石膏粉 0.5%、硫黄 1.5%，补充微量元素等，一般经过 1 周左右，即可停止食毛；对于食土肉兔，按营养需要，在饲料中补加食盐、骨粉和微量元素等，肉兔很快停止食土；对于食木肉兔，在配合饲料中应有足够的粗纤维，提倡有条件的兔场使用颗粒饲料。

2. 维生素 A 缺乏症

（1）病因。维生素 A 缺乏症是由饲料内维生素 A 原、维生素 A 不足或吸收功能障碍引起。临床上以生长迟缓、视力减弱、角膜角化、干眼、生殖功能低下为特征。维生素 A 缺乏分原发性维生素 A 缺乏和继发性维生素 A 缺乏。原发性维生素 A 缺乏多由饲养管理不当所引起。给兔长期饲喂棉籽饼、米糠、麸皮、劣质干草等缺乏维生素 A 原的饲料，或长期饲喂储存过久、腐败变质的饲料，或兔舍阴暗潮湿，缺乏日光照射和适当运动，或饲料中缺乏矿物质、微量元素等，均可引发本病。继发性维生素 A 缺乏多是由于患慢性消化系统疾病，对维生素 A 吸收障碍所引起。

（2）症状。维生素 A 缺乏能导致兔上皮组织功能紊乱，皮肤、黏膜发生角质化与变性。患兔典型症状是结膜炎，眼睑潮红、充血、肿胀，有白色脓性眼垢，严重时可导致失明，若长期不愈易造成两颊绒毛脱落。公兔精子活力严重下降，生殖功能障碍；母兔发生流产、死产、产出胎儿衰弱、产出先天性畸形仔兔，并会发生胎盘滞留症。

（3）放制措施。预防措施是加强兔的饲养管理，科学配制全价饲料日粮。在兔的日粮中，添加富含维生素 A 原的饲料，或在每千克混合饲料中添加维生素 A 50 万单位。严禁给兔饲喂久储的或腐败变质的饲料。预防兔球虫病和慢性消化系统疾病，增加维生素喂量。治疗方法是内服鱼肝油（每毫升中含维生素 A 850 单位、维生素 D 85 单位），每次内服 3～5 毫升，每天 2～3 次，连用 10～15 天；或在每千克饲料中混入维生素 A 8 万～10 万单位，连喂 10 天以上。重症者可肌肉注射 AD₃ 注射液（每毫升中含维生素 A 5 万单位、维生素 D₃ 0.5 万单位）0.3～0.5 毫升，每天 2 次。内服维生素 A 胶囊，400 国际单位/千克体重，或肌内注射维生素 A 注射液 200 国际单位/千克体重，每天 1 次，连用 5～7 天。群体治疗，按 0.2 毫升/千克饲料添加鱼肝油。

3. 维生素 E 缺乏症

（1）病因。兔维生素 E 缺乏症，也叫白肌病，是因某种原因导致维生素 E 缺乏而表现肌肉营养不良、麻痹以及母兔繁殖障碍、流产、死胎等症状的一种营养缺乏病。饲料中维生素 E 含量不足、不饱和脂肪酸含量过高，或脂肪酸酸败，破坏了饲料中的维生素 E 或者因肝病影响维生素 E 的储存和吸收。

（2）症状。病兔机体发硬，肌肉无力，多卧少动，步态不稳，平衡失调。食欲减退或废绝，急剧腹泻，大小便失禁，体重减轻。有的病兔两前肢或四肢置于腹下。母兔受孕率降低，流产或死胎。最后因全身衰竭而死亡。骨骼肌及心肌、咬肌、膈肌萎缩，极度苍白，呈透明样变性、坏死，肌纤维有钙化现象，尤其以骨骼肌变化明显。其中椎旁肌群、膈肌、咬肌和后躯肌肉有出血条纹和黄色坏死斑。

（3）防制措施。预防措施是饲料中经常添加维生素 E 添加剂以满足兔对维生素 E 的需要。治疗主要是补充维生素 E，由于维生素 E 和硒有协同作用，也可同时补硒。按说明内服或注射维生素 E 制剂即可。

4. 霉菌毒素中毒

（1）病因。肉兔霉菌毒素中毒是采食了被霉菌污染并产生毒素的饲料而引起的一种急性或慢性中毒性疾病。由于饲料生产、储存和保管不当，致使饲料受潮发生霉变。这一类病原都属于中毒性真菌，主要有镰刀霉、黄曲霉、穗状葡萄球菌、甘薯黑斑病霉菌等。

（2）症状。病兔食欲减退，精神不振，流涎，口吐白沫。有时，低头用嘴顶笼底算（彩图 162）。腹部疼痛，体温不高，喜卧懒动，反应迟钝。随着病情的加重出现呼吸迫促，心跳加快，咽喉麻痹，可视黏膜发绀，耳后、前后肢内侧及胸、腹侧皮肤呈紫红色斑点或斑块。腹泻，粪便恶臭带血（彩图 163），附有黏液，尿液色黄、混浊而浓稠，肌肉痉挛，角弓反张，四肢呈游泳状运动。重者全身瘫痪、麻痹，多数死亡。妊娠母兔流产、早产或死胎，无乳。

（3）防制措施。预防措施是加强饲料保管，防止发霉变质。禁止霉变饲料喂兔。目前尚无特效药物，发现中毒后，立即停喂发霉饲料。饮用葡萄糖盐水加适量抗菌药，以便排毒消炎。

5. 无乳或缺乳

（1）病因。母兔产后无乳或缺乳是母兔的产后常发病。主要是由于母兔在怀孕期和哺乳期饲喂不当或饲料营养不全面所造成的。母兔患有某些寄生虫病、热性传染病、乳房疾病、内分泌失调以及其他慢性消耗性疾病，过早交配，乳腺发育不全，或年龄过大，乳腺萎缩也可造成缺乳或无乳。有些也与遗传因素有关。

（2）症状。主要表现仔兔吃奶次数增多，但吃不饱，在巢箱内爬动、鸣叫，逐渐消瘦，增重缓慢，发育不良，甚至因饥饿而死亡。母兔不愿哺乳，乳房和乳头松弛、柔软或萎缩变小，乳腺不发达，用手挤不出乳汁或量很少。

（3）防制措施。预防措施首先应改善母兔饲养管理，喂给全价饲料，增加精饲料和青绿多汁饲料。防止早配，淘汰过老或泌乳性差的母兔，选育母性好、泌乳足的母兔留种。积极治疗母兔原发性疾病。分娩前后注意协助母兔拉毛催乳。治疗可用温盐水擦洗母兔乳房，按摩乳房1～2次，促进其乳腺发育和泌乳；喂给人用催乳灵1片，每天1次，连用3～5天。皮下注射或肌内注射垂体后叶素10单位/兔，每天1次，连用3～5天。肌内注射苯甲酸雌二醇0.5～1毫升/兔，每天1次，连用3～5天。

6. 胃肠炎

（1）病因。胃肠炎是胃肠黏膜及黏膜下深层组织炎症。以严重的胃肠功能障碍和自体中毒为特征。病因与消化不良基本相同，只是致病因素作用更为强烈、时间更为持久。刚断奶的幼兔，由于消化功能尚未发育健全，适应能力和抗病能力比较低，在致病因素的作用下，更易发病。饲养管理不当，饲料品质不良，精、粗饲料搭配不合理，以及饲料霉败或冰冻、饮水不洁等都是常见病因。胃肠炎也常因消化不良、口腔、牙齿疾病及肠道寄生虫病而继发。

（2）症状。病兔初期表现为消化不良，食欲减退，粪便带黏液。随着病情加重，病兔精神沉郁，蹲伏不动，拒食，体温升高，可视黏膜潮红、黄染。先短时间便秘，后拉稀，肠管臌气，听诊肠音响亮，叩诊腹部有击水音。排出绿色水样恶臭稀便或黄白色带黏液粪便或胶冻样夹有粪球的稀便，肛门周围常被粪便污染。尿呈乳白色。随后炎症进一步加剧，病兔严重下痢，大量失水时会引起脱水，眼球下陷，迅速消瘦，皮温不均，体温先升高而后短时间内降为正常以下，可视黏膜暗红或发绀，肌肉僵硬，尿量减少。

（3）防制措施。预防措施是加强饲养管理，保持兔舍清洁、干燥，温度恒定，通风良好。饲槽定期刷洗、消毒，饮水卫生，勤换垫草。对刚断奶的幼兔，饲喂要定时定量，严禁饥饱不均。饲料应新鲜易消化，禁喂冰冻饲料，供足饮水，并增加其运动。治疗方法是内服磺胺脒和小苏打，每次0.1～0.15克/千克体重，每天2次，连用3～5天。肌内注射新霉素4000～8000国际单位/千克体重，每天2次，连用3天。肌内注射或静脉注射甲砜霉素10～30毫克/千克体重，每天2次，连用3天。内服氟哌酸20～30毫克/千克体重，每天 2 次，连用 5 天。收敛止泻可内服呋喃唑酮 5～10 毫克/千克体重，或者 1 份大蒜加 5 份水，捣成汁，每只兔 5 毫升，每天 3 次，连用 5 天。维持营养可内服氯化钠 3.5 克、碳酸氢钠 2.5 克、氯化钾 1.5 克、葡萄糖 20 克，加凉开水 1000 毫升，让兔自由饮用。

7. 便秘

（1）病因。便秘是由于兔肠管弛缓导致肠内容物积滞、变干、变硬，致使排粪困难而发生的一种肠道疾病。兔便秘主要是因为饲养管理不当所致；长期饲喂粗硬干草且饮水不足，缺乏青绿饲料；精饲料、粗饲料搭配不合理，精料过多或单一饲喂粗饲料；食量过多而缺乏运动，饲料中混有泥沙，误食兔毛等引起肠运动减弱和分泌减退使大量粪便停滞在盲肠、结肠、直肠内而逐渐变干、变硬，致使肠道堵塞不通。

（2）症状。肠鸣音减弱或消失，频繁做排粪姿势，但无粪便排出或排少量的粪球，粪球细小、干燥而坚硬，甚至几天不排粪。食欲减退或废绝，耳色苍白，病兔常头颈弯曲，回顾腹部，用嘴啃肛门，精神不安。触诊腹部有痛感，且可摸到念珠状豌豆大小的坚硬粪块。便秘严重时，粪粒外有一层透明状的胶样物。盲肠、结肠坚硬似腊肠，如果肠管阻塞，致使产气，则出现胀肚。

（3）防制措施。预防措施是消除发病因素，喂饲定时定量，防止饥饱不均。精、粗饲料合理搭配，供应足量饮水，增强运动。保持饲槽卫生，及时除去泥沙或被毛等污物。治疗方法是内服人工盐，成年兔 5 克，幼兔 2.5 克，加适量水，每天 1～2 次，连服 2～3 天。内服液体石蜡或蓖麻油，成年兔 15～20 毫升，幼兔 8～10 毫升，加等量水，或 10% 鱼石脂溶液 5～8 毫升，或 5% 乳酸溶液 3～5 毫升，或酚酞 1～1.5 克，大黄苏打片 1～2 片/兔，或花生油或菜籽油 25 毫升、蜂蜜 10 毫升，每天 1～2 次，连服 2～3 天。温软肥皂水或 2% 碳酸氢钠水溶液 30～40 毫升灌肠。

8. 腹泻

（1）病因。腹泻是指临床上具有腹泻症状的一类普通病，表现为排粪频繁，粪便稀软，呈粥样或水样便。断奶后的幼兔，由吃奶转为吃料，其消化系统功能发育还未健全，适应能力和抗病能力低，若饲料品质不良和饲养管理不当最容易发生腹泻。

（2）症状。轻者食欲减退，精神不振，排稀软粪，粪便呈粥样或水样，经常污染肛门及其周围被毛，使其失去光泽，病兔全身反应较轻，虚弱、消瘦、不爱运动，常勾头舔啃肛门处。重者体温升高，食欲废绝，精神倦怠。严重腹泻时，粪便呈水样，常混有血液或胶冻样黏液，粪便恶臭。腹部触诊有明显疼痛反应。呈脱水和衰竭状态及自体中毒症状，结膜发绀，脉搏细弱，呼吸迫促，常因虚脱而死亡。

（3）防制措施。预防措施是加强饲养管理，严禁饲喂腐败变质和冰冻的饲料。根据气候情况，合理饲喂多汁、青绿饲料，保持兔舍清洁干燥、通风、温暖、饮水清洁、换料逐渐进行，做到定期驱虫。治疗时，先清理胃肠，内服硫酸钠或人工盐 2～3 克，加水 40～50 毫升/次，或内服液状石蜡油 10～20 毫升/次。配伍内服各种健胃药，如龙胆酊、陈皮酊 2～4 毫升/次，每天 2 次，连用 3～5 天。对重症腹泻要进行消炎，肌内注射或静脉注射氯霉素 10～30 毫克，或新霉素 4000～8000 国际单位/千克体重，或肌内注射庆大霉素等。内服氟哌酸 20～30 毫克/千克体重，或泻立停等止泻药，或鞣酸蛋白 0.3 克，每天 2～3 次，连用 4～5 天。病兔出现脱水，静脉注射葡萄糖盐水 30～50 毫升、肌内注射安钠咖液 1 毫升，每天 2 次，连用 2～3 天。有饮欲的兔饮用葡萄糖盐水加适量乳酸环丙沙星。

9. 感冒

（1）病因。感冒是肉兔常见的呼吸道疾病之一，以体温升高和上呼吸道黏膜表层炎症为主的一种急性全身性疾病。主要是由于寒冷刺激引起的。在春、秋两季气候急变、笼内潮湿、通风不好、温度不均的情况下容易发生感冒，若治疗不及时，容易继发支气管炎和肺炎。

（2）症状。以流鼻液、呼吸困难为特征。病兔精神沉郁，流水样或黏稠鼻涕，鼻部发痒，常用前脚擦鼻，打喷嚏、咳嗽，不爱活动，眼呈半闭状。食欲减退或废绝。体温升高，可达 40℃ 以上。皮温不均，四肢末端及耳鼻发凉，出现怕寒战栗。结膜潮红，伴发结膜炎时，见光流泪。

（3）防制措施。预防措施是在气候寒冷和气温骤变的季节，加强防寒保暖。保持兔舍干爽、清洁、通风良好。提高饲料能量水平，提高兔在寒冷环境中的抗逆能力，减少寒冷应激。酒糟、黄豆籽实和稻谷籽实等属暖性饲料，适当使用可加强血液循环，改善消化功能，起到抗寒保暖的作用，提高肉兔的抗寒能力。生姜和辣椒等属暖性饲料添加剂，性温味辛，可抗寒保暖。另外，还可添加鱼肝油、维生素 E、维生素 C 等，提高肉兔免疫力来减少兔感冒的发生。治疗方法是内服人用速效感冒胶囊，1 个胶囊/兔，每天 1 次，连用 3 天。或内服适量的人用感冒口服液，或扑热息痛 0.5 克，每天 2 次，连服 2～3 天。肌内注射复方氨基比林注射液 1 毫升/兔，或复方氨林巴比妥注射液 0.2～0.4 毫升/兔，或青霉素 10 万～20 万国际单位、链霉素 10 万～20 万国际单位/兔，或吗啉胍注射液 2～3 毫升/兔，或磺胺二甲嘧啶 70 毫克/千克体重，或 10％增效磺胺邻二甲氧嘧啶钠 0.1～0.2 毫克/千克体重，或安乃近注射液 1 毫升/兔，每天 2 次，连用 3 天。

10. 肺炎

（1）病因。肺炎是肺实质的炎症，分小叶性肺炎和大叶性肺炎。兔舍潮湿、通风不良、天气骤变或长途运输、过度疲劳等都可导致肺炎发生。某些病菌的侵入，如多杀性巴氏杆菌、金黄色葡萄球菌、溶血性链球菌、肺炎双球菌、铜绿假单胞菌、肺炎雷伯氏菌等感染引起肺炎。灌药时不慎使药液误入气管，可引起异物肺炎。

（2）症状。精神不振，打喷嚏，食欲减退或废绝。体温升高，结膜潮红或发绀。呼吸加快，有不同程度的呼吸困难，严重时伸颈或头向上仰。咳嗽，鼻腔有黏液性或脓性分泌物。肺泡呼吸音增强，可听到湿性啰音。肺实质可见出血性变化（彩图 164、彩图 165），胸膜、肺、心包膜上有纤维素絮片。也有的病兔胸腔内充满混浊的胸水。严重时可见由纤维组织包围的脓肿。病程的后期常表现为脓肿或整个肺叶的空洞。

（3）防制措施。预防措施是加强饲养管理，增强兔的抗病力，要注意保温，保持室内空气新鲜，勤打扫粪尿。病兔要放在温暖、干燥与通风良好的环境中饲养，并给予营养丰富且易消化的饲料，保证饮水，防寒保暖。治疗方法是肌内注射青霉素、链霉素各 20 万国际单位/兔，或环丙沙星注射液 1 毫升/千克体重，或氨苄青霉素钠、吉他霉素或头孢菌素 10～15 毫克/千克体重，或双黄连 30～50 毫克/千克体重，每天 2 次，连用 3 天。

11. 肾炎

（1）病因。肾炎通常是指肾小球、肾小管和肾间质的炎性变化。兔肾炎发生的原因有细菌性或病毒性感染，邻近器官的炎症蔓延、有毒物质中毒、环境潮湿、寒冷、温差过大和过敏性反应等因素。

（2）症状。按病程分为急性肾炎和慢性肾炎。急性炎症病兔表现精神沉郁，体温升高，食欲减退或废绝。常蹲伏，不愿活动，强行运动时，跳跃小心，背腰活动受限。压迫肾区时，表现为不安、躲避或抗拒检查。排尿次数增加，每次排尿量减少，甚至无尿。病情严重的可呈现尿毒症症状，体质衰弱无力，全身呈阵发性痉挛，呼吸困难，甚至出现昏迷状态。慢性肾炎多由急性转化而来。病兔全身症状不明显，主要表现排尿量减少，体重逐渐下降，眼睑、胸腹或四肢末端出现水肿。肾有炎症病变，实验室检查可见尿中蛋白质含量增加，尿沉渣检查可发现红细胞、白细胞、肾上皮细胞和各种管型。

（3）防制措施。预防措施是保持病兔安静，并置于温暖干燥的房舍内，给予营养丰富、易消化的饲草料，适当限制食盐的用量。治疗方法是用抗生素类药物，如肌内注射青霉素 G 钾（钠）2 万～4 万国际单位/千克体重，或硫酸链霉素或卡那霉素 10～20 毫克/千克体重，或环丙沙星注射液 1 毫升/千克体重，每天 2 次，连用 5～7 天。脱敏用静脉注射泼尼松 2 毫克/千克体重，或地塞米松 0.125～0.5 毫克/千克体重，每天 2 次，连用 5～7 天，为消除水肿，可用利尿剂，如肌内注射呋塞米 2～4 毫克/千克体重。

12. 溃疡性脚皮炎

（1）病因。溃疡性脚皮炎是指跖骨部的底面，有时还有掌骨或指骨部的侧面所发生的损伤性溃疡性皮炎。本病后肢最为常见，前肢发生较少。由于兔体重大，脚部在笼底或粗糙坚硬地面上所承受的压力过大引起脚部皮肤压迫性坏死，故此病多发生于成年兔。过度潮湿、兔笼底上尿液或污物的浸渍、粗糙不平的笼底等环境因素也会引起发病。

（2）症状。病初表现为神经过敏、易于兴奋和频繁踩脚。常于跗部底面和趾部侧面的皮肤上发生大小不等的局部性溃疡（彩图166），病兔感觉疼痛而畏惧走动，表面覆盖干燥痂皮，若溃疡面经久不愈，磨破后出血，有时发生继发性细菌感染而出现痂皮下化脓、溃烂、结痂，甚至可形成蜂窝组织炎。严重时也可发生不食、体重下降、弓背、走动时脚高翘等症状。

（3）防制措施。预防措施是改进兔笼设计和管理方法。兔笼应宽敞舒适，笼底平整，垫草干燥柔软，可在铁丝笼底板上垫铺竹底板。笼舍应保持清洁干燥。治疗方法是隔离病兔，在笼底算上铺一层厚厚的垫草，剪去疮口周围脚毛，用双氧水或3%的过氧化氢溶液或0.2%醋酸铝溶液冲洗患部，除去坏死组织，然后涂擦红霉素软膏，或10%碘仿软膏，或15%氧化锌软膏，或3%土霉素软膏。配合肌内注射青霉素、链霉素各20万国际单位，每天2次，连用5～7天。

13. 棉籽饼粕中毒

（1）病因。长期或大量摄入榨油后的棉籽饼粕，引起的以出血性胃肠炎、全身水肿、血红蛋白尿和实质器官变性为特征的中毒性疾病。

（2）症状。棉籽饼粕中毒一般呈慢性经过。患兔精神不振，食欲不佳，粪便干燥，有时下痢。被毛粗乱，结膜苍白或轻度黄染。种兔配种受胎率低，性欲不高，产仔数少，孕兔多在孕期18～25天流产、死产和畸形胎儿增多。母兔泌乳量降低，仔兔发育不良。消化道、肺、肝、肾、心等实质器官广泛性充血和水肿，全身皮下组织呈浆液性浸润和胸腹腔积液，尤以水肿部位更明显。胃肠道黏膜充血、出血和水肿，甚至肠壁溃烂。

（3）防制措施。预防措施是禁喂棉籽饼粕。治疗方法是立即停喂含有棉籽饼的日粮。饮用葡萄糖盐水加适量抗生素，以排毒消炎。

第十章

肉兔育肥场的经营管理

❧ 第一节　生产管理 ❧

一、建立机构和制度

肉兔育肥场的经营管理是所有工作的核心，是运用科学管理的方法，先进的技术手段，统一指挥生产，合理地配置资源，节约劳动力，降低成本，增加效益，发挥最大潜能，大幅度提升肉兔育肥场的管理水平，生产出更多的产品，达到预期的经济效益和社会效益。

1. 根据经营范围和规模设立组织机构

机构的设置一是要精简，二是要责任明确，实行场长责任制。包括指挥机构，即场长、副场长、主任或科长、组长等；职能机构，即生产部门（包括养肉兔生产、饲料生产、肉兔加工等）；购销部门（产品的销售、原材料的采购等）；技术部门（畜牧、兽医、质量监督检验等）；后勤服务部门（生产、生活方面的物资供应、保管、统计、财务、维修等）。

2. 合理的规章制度

（1）肉兔育肥场规章制度的类型。肉兔育肥场一般都建立以下几种规章制度：一是岗位责任制，使每个工作人员都明确其职责范围，有利于生产任务的完成；二是建立分级管理，分级核算的体制，充分发挥各组织特点和基层班组的主动性，有利于增产节约，降低生产成本；三是制定简明的生产技术操作规程，使各项工作有章可循，有利于互相监督；四是建立奖惩制度。

（2）肉兔育肥场日常工作规章制度框架。

① 职工守则。以安全生产为中心，努力学习，不断提高自己的政治、文化、科技和业务素质；团结同志，尊师爱徒，服从领导；遵纪守法，艰苦奋斗，增收节支，努力提高经济效益；树立集体主义观念，积极为肉兔育肥场的发展和振兴献计献策。

② 劳动纪律。严格遵守肉兔育肥场各项规章制度，坚守岗位，尽职尽责，积极完成本职工作；服从领导，听从指挥，严格执行作息时间，做好出勤登记；认真执行生产技术操作规程，做好交接班手续；上班时间严禁喧哗打闹，不擅离职守；严禁在养殖区吸烟及明火作业，安全文明生产，爱护用具和集体财产。

③ 防疫消毒制度。坚持防重于治的原则，制定完善的防疫计划；加强兽医监督，防止传染病由外地带入本场；制定严格的消毒制度；建立系统驱虫制度；制定科学的免疫程序。

④ 饲养管理制度。对生产的各个环节，提出基本要求，制定技术操作规程，要求职工共同遵守执行；实行人、兔固定职责制。饲养管理制度一般包括：种公兔的饲养管理操作规程；种母兔的饲养管理操作规程；仔兔的饲养管理操作规程；幼兔的饲养管理操作规程；青年兔的饲养管理操作规程；肉兔快速育肥的饲养管理操作规程；防疫卫生操作规程；繁殖配种操作规程；饲料供应操作规程；产品加工操作规程等。

⑤ 财务制度。严格遵守国家规定的财务制度，树立核算观念，建立核算制度，各生产单位，基层班组都要实行经济核算；建立物资、产品进出、验收、保管、领发等制度；年初、年终向职代会公布全场财务预算、决算，每季度汇报生产财务执行情况；做好各项统计工作。

⑥ 医疗保健制度。全场职工定期进行职业病检查，对患者进行及时治疗，并按规定给予保健费。

⑦ 学习制度。定期交流经验或派出学习，每周安排一定的时间学习专业技术和理论知识。对于重点职工还要安排学历学习，这不仅有利于学习者本人提高知识水平，还能起到典型示范作用，在企业内形成比学赶超的优良氛围。

（3）生产岗位责任制。肉兔育肥场应明确各部门或个人的工作任务与职责范围，完成任务应承担的责任和享受的权利，取得成绩和失误应给予奖励和惩罚，以提高经济效益为目的，实行责、权、利结合的经营管理制度。

① 场长责任制。制订全年各项工作计划，负责全面管理，每月向全场职工提出工作总结和安排下个月工作，并检查各项生产任务完成情况和各项制度执行情况。负责劳动组织、人员调动、培养和分工，并指导副场长的各项工作。

② 生产、购销组长责任制。组长为不脱产的、第一线的组织者和指挥者，任务就是发挥全组团结、互助精神，提高劳动生产效率，完成各项生产和工作计划。贯彻各项规章制度，检查落实情况。坚持以身作则，坚持各项会议决定落实到人。组织制定、落实各项生产计划，任务到人。组织、安排好全组人员工作，发生问题及时汇报，直接向场长负责，并注意安全生产。

③ 畜牧兽医技术人员责任制。配合及协助场长、副场长制定年、季、月生产计划和各类班组生产任务。配合及协助场长、副场长改进工作，提出各阶段保证生产任务完成的技术措施和技术要求，检查各项技术管理执行情况，发现问题及时给予技术指导。负责肉兔群疫病防治、饲养管理及育种工作，不断提高肉兔群品质，增进肉兔群健康，总结肉兔群发病、检疫和不同个体肉兔生产性能的提高和减产的原因，提出技术改进意见，并做好各项记录，以备查询等。负责制定饲料调配、定量和储存技术，总结饲养经验，推广先进饲养技术，实行科学养肉兔，掌握各项生产计划资料记录。培养提高职工技术水平，向领导汇报工作，当好参谋。

④ 统计、会计、保管责任制。统计、会计、保管要严格遵守本职岗位有关方针、政策和各项规定。统计人员要经常分析肉兔群各项生产指标的变化、劳动效率，为提高生产、指导生产提供数据。会计工作应严格掌握财务计划，按月、季、年分别作出财务、经济分析，及时正确地做出预算和决算，全面地反映出经济效益。统计、会计、保管密切配合，以会计人员为主，开展班组成本核算。对违反统计、会计、保管有关制度的一切行为予以抵制，严禁弄虚作假。

二、制订及执行生产计划

1. 计划的基本要求

(1) 预见性。这是计划最明显的特点之一。计划不是对已经形成的事实和状况的描述，而是在行动之前对行动的任务、目标、方法、措施所作出的预见性确认。但这种预想不是盲目的、空想的，而是以上级部门的规定和指示为指导，以本单位的实际条件为基础，以过去的成绩和问题为依据，对今后的发展趋势作出科学预测之后作出的。可以说，预见是否准确，决定了计划的成败。

(2) 针对性。计划一是根据党和国家的方针政策、市场预测、上级部门的工作安排和指示精神而定，计划二是针对本单位的工作任务、主客观条件和相应能力而定。从实际出发制定出来的计划，才是有意义、有价值的计划。

(3) 可行性。可行性是和预见性、针对性紧密联系在一起的，预见准确、针对性强的计划，在现实中才真正可行。如果目标定得过高、措施无力实施，这个计划就是空中楼阁；反过来说，目标定得过低，措施、方法都没有预见性，实现虽然很容易，并不能因而取得有价值的成就，那也算不上有可行性。

(4) 约束性。计划一经通过、批准或认定，在其所指向的范围内就具有了约束作用，在这一范围内无论是集体还是个人都必须按计划的内容开展工作和活动，不得违背和拖延。

2. 计划的基本类型

按照不同的分类标准，计划可分为多种类型。按其所指向的工作、活动的领域来分，可分为工作计划、生产计划、销售计划、采购计划、分配计划、财务计划等。按适用范围的大小不同，可分为单位计划、班组计划等。按适用时间的长短不同，可分为长期计划、中期计划、短期计划三类，具体还可以称为十年计划、五年计划、年度计划、季度计划、月份计划等。

3. 肉兔养殖企业计划体系的内容

(1) 肉兔数量增殖指标。

(2) 肉兔生产质量指标。

(3) 肉兔产品指标。

（4）产品销售指标。

（5）综合性指标。

4. 肉兔群周转计划编制

编制肉兔群周转计划是编好其他各项计划的基础，它是以生产任务、远景规划和配种分娩初步计划作为主要根据而编制的。由于肉兔群在一年内有繁殖、购入、转组、淘汰、出售、死亡等情况，因此数量经常发生变化，编制计划的任务是使头数的增减变化与年终结存头数保持着合理的组成结构，以便有计划地进行生产。例如，合理安排饲料生产，合理使用劳动力、机械力和肉兔舍设备等，防止生产中出现混乱现象，杜绝一切浪费。肉兔育肥场兔群周转计划见表 10-1。

表 10-1　肉兔育肥场兔群周转计划表

月　份		1月	2月	3月	4月	5月	6月	7月	8月	9月	10月	11月	12月
仔兔	初期												
	增加 繁殖												
	增加 购入												
	减少 转出												
	减少 售出												
	减少 淘汰												
	期末												
幼兔	初期												
	增加 繁殖												
	增加 购入												
	减少 转出												
	减少 售出												
	减少 淘汰												
	期末												
育肥兔	初期												
	增加 繁殖												
	增加 购入												
	减少 转出												
	减少 售出												
	减少 淘汰												
	期末												

续表

月 份			1月	2月	3月	4月	5月	6月	7月	8月	9月	10月	11月	12月
后背兔		初期												
	增加	繁殖												
		购入												
	减少	转出												
		售出												
		淘汰												
		期末												
种兔		初期												
	增加	繁殖												
		购入												
	减少	转出												
		售出												
		淘汰												
		期末												
合计		期初												
		期末												

5. 饲料计划编制

为了使养兔生产在可靠的基础上发展，每个兔场都要制订饲料计划。编制饲料计划时，先要有肉兔群周转计划（标定时期、各类肉兔的饲养数）、各类兔群饲料定额等资料，按照肉兔的生产计划定出每个月饲养肉兔的头数×每只兔月消耗的草料数，再增加5%～10%的损耗量，求得每个月的草料需求量，各月累加获得年总需求量。

各种饲料的年需要量得出后，根据本场饲料自给程度和来源，按各月份条件决定本场饲草料生产（种植）计划及外购计划，即可安排饲料种植计划和供应计划（表10-2）。

表 10-2　肉兔企业饲料供给计划表

种类来源	月份	项目	1月	2月	3月	4月	5月	6月	7月	8月	9月	10月	11月	12月
青饲料	大田复种轮作生产	面积/公顷												
		数量/千克												
	专用饲料地生产	面积/公顷												
		数量/千克												

续表

种类来源＼月份		项目	1月	2月	3月	4月	5月	6月	7月	8月	9月	10月	11月	12月
青饲料	草地放牧或刈割	面积/公顷												
		数量/千克												
	购入	数量/千克												
粗饲料	秸秆	面积/公顷												
		数量/千克												
	糟渣	数量/千克												
	秕壳	面积/公顷												
		数量/千克												
	购入	数量/千克												
精饲料	能量	面积/公顷												
		数量/千克												
	蛋白质	面积/公顷												
		数量/千克												
	添加剂	数量/千克												
	购入	数量/千克												
合计	青饲料	数量(千克)												
	粗饲料	数量(千克)												
	精饲料	数量(千克)												

第二节　技术管理

一、制定技术规范

1. 饲草饲料种植规范

包括选种技术规范、整地技术规范、播种技术规范、收割技术规范等。

2. 饲料加工规范

包括精饲料的加工规范、干草的制备规范、青贮饲料的加工调制规范、秸秆类饲料加工调制规范、饲料的储藏规范等。

3. 日粮配制规范

包括营养标准、配方误差等。

4. 饲养管理技术规范

包括种公兔的饲养管理规范、种母兔的饲养管理规范、仔兔的饲养管理规范、幼兔的饲养管理规范、青年兔的饲养管理规范、繁殖配种技术规范、饲料供应技术规范、饲料加工技术规范等。

5. 卫生与防疫规范

包括卫生防疫制度规范、卫生防疫设施规范、卫生防疫工作规范、人员卫生规范、场区卫生规范等。

6. 其他规范

如粪污处理技术规范、记录与档案管理规范、产品加工技术规范等。

二、建立数据库

1. 原始记录

在肉兔育肥场的一切生产活动中，每天的各种生产记录和定额完成情况等都要作生产报表和进行数据统计。要建立健全各项原始记录制度，要有专人登记填写各种原始记录表格，要求准确无误、完整。根据肉兔育肥场的规模和具体情况，所作的原始记录主要是肉兔群情况，包括各龄肉兔的数量变动和生产情况、饲料消耗情况、育肥肉兔的育肥情况等。对各种原始记录按日、月、年进行统计分析、存档。

2. 建立档案

肉兔群档案是在个体记录基础上建立的个体资料。育肥档案记载育肥体重、增重、饲料消耗量、出栏率等。

❧❧ 第三节　财务管理 ❧❧

一、资金管理

1. 固定资产管理

（1）固定资产。肉兔育肥场的固定资产是为生产提供条件的资产，如兔舍、饲料库、汽车、饲料机械等。固定资产的特点是价值较大，多是一次性投资的；使用时间较长，可长期反复地参加生产过程；固定资产在生产过程中有磨损，但它的实物形态没有明显改变。

（2）固定资金。固定资金是用在固定资产上的资金。固定资金的特点是循环周期长，由固定资产的使用年限所决定；价值补偿和实物更新是分别进行的，即价值补偿是随着固定资产的折旧逐渐完成，而实物更新是在固定资产不能使用或不宜使用的时候，用平时积累的折旧基金进行更新或重置；在改造和购置固定资产的时候，需要支付相当数量的货币资金，这种投资是一次性的，但投资的回收是通过折旧基金分期进行的；周转一次的时间较长，具有相对的固定性质。

（3）固定资金的管理要求。一是正确地核定固定资产需要的数量，对固定资产的需要量，要本着节约的原则核定，以减少对资金的过多占用，充分发挥固定资产的作用，防止资金积压。二是建立健全固定资产管理制度，管好用好固定资产，提高固定资产的利用率。三是正确地计算和提取固定资产折旧费，并管好、用好折旧基金，使固定资产的损耗及时得到补偿，保证固定资产能适时得到更新。

（4）折旧。固定资产因使用而转移到产品成本中去的那部分价值称为折旧费，又分固定资产基本折旧费（即通过每年提取折旧费，建立折旧基金，用于固定资产的更新改造）和固定资产修理折旧费两种。

2. 流动资金管理

（1）流动资金的概念。流动资金是兔场在生产领域所需的资金，支付工资和支付其他费用资金，一次或全部地把价值转移到产品成本中去，并随着产品的销售而收回，并重新用于支出，以保证再生产的继续进行。肉兔育肥场的流动资金分生产领域中的定额流动资金［即储备资金（原材料，低值易耗品）、生产资金（产品、幼畜）］和流动领域中非定额流动资金［成品资金、货币资金（即银行存款）、现金结算资金（即应收款）、预付款］。

（2）流动资金的特点。

① 通过销售又转为货币形态。生产领域的流动资金，如储备

资金中的农资、兽药、饲料等和生产资金中的母兔、幼兔、育肥兔等，有显著的流动性和连续性。相对其他养殖业来说，兔场的生产周期较短，资金周转速度较快。固定资金在生产经营中并不经常改变其实物形态。

②周转期快。流动资金一般只经过一个生产周期周转1次。固定资金要经过许多年才周转1次。

③价值转移为一次性。流动资金在生产中的消耗是一次性的，如饲料、兽药等费用一次性全部转移到产品成本中去，并在产品销售后全部得到补偿。固定资金则是从提取折旧基金中分期得到补偿，到规定的使用期才能全部补偿更新。

(3) 流动资金的管理要求。

①兔场的流动资金管理既要保证生产经营的需要，又要减少占用，并节约使用。

②储备资金的管理。储备资金是流动资金中占用量较大的一项资金。管好、用好储备资金涉及物资的采购、运输、储存、保管等。要加强物资采购的计划性，依据供应环节计算采购量，既要做到按时供应，保证生产需要，又要防止盲目采购，造成积压。要加强仓库管理，建立健全管理制度。加强材料的计量、验收、入库、领取工作，做到日清、月结、季清点、年终全面盘点核实。

③生产资金的管理。生产资金是从投入生产到产品产出以前占用在生产过程中的资金。种兔、幼兔、育肥肉兔等作为生产资金，占用资金较多，需做好日常饲养管理的各项工作。要充分利用自然条件，养殖高产优良品种。育肥肉兔适时出栏销售，及时淘汰非生产肉兔。及时做好防病治病工作，提高产品率。

二、财务分析

1. 财务分析的意义

财务分析是财务管理的一个重要方法，它是以财务报表和其他资料为依据和起点，采用专门的方法，系统分析和评价肉兔育肥场过去和现在的经营成果、财务状况及其变动，目的是了解过去、评价现在、预测未来。财务分析所提供的信息，不仅能说明肉兔育肥场目前的财务状况，更重要的是能为肉兔育肥场未来的财务决策和财务计划提供重要依据。肉兔育肥场财务分析主要反映肉兔育肥场的盈利能力。盈利是指产品销售总收入减去销售总成本的纯收入，分为税金和利润，是反映肉兔育肥场在一定时期内生产经营成果的重要指标。

2. 财务分析的收支内容

肉兔育肥场的总收入包括种兔销售收入、育肥肉兔销售收入和粪便收入。肉兔育肥场的总成本，包括固定成本，如种肉兔折旧费、固定资产折旧费、固定资产修理费、共同生产费、肉兔育肥场管理费和其他直接费等；可变成本，包括工资和福利费、饲料费、医药费、燃料和动力费、低值消耗品费等。

3. 物资的计算方法

固定资产基本折旧费包括肉兔舍折旧费和专用饲养机械折旧费。固定资产修理费是肉兔舍和专用饲养机械修理费。共同生产费是分摊到肉兔群的间接生产费用。肉兔育肥场管理费是分摊到肉兔群的管理费用。其他直接费是直接用于肉兔群饲养的其他费用。工资和福利费是直接从事养肉兔生产人员的工资和福利。饲料费是饲养肉兔群消耗的饲草、饲料。医药费是防治肉兔群疫病消耗的药品和医疗费。燃料和动力费是肉兔群饲养中消耗的燃料和动力费。低值消耗品是饲养肉兔群使用的低值工具、器具和劳保品费用。

4. 经济效果评价

经济效果评价的基本理论是盈亏平衡分析原理。盈亏平衡分析的核心是寻找盈亏平衡点，即确定能使企业盈亏平衡的产量。在这个产量水平上，总收入等于总成本（图10-1）。

图10-1中绘出了总收入曲线和总成本曲线，它们有两个交点A和B。A和B分别是下、上盈亏平衡点。A、B及其对应的产量把企业的盈亏随产量变化的过程划分为三个阶段，即亏损区、盈利区和亏损区。Q_1、Q_2和Q_{max}将盈利区分为两部分，即随产量增加盈利上升区和随产量增加盈利下降区。

盈亏平衡点就是企业销售收入与总成本相等的一点，即图10-1的A和B两个点。在此点上利润为零，既不盈利也不亏损。这一点可以是产量，也可以是其他收支平衡点。这一点是盈利与亏损的转折点，高于A点低于B点盈利，低于A点高于B点则亏损。企

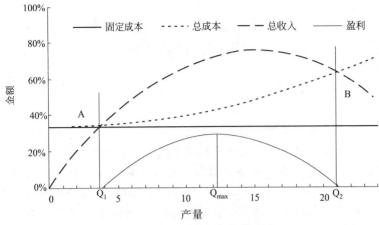

图 10-1　企业盈亏与产量关系图

业掌握盈亏平衡点，对管理决策是十分重要的。企业在生产经营活动过程中，必须使产量处于两个盈亏平衡点之间的产量范围内。只有这样，才能取得盈利，产量过小或过大，都会导致亏损。所以企业既要注意防止"小企业病"，也要防止"大企业病"。肉兔育肥规模化养殖企业，要经常对企业进行经济效果评价。

三、增加肉兔育肥场盈利的财务措施

（1）通过遗传育种学选择优良品种、进行科学有效的生产管理，使肉兔发挥最大潜能，生产出更多的产品。

（2）工资和福利费是一项较大的支出。为了取得良好的经济效益，必须提高劳动日的产值，肉兔育肥场必须按不同的劳动作业、每个人的劳动能力和技术熟练程度，规定适宜的劳动定额，按劳取酬，多劳多得，这是克服人浮于事，提高劳动生产率的重要手段，也是衡量劳动成果和报酬的依据。

（3）饲料成本占肉兔育肥场生产成本的一大半，所以降低饲料成本是降低生产成本的关键，做好饲料供应计划，减少因存栏量不准确造成的饲料浪费。

（4）降低水、电、燃料费开支，在不影响生产的情况下，真正做到节约用水、用电。

（5）节省药品和疫苗的开支。

第四节　提高肉兔育肥场经营管理效果技术措施

一、提高经营效果

1. 认真把握经营环境

科学的经营决策的制定必须基于对经济社会等外部环境的正确认识和判断基础之上，需要密切关注国内外宏观经济走势和肉兔产业的发展趋势。宏观经济走势好，消费者对兔肉产品的需求就活跃，产业发展形势就会好。另外，我国兔肉的外向型程度较高，因此国际市场的波动会很快传递到国内市场，经济危机以来，我国市场受出口萎缩等的影响较大，关注宏观经济和产业走势，是肉兔育肥场能够长期健康发展的基础。

2. 不断提高决策能力

市场环境是千变万化的，不管是工厂化、规模化的大型兔场还是中小规模的兔场，都面临着市场的瞬息万变，需要随时做出相应的决策调整。要求经营者具备相应的分析和决策能力，能够根据成本收益进行决策，实现利润最大化。肉兔产业虽然在整个畜牧业中规模不大，但其涉及的内容实际上是很多方面的。从产业链环节来看，有种兔、饲料、兽药、机械、养殖技术、销售和加工等，每个环节关注不到都可能导致经营的亏损。

兔场的决策完全是市场化决定，养殖什么品种、什么时候养或什么时候调整规模、养多少、卖到什么地方等，这些完全由市场决定。肉兔育肥场要密切关注市场走势，根据相关信息做出生产和销售决策，否则决策将是盲目的。这些信息主要包括兔饲料和其他投入的行情及其走势、活兔及兔产品价格及走势、兔产品加工企业的情况、兔产品的消费等。切忌跟风，避免"一窝蜂上、一窝蜂下"。

3. 明确产品定位

在谈产品定位之前有必要了解一下品牌定位。所谓品牌定位就是指企业的产品及其品牌，基于顾客的生理和心理需求，寻找其独特的个性和良好的形象，从而凝固于消费者心目中，占据一个有价值的位置。品牌定位是针对产品品牌的，其核心是要打造品牌价值。品牌定位的载体是产品，其承诺最终通过产品兑现，因此必然包含产品定位于其中。

对产品定位的计划和实施以市场定位为基础，受市场定位指导，但比市场定位更深入人心。具体地说，就是要在目标顾客的心目中为产品创造一定的特色，赋予一定的形象，以适应顾客一定的需要和偏好。

在当前市场中，有很多的人对产品定位与市场定位不加区别，认为两者是同一个概念，其实两者还是有一定区别的，具体说来，目标市场定位（简称市场定位），是指企业对目标消费者或目标消费者市场的选择；而产品定位，是指企业对用什么样的产品来满足目标消费者或目标消费市场的需求。从理论上讲，应该先进行市场定位，然后才进行产品定位。产品定位是对目标市场的选择与企业产品结合的过程，也即是将市场定位企业化、产品化的工作。

4. 制定营销策略

现代市场经济的特点之一是需求导向性，因此需求、销售成为制约企业发展的重要环节。肉兔产业更是如此，因为肉兔养殖具有"投资少、见效快；不争粮、不争地；周期短、易管理"等特点，肉兔养殖起点低、上马快，只要有销路，兔的养殖可以在较短的时间内较快地发展起来。从整个产业链来看，制约中国肉兔产业发展的很重要的因素是加工和销售，兔场在创建和发展过程中，必须首先解决销售问题。这就要求兔场必须从实际出发，制定相应的营销战略，对于规模大实力强的企业可以实行养兔、加工和销售一体的全产业链模式，而对于小规模的肉兔育肥场，也要事先了解兔产品销售渠道，制定相应的销售策略和营销战略。具体而言，制定营销战略，首先是进行市场考察，分析消费者的特征和市场消费的特点等；然后是进行市场细分，根据兔肉产品特点能够满足的消费者的需求特点，细分市场，再具体选择细分的市场。最后是市场定位，确定产品在客户或消费者心中达到一个什么样的位置。特别是对于规模较大的肉兔育肥场，这些都是很重要的。即使对于小规模的养殖户，明确销售渠道、稳定与客户的关系，也是属于广义的营销战略内容。

5. 注重企业文化建设

企业文化建设是指企业文化相关的理念的形成、塑造、传播等过程，突出在"建"字上，是基于策划学、传播学的认为企业文化是一种策划和传播，是一种泛文化。企业文化是企业长期生产、经营、建设、发展过程中所形成的管理思想、管理方式、管理理论、群体意识以及与之相适应的思维方式和行为规范的总和。是企业领导层提倡、上下共同遵守的文化传统和不断革新的一套行为方式，它体现为企业价值观、经营理念和行为规范，渗透于企业的各个领域，根植于每位职工思想深处。其核心内容是企业价值观、企业精神、企业经营理念的培育，是企业职工思想道德风貌的提高。通过企业文化的建设实施，使企业人文素质得以优化，归根结底是推进企业竞争力的提高，促进企业经济效益的增长。企业文化对形成企业内部凝聚力和外部竞争力起重要作用，企业竞争实质是企业文化的竞争。面临全球经济一体化的新挑战和新机遇，企业应不失时机地搞好企业文化建设，从实际出发，制定相应的行动规划和实施步骤，虚心学习优秀企业文化的经验，努力开拓创新。

企业文化建设既是企业在市场经济条件下生存发展的内在需要，又是实现管理现代化的重要方面。应从建立现代企业发展的实际出发，树立科学发展观，讲究经营之道，培养企业精神，塑造企业形象，优化企业内外环境，全力打造具有自身特制的企业文化，为企业快速发展提供动力和保证。

6. 适度联合，共享共赢

市场经济是建立在分工的基础上的，特别是对于小规模的养殖户，由于市场信息缺乏、决策能力有限，因而通过各种形式联合经营，是短期内有效的营销方式。"广泛合作，实现多赢"应该成为现代肉兔育肥企业的经营理念，从"能人经济"走向"合作经济"。小规模农户通过合作社可以与屠宰加工企业、饲料公司、兽药和疫苗供应商、笼具和工器具供应商等形成广泛的社会合作，做到互惠共赢。农户通过与公司或龙头企业联合，避免盲目扩大生产造成销售困难，"龙头企业"也能够保证稳定的商品来源，产品销售合同也有了保障。

二、提高管理效果

1. 建章立制

完善严格的场纪、场规是科学管理兔场，充分调动员工积极性、创造性，提高生产效率的保证。兔场在生产经营中必须建立健全适合本场实际的管理制度和操作规程，使企业从传统的、粗放的经验型生产管理向现代化、标准化的集约型的生产管理转变，以提升企业生产经营管理水平，改善运营状态。加强规章制度的落实，让制度真正成为企业前进的助推器，尤其是加强考核。根据员工实际完成情况给予劳动报酬，做到按劳分配，多劳多得，有奖有罚，充分调动员工工作的积极性，挖掘每位员工的生产潜力，压缩非生产人员，减少劳动成本的支出，提高生产水平和劳动效率，从而提高经济效益。

2. 注重提高硬件水平

科学设计和维护兔场笼舍，提高劳动效率。兔舍和兔笼是兔场管理的硬环境，目前在我国养兔还是劳动密集型产业，兔场笼舍设计是否科学合理，直接关系到员工工作效率和肉兔饲养环境。兔舍间距、笼位大小和层数、粪沟样式、通风、饮水、产仔箱等设计不科学，将会造成土地资源浪费、兔舍环境不理想、员工饲喂管理和清扫操作不方便，导致固定成本投入增加、肉兔疾病发生率提高、员工工作强度增加，无形中增加了生产成本支出。

3. 提高肉兔品种生产水平

提高肉兔品种生产水平一是科学选择良种，二是合理繁殖。从科学选择良种来看，良种是现代兔业发展的核心竞争力，是肉兔生产必不可少的基础条件之一。同一品种不同品质，饲养成本相差很大，产生的经济效益也不同，一定要注重品种和品质的选择。在生长速度快、繁殖性能好、抗病力强、饲料报酬高的前提下，养殖者需要明确自身养殖的目的，选择合适的品种类型，充分了解种兔的生产性能，切记不要一味地求个体大、花色多、颜色鲜的品种。新建或需血统更新的兔场一定要到有种兔生产经营许可证资质的单位去引种，不要图价格便宜而购买劣质种兔，以免造成不必要的经济损失，引种时应少量引进，逐步扩群，减少引种费用；纯繁自留种兔一定要组建核心群，选优淘劣，把生产性能优异且符合品种特征的个体留作种用，扩大生产群，充分发挥良种潜能和进一步提高种兔的生产性能。从合理繁殖来看，为充分发挥种兔的种用价值，提高繁殖利用率，生产中需合理安排繁殖计划，减少无用或低性能种兔的饲养，以节约饲料、兔药疫苗支出，提高笼位实际占有率和降低人员无效劳动，达到降低生产成本的目的。要做到依据基础母兔控制合适的种公兔群体量，减少饲养成本；适时配种；充分利用母兔繁殖周期，减少空怀时间，同时抓春繁产仔多和秋繁质量好两个季节，提高年产仔窝数；合理更新和淘汰品质低下的种兔；科学供给营养。

4. 加强饲料管理

饲料是肉兔生长发育的养分来源，也是生产中最大的成本支出。要降低饲料成本，注意把好采购关；使用全价颗粒饲料；开发非常规饲料资源；注意细节管理，避免出现兔子轻易地将饲料扒出或小兔子钻进食槽中随意大小便污染饲料，造成浪费。

5. 提高养殖技术水平

我国肉兔饲养量、出栏量、兔肉产量及兔产品出口量虽均居世界第一，但在实用技术的普及推广上明显落后于养兔发达国家，导致养殖者技术缺失，兔业生产问题不断、规模不能壮大、生产成本居高不下、经济效益明显较低。全世界的肉兔生产60%来自于科学的饲养与管理。作为一个养兔大国，随着产业经济的发展，一定要丢弃传统的"一把草一把料"的生产方式，要做到不断提高养殖技术水平。

6. 适时适量上市

养兔场与其他工业生产不同，其主要产品是活物，如果肉兔已经养成，但是上市时遇到市场价格低迷，则必然导致相应损失。要么以较低的价格销售，利润会受到影响；要么继续养着，但是会有更多的饲料等成本支出。肉兔生产要注意加强营养调控，缩短肉兔饲养周期提早出栏；行情好时，加大繁殖，生产更多商品，以分摊相关成本；夏季高温季节，肉兔生长发育受到一定影响，生长速度较慢，商品价格也是一年中相对较低的时期，尽量在此之前将商品兔出栏，降低饲养成本，提高经济效益。

7. 加强管理

成活率是饲养的关键指标，是能否有较好出栏的前提条件，生产中可从以下几个方面加强管理，达到预期目的。一是适时断奶，科学分群。二是做好卫生防疫工作。三是保持兔舍环境的安静。肉兔胆小怕惊，受到惊吓后，可能引起精神不安，食欲减退甚至死亡。最后要防止鼠、猫等兽类伤害，避免意外损失。

第五节　经营效果评价

一、经营效果评价依据

肉兔快速育肥场经营的最终目的是生存和发展，而生存和发展的关键是盈利。就是说肉兔快速育肥场通过改善经营，加强管理不断获取收益，提高自身经济效益，只有这样才能在激烈的市场竞争中获得生存和发展。评价肉兔快速育肥场经营效果的依据主要是获利能力，另外还有生态效益、社会效益、发展能力等。肉兔快速育肥场经营效果评价指标体系的设置必须从实际出发，遵循科学、全面、简便、易行的原则。评价的结果引导企业关注财务目标，重视经营业绩。

二、获利能力

1. 经营所费与所得比率

经营所费是指肉兔育肥场在一定时期内进行生产经营所发生的耗费和支出。从理论上讲，可有多种指标表示。比较适宜作为经营所费与所得比率指标的是销售肉兔的活重总成本与期间费用总额，简称"成本费用总额"。

活重总成本是指肉兔从出生到销售时所耗费的全部生产费用之和，是按出售肉兔一定日期活重量计算的成本。其计算公式如下。

本期出售肉兔活重成本＝本期出售肉兔活重×这个肉兔群本期活重单位成本

这个肉兔群本期活重单位成本＝（这个肉兔群初活重总成本＋本期购入、转入的总成本＋本期增重总成本）÷〔期末存栏肉兔总活重＋本期离群总活重（不包括死亡肉兔的重量）〕

本期增重总成本＝本期饲养费用（包括死亡肉兔费用）－厩肥收入及死肉兔残值收入

经营所得是指企业一定时期所取得的经营收益和现金收入，即"营业利润"。在会计上，营业利润是基本业务利润和其他业务利润扣除期间费用后的余额。经营花费与所得指标的计算公式如下。

成本费用利润率＝营业利润÷成本费用总额×100%

2. 资产占用与成果比率

这一指标主要是反映资产的利用效果。可用税息前利润，即扣除所得税及利息前的净收益。以其作为分子，较为客观合理；它体现资产的全部收益，也较为完整。但不是肉兔育肥场可完全自由支配的收益的基数。

从资产使用方面可以选择全部资产额，再用资产额作为分母；从资产的权益方面可以选择投资者权益形成的资产，以投资者权益加上计息负债作为分母；从资产计价方面可以以资产账面净值、资产原始成本、资产重置成本、资产变现净值作为分母。

从理论上讲应选择全部资产的重置成本作为资产占用额，但考虑到目前在肉兔育肥场的核算资料中无法获取其各项资产的重置成本，只能选择全部资产的净值作为资产占用额。

由于税息前净利润是时期指标，资产占用额是时点指标，两者口径不一致，因此要把净资产占用额调整为时期指标，用资产平均额即年初和年末余额的平均数来表示。

资产报酬率＝税前息前净利润÷资产平均余额×100%

3. 饲料利用效果

一般情况下，饲料费用占肉兔养殖饲养成本的70%～80%，其利用效果和转化效率是影响肉兔育肥场经济效益的重要因素。目前一般使用"料肉比"指标衡量肉兔育肥场的饲料转化效率。但这个指标有两点明显不足：一是料肉比是饲料消耗的数量和肉兔增重量的比值，而肉兔饲喂过程中单位增重消耗的精粗饲料在数量上相差悬殊，由此两者消耗、总量的简单相加和肉兔增重量相比，不能科学地反映饲料的转化效率；二是用这个指标进行评价，有可能诱导肉兔育肥场盲目节约饲料，而忽视肉兔的肉质性能。鉴于此，用"饲料报酬指数"这一指标来反映肉兔育肥场饲料利用的综合效果。

饲料报酬指数＝（肉兔售价×增重量）÷饲料成本×100％

从表面上看，饲料报酬指数受肉兔增重收入和饲料成本的影响，实质上它还反映肉兔育肥场肉兔品种的优劣、肉质性能、饲养技术和市场营销等方面的工作质量，使肉兔育肥场达到节耗与增产、增产与优质的统一。

三、经营效率

1. 劳动投入与产出比率

劳动投入与产出有多种表达方式，其中税后利润和平均职工人数（年初和年末职工人数的平均数）两项指标，反映肉兔育肥场的生产效率和劳动力利用效果较好。

劳动净利润＝税后利润÷平均职工人数

2. 生产周转率

肉兔育肥场经济效益可用"生产周转率""生产率"和"出栏率"指标，以出栏率指标表示更接近专业。一般表示为：

出栏率＝本年内肉兔出栏数（不包括死亡数）÷年平均存栏数×100％

这个指标反映一定时期肉兔育肥场的生产成果为社会认可的程度，较客观地反映了肉兔育肥场的生产水平和经营效率，而且没有与设计的指标体系中其他指标在表达意义上产生重复，因此是体现肉兔育肥场经营效率的较理想指标。

3. 规模效益指标

体现规模效益大小的综合性指标是肉兔单位增重成本，其含义是指肉兔增加单位重量的体重所耗费的生产费用之和。可用下式计算。

肉兔单位增重成本＝本期增重总成本÷本期增重量（包括死亡肉兔重量）

本期增重总成本＝本期饲养费用（包括死亡肉兔费用）－厩肥收入及死兔残值收入

本期增重量＝期末存栏重＋本期离群活重（包括死亡肉兔重量）－期初结转和期内购入、转入的活重

四、发展能力

经济规模变动是表示发展能力的重要指标。经济规模变动，实践中有多种表达方式，理论界与实务界对此的界定尚不明确。具体有职工人数、全部资产总额、饲养肉兔数、销售收入总额、实现利润等。肉兔育肥场经济规模变动以"销售收入总额"表示较为合适。选择"销售收入"作为衡量肉兔育肥场经济规模变动的综合指标，符合肉兔育肥场经济规模衡量"总量性""最终性""有效性""客观性"等基本要求，而其他指标却不能完全具备这些特性。销售增长率＝（本期销售收入－上期销售收入）÷上期销售收入×100％。这个指标反映本期和上期相比，销售规模扩大了（大于0）还是缩小了（小于0）。

五、社会效益

肉兔育肥场在进行生产经营活动时，不仅要考虑自身效益，而且要兼顾社会效益，即"贡献水平"。所谓"贡献水平"，是指一定规模的肉兔育肥场在一定时期内运用全部资产为国家和社会创造支付价值的能力，是从社会角度对肉兔育肥场的经营质量作出判断。具体可用社会贡献率指标来表示。

社会贡献率＝肉兔快速育肥场社会贡献总额÷资产平均余额×100％

其中肉兔育肥场社会贡献总额包括工资（含奖金、津贴等工资性支出）、劳保、退休统筹等其他社会福利支出、利息支出净值、应交增值税、应交产品销售税金及附加、应交所得税及其他税收、净利润等。

六、科技进步

通常情况下，经济增长是在增加投入和提高投入产出比的科技进步的共同作用下产生的，即经济增长的总量可分成两部分：一部分来自投入的增量，另一部分来自科技进步的作用。

肉兔育肥场的科技进步贡献率就是指在肉兔育肥场的经济增长

量中，科技进步作用所占的份额。可用肉兔育肥场的总产值表示其经济水平。

目前，理论界测算科技贡献率的方法很多，概括起来可分为两类：一是模型法，著名的有柯布—道格拉斯生产函数及其增长速度方程；二是指标法。两者相比较，模型法定量性强、简单实用，但影响因素简单模糊，不尽全面系统；指标法全面系统，但计算繁琐，因素相关性强，难于比较。鉴于此，采用增长速度方程法（索洛余值法）计算肉兔育肥场的科技进步贡献率。

科技进步贡献率＝科技进步率÷总产值增长率×100％

科技进步率＝总产值增长率－资金产出弹性×资金增长率－劳动产出弹性×劳动增长率

此式表明，产出增长速度的获得，是由资金投入、劳动投入和科技进步三者共同作用实现的，因而在产出的总增长中，扣除由于资金投入量的增加和劳动投入量的增加分别对产出所作的贡献外，剩下的"余值"便是科学进步对产出增长的贡献。

从上述科技进步贡献率的含义可以看出，贡献率反映的是科技进步对经济增长的贡献份额，是一个经济问题，而不是一个单纯的技术问题。科技进步贡献率反映的实质内容是，通过科技进步提高了生产要素的生产效率（提高投入产出比）和降低了产品的生产成本。

七、生态效益

1. 节粮效果

立足目前的财会、统计制度和肉兔生产的特点设计"节粮指数"指标，以定量衡量并综合反映现阶段我国肉兔育肥场节约饲粮情况找出一条捷径。

节粮指数＝肉兔单位增重消耗粗饲料重量÷肉兔单位增重消耗饲料总量×100％

粗饲料主要指肉兔耗用的玉米秸秆、麦秸、青草，精饲料是指肉兔耗用的玉米、大豆、麸皮、豆饼、棉籽饼。这个指标反映肉兔育肥场秸秆利用的效率和生物转化效率，体现了肉兔养殖业是"节粮型"畜牧业的特色。这个指标值越大，说明秸秆利用率越高，节

粮效果越好。

2. 生态效益

生态效益的目的和理念是减少资源使用和对环境保护的同时，能把产品的附加值或获利增加到最大。为了量化这个指标，世界企业持续发展委员会（WBCSD）提出了一个表示生态效益的简单计算公式：

生态效益＝产品与服务的价值÷环境卫护

产品与服务的价值可以用产能、产量、总营业额、获利等表示，环境卫护可以用总耗能、总耗原料量、总耗水量、温室效应气体排放总量等表示。

对于肉兔快速育肥生产企业，生态环境指数可以用饲料报酬进行表示：

生态效益＝营业利润÷获得营业利润期内消耗饲料总量 $\times 100\%$

该指标越大，表明单位耗能获益越大，因而生态效益越好。

八、经营效果

在肉兔育肥场经济效益评价指标体系中，资产报酬率是这一指标中最具有代表性的，其综合性最强，一般情况下，可以此指标作为评价肉兔育肥场经济效益的主要指标。因为其反映了肉兔育肥场最终产出—利润与初始投入—资金之间的投入产出关系。具体地说，其优越之处体现在以下几个方面。第一，资产报酬率由3个方面构成，即收入、成本和投资，能反映肉兔育肥场的综合盈利能力。提高资产报酬率即可通过增收节支，也可通过减少资本来实现。而且资产报酬率还可分解为两个指标，直至分解出会计报表的若干要素和若干分析指标，综合力极强。第二，资产报酬率具有横向可比性。它体现了资本的获利能力，剔除了因投资额不同而导致的净收益差异的不可比因素，有利于判断各肉兔育肥场经济效益的优劣。第三，资产报酬率可作为肉兔育肥场选择投资机会的依据，有利于调整资本流量和存量，成为配置资源的参考依据。第四，以资产报酬率作为评价肉兔育肥场经济效益的尺度，有利于引导肉兔育肥场规范管理，避免短期行为。资产报酬率还反映了肉兔育肥场运用资产并使资产增值的能力，资产运用的任何不当行为都将降低报酬率。以此作为评价尺度，将促使肉兔育肥场用活闲置资金，合理确定饲养规模，加强对应收账款及固定资产的管理。第五，资产报酬率还将督促肉兔育肥场寻求更有利的投资机会，包括引进新技术，购买优良品种肉兔，开拓新市场等。但是资产报酬率也并非尽善尽美，单独使用这一指标对肉兔育肥场经济效益进行评价，有可能导致评价结果有失客观、公正。在对肉兔育肥场经济效益进行综合评价时还应考虑其他指标。可根据各指标的重要性，采用科学合理的方法确定各指标的权重，加权求和，取得综合评价结果。

参考文献

[1] 谷子林，秦应和，任克良．中国养兔学．北京：中国农业出版社，2013.

[2] 李福昌．兔生产学．北京：中国农业出版社，2009.

[3] 薛帮群，李建，闫文朝．兔病诊治原色图谱．郑州：河南科学技术出版社，2012.

[4] 魏刚才，杨文平．种草养兔手册．北京：化学工业出版社，2012.

[5] 王建平，刘宁，薛帮群等．野草饲喂肉兔的适口性观察．家畜生态，2004，25（4）：123-125.

[6] 王建平，薛帮群，陈举涛等．河南省洛阳市兔用野草资源调查．家畜生态，2004，25（1）：39-41.

[7] 王建平，刘宁，薛帮群等．对50种野草的肉兔适口性试验研究．黑龙江畜牧兽医，2004，（09）：74-76.

[8] 王建平，薛帮群，程相朝等．仔兔的饲养管理技术．河南畜牧兽医，2003，24（05）：33.

[9] 王建平，薛帮群，程相朝等．推行质量管理HACCP体系 促进我国肉兔业健康发展．中国养兔杂志，2003，（03）：3-5.

[10] 王建平，刘宁．白地霉饲料的生产技术及利用方法．黑龙江畜牧兽医，1997，（12）：18-19.

[11] 王建平．紫花苜蓿栽培管理中的关键技术．河南畜牧兽医，2003，24（09）：37.

[12] 薛帮群，王建平，张自强等．植物制剂农昊微粒粉对皮、肉兔生长发育效果的研究．中国养兔杂志，2003，（05）：6-8.

[13] 薛帮群，陈菊娥，王建平等．洛阳市肉兔规模化养殖生产模式探讨．河南农业科学，2004，（05）：71-72.

[14] 薛帮群，谢古栾，王建平等．仔幼兔饲料配方的研究．黑龙江畜牧兽医，2004，（09）：74-76.

[15] 吴秋珏，王建平，徐廷生等．豫西地区几种野生牧草营养成分的分析．饲料与畜牧，2007，8：41-42.

[16] 刘兆阳，李元晓，王建平等．康奈尔净糖类－蛋白质体系研究进展．饲料研究，2013，（3）：23-24.

[17] 李云飞，秦翠丽，王忠泽等．兔粪中微生物区系ERIC-PCR DNA 指纹图谱的建

立及分析. 中国畜牧兽医学报, 2016, 47 (4): 716-722.

[18] 姜英, 闫文朝, 王天奇等. 河南省兔球虫感染情况及种类调查研究. 中国农学通报, 2013, 29 (17): 47-51.

[19] 廖新俤, 陈玉林. 家畜生态学. 北京: 中国农业出版社, 2009.

[20] 梁祖铎. 饲料生产学. 北京: 中国农业出版社, 2002.

[21] 李延云. 农作物秸秆饲料加工技术. 北京: 中国轻工业出版社, 2005.

[22] 蒋高明. 生态农场纪实. 北京: 中国科学技术出版社, 2013.

[23] Wang J. P., Wang Q. Y., Liu N., etal. Effects of Supplementebtary with Alfalfa Hay Collected in Different Mature Stages on the Performance of Rabbits. LIVESTOCK ENVIRONMENT Ⅶ, ASAE Publication, 2005.

[24] Blas C. de, J. Wiseman. Nutrition requirements of rabbits. UK. CABI Publishing, 1998.

[25] D' Mello J. D. F.. Farm Animal Metabolism and Nutrition. UK. CABI Publishing, 2000.

[26] Theodorou M K and France J. Feeding Systems and Feed Evaluation Models. New York. CABI Publishing, 1999.

[27] Stephen damron W. Introduction to Animal Science. Upper Saddle River. Prentice Hall, 2000.

[28] Richard O Kellems and Church d C. Livestock Feeds and Feeding. 5th ed. Pearson EducationInc, 2002.

[29] dan U, david R, M, Nancy T. Forage Analyses Procedures. Omaha. National Forage Testing Association, 1993.

化学工业出版社同类优秀图书推荐

ISBN	书名	定价（元）
30091	常见兔用饲草汇编	29.8
28820	家兔快速致富养殖技术大全	29
28763	兔常见病诊治彩色图谱	55
28019	林地养兔疾病防治技术	25
24774	兔解剖组织彩色图谱	65
23503	养獭兔高手谈经验	30
23779	养肉兔高手谈经验	29
22673	零起点学办兔场	32
22998	兔场卫生、消毒和防疫手册	29
23198	林地生态养兔实用技术	28
22164	兔的行为与精细饲养管理技术指南	25
21314	兔饲料配方手册	29
21842	生态高效养兔实用技术	29
20242	兔高效养殖关键技术及常见误区纠错	35
18641	獭兔规模化养殖技术一本通	29.8
19054	投资养兔-你准备好了吗？	38
18792	怎样科学办好獭兔养殖场	28
17012	实用养兔技术一本通	20

邮购地址：北京市东城区青年图南街 13 号化学工业出版社（100011）
服务电话：010-64518888/8800（销售中心）
如需出版新著，请与编辑联系。
编辑联系电话：010-64519829，E-mail：qiyanp@126.com
如需更多图书信息，请登录 www.cip.com.cn。